中华农业文明研究院文库·中国近现代农业史丛书

晚清蚕桑局及蚕桑业发展研究

高国金 著

中国农业科学技术出版社

图书在版编目（CIP）数据

晚清蚕桑局及蚕桑业发展研究／高国金著.—北京：中国农业科学技术
出版社，2017.8
　ISBN 978-7-5116-2983-8

　Ⅰ.①晚… Ⅱ.①高… Ⅲ.①蚕桑生产-研究-中国-清代 Ⅳ.①S88-092

中国版本图书馆 CIP 数据核字（2017）第 033893 号

责任编辑　朱　绯
责任校对　马广洋

出 版 者　中国农业科学技术出版社
　　　　　北京市中关村南大街 12 号　邮编：100081
电　　话　（010）82106626（编辑室）　　（010）82109702（发行部）
　　　　　（010）82109709（读者服务部）
传　　真　（010）82106626
网　　址　http：//www.CASTP.cn
经 销 者　全国各地新华书店
印 刷 者　北京科信印刷有限公司
开　　本　787mm×1 092mm　1/16
印　　张　15.75
字　　数　270 千字
版　　次　2017 年 8 月第 1 版　2017 年 8 月第 1 次印刷
定　　价　39.00 元

关于《中华农业文明研究院文库》

    中国有上万年农业发展的历史，但对农业历史进行有组织的整理和研究时间却不长，大致始于 20 世纪 20 年代。1920 年，金陵大学建立农业图书研究部，启动中国古代农业资料的收集、整理和研究工程。同年，中国农史事业的开拓者之一——万国鼎（1897—1963）先生从金陵大学毕业留校工作，发表了第一篇农史学术论文《中国蚕业史》。1924 年，万国鼎先生就任金陵大学农业图书研究部主任，亲自主持《先农集成》等农业历史资料的整理与研究工作。1932 年，金陵大学改农业图书研究部为金陵大学农经系农业历史组，农史工作从单纯的资料整理和研究向科学普及和人才培养拓展，万国鼎先生亲自主讲"中国农业史"和"中国田制史"等课程，农业历史的研究受到了更为广泛的关注。1955 年，在周恩来总理的亲自关心和支持下，农业部批准建立由中国农业科学院和南京农学院双重领导的中国农业遗产研究室，万国鼎先生被任命为主任。在万先生的带领下，南京农业大学中国农业历史的研究工作发展迅速，硕果累累，成为国内公认、享誉国际的中国农业历史研究中心。2001 年，南京农业大学在对相关学科力量进一步整合的基础上组建了中华农业文明研究院。中华农业文明研究院承继了自金陵大学农业图书研究部创建以来的学术资源和学术传统，这就是研究院将 1920 年作为院庆起点的重要原因。

    80 余年风雨征程，80 春秋耕耘不辍，中华农业文明研究院在几代学人的辛勤努力下取得了令人瞩目的成就，发展成为一个特色鲜明、实力雄厚的以农业历史文化为优势的文科研究机构。研究院目前拥有科学技术史一级学科博士后流动站、科学技术史一级学科博士学位授权点，科学技术史、科学技术哲学、专门史、社会学、经济法学、旅游管理等 7 个硕士学位授权点。除此之外，中华农业文明研究院还编辑出版国家核心期刊、中国农业历史学会会刊《中国农史》；创建了中国高校第一个中华农业文明博物馆；先后投入 300 多万元开展中国农业遗产数字化的研究工作，建成了"中国农业遗产信息平台"和"中华农业文明网"；承担着中国科学技术史学会农学史专业委员会、江苏省农史研究会、中国农业历史学会畜牧兽医史专业委员会等学术机构的组织和管理工作；形成了农业历史科学研究、人才培养、学术交流、信息收集和传播展示"五位一体"的发展格局。万国鼎先生毕生倡导和为之奋斗的事业正在进一步发扬光大。

2

中华农业文明研究院有着整理和编辑学术著作的优良传统。早在金陵大学时期，农业历史研究组就搜集和整理了《先农集成》456 册。1956—1959 年，在万国鼎先生的组织领导下，遗产室派专人分赴全国 40 多个大中城市、100 多个文史单位，收集了 1 500 多万字的资料，整理成《中国农史资料续编》157 册，共计 4 000 多万字。20 世纪 60 年代初，又组织人力，从全国各有关单位收藏的 8 000 多部地方志中摘抄了 3 600 多万字的农史资料，分辑成《地方志综合资料》《地方志分类资料》及《地方志物产》共 689 册。在这些宝贵资料的基础上，遗产室陆续出版了《中国农学遗产选集》稻、麦、粮食作物、棉、麻、豆类、油料作物、柑橘等八大专辑，《农业遗产研究集刊》《农史研究集刊》等，撰写了《中国农学史》等重要学术著作，为学术研究工作提供了极大的便利，受到国内外农史学人的广泛赞誉。

为了进一步提升科学研究工作的水平，加强农史专门人才的培养，2005 年 85 周年院庆之际，研究院启动了《中华农业文明研究院文库》（以下简称《文库》）。《文库》推出的第一本书即《万国鼎文集》，以缅怀中国农史事业的主要开拓者和奠基人万国鼎先生的丰功伟绩。《文库》主要以中华农业文明研究院科学研究工作为依托，以学术专著为主，也包括部分经过整理的、有重要参考价值的学术资料。《文库》启动初期，主要著述将集中在三个方面，形成三个系列，即《中国近现代农业史丛书》《中国农业遗产研究丛书》和《中国作物史研究丛书》。这也是今后相当长一段时间内，研究院科学研究工作的主要方向。我们希望研究院同仁的工作对前辈的工作既有所继承，又有所发展。希望他们更多地关注经济与社会发展，而不是就历史而谈历史，就技术而言技术。万国鼎先生就倡导我们，做学术研究时要将"学理之研究、现实之调查、历史之探讨"结合起来。研究农业历史，眼光不能仅仅局限于农业内部，要关注农业发展与社会变迁的关系、农业发展与经济变迁的关系、农业发展与环境变迁的关系、农业发展与文化变迁的关系，为今天中国农业与农村的健康发展提供历史借鉴。

王思明

2007 年 11 月 18 日

《中国近现代农业史丛书》序

20世纪的一百年是中国历史上变化最为广泛和巨大的一百年。在这一百年中，中国发生了翻天覆地的变化：在政治上，中国经历了从满清到中华民国，再到中华人民共和国的历史性变迁；在经济上，中国由自给自足、自我封闭被迫融入世界经济体系，再由计划经济逐步迈向市场经济，中国由一个纯粹的农业国逐渐建设成为一个新兴的工业国，农业在国民经济中的比重由原来的90%下降到13%，农业就业由清末的90%下降到今天的不足49%；在社会结构方面，中国由原来的农业社会逐步迈向城镇社会，城市化的比重由清末的不到10%攀升到44%。

政治、经济和社会的这种结构性变迁无疑对农业和农村产生着深刻的影响。认真探讨过去一百年中国农业与农村的变迁，具有重要的学术价值和现实意义。它不仅有助于总结历史的经验教训，加深我们对中国农业与农村现代化历史进程的必然性和艰巨性的认识，对加深我们对目前农业与农村存在问题的理解及制定今后进一步的改革方略也不无裨益。有鉴于此，中华农业文明研究院自2002年开始启动了"中国近代农业与农村变迁研究"项目。这一系列研究以清末至今农业和农村变迁为重点，主要关注以下几个方面：过去一百年，中国农业生产与技术发生了哪些重要的变化？中国农业经济发生了哪些结构性变化？中国农村社会结构与农民生活发生了哪些变化？造成这些变化的主要原因有哪些？中国农业现代化进程如何，动因与动力何在？现代化进程中区域差异的历史成因；经济转型过程中城乡互动关系的发展，等等。

经过几年的努力，部分研究工作已按计划结束，形成了一些成果。为了让社会共享，也为了进一步推动相关研究工作的开展，我们决定推出《中国近现代农业史丛书》。本丛书有两个特点：一是将农业与农村变迁置于传统社会向现代社会这一大的历史背景下考察，而不是人为地将近代与现代割裂；二是不单纯地就生产而言生产，而是将农业生产及技术的变迁与农村经济和农村社会的变迁做综合分析和考察。目前，全国各地正在掀起建设社会主义新农村的热潮。但新农村建设不是新村舍建设，它包括技术、经济、社会、政治、文化和生态等多方面的建设，是一个系统工程。只有从国情出发，既虚心学习国外的先进经验，又重视发扬自己的优良传统，才能走出一条具有中国特色的农业现代化道路。

2　美国著名农史学家施密特（C. B. Schmidt）认为"农业史的研究对农村经济的健康发展至关重要""政府有关农业的行动应建立在对农业经济史广泛认知的基础之上"。美国农业经济学之父泰勒（H. C. Taylor）博士也认为历史研究有助于农业经济学家体会那些在任何时期对农业发展都可能产生影响的"潜在力量"。我们希望《中国近现代农业史丛书》的出版对我们认清国情、了解今天"三农"问题历史成因有所帮助，对寻求走中国特色农业与农村发展的道路有所贡献。

王思明

2007 年 11 月于南京

前　言

　　中国传统社会中蚕桑为小民衣食之源，循吏劝课蚕桑备受推崇。鸦片战争后，传统社会历史惯性发生变化，中国历史运动轨迹开始近代转向。海外贸易冲击很大，重商获利理念盛行，地方社会积贫积弱，官员视劝课蚕桑为挽救危局的重要手段。晚清地方局务机构形式普遍出现，地方治理理念与内容出现新变化，并且杂糅着太平天国战后地方社会修复、教养兼顾、致富济民、实业救国、与西方争利等多重社会经济因素，地方官绅合办的蚕桑局在全国各地逐渐蓬勃兴起。道光二十二年（1842 年）与道光二十四年（1844 年）丹徒陆献先后两次创设蚕桑局，被视为传统劝课蚕桑向机构化转变的开端。太平天国之后，遭受战争破坏的江苏长江南北两岸零散出现官绅合办蚕桑局，借助杭嘉湖蚕桑技术与本地区以往蚕桑业发展的基础条件，取得了较好劝课效果与社会影响。光绪时期，蚕桑局的劝课形式开始不断扩散，全国很多省府州县皆有创设，分布广泛。甲午战争与戊戌变法之后，实业救国浪潮骤起，各地蚕桑局在数量、规模、经营上都达到了顶峰，大型省级蚕桑局普遍出现。清末，蚕桑局的名称、群体、技术、经营都出现近代转型迹象。宣统年间，蚕桑局的劝课形式并没有消逝，仍然与其他近代新式蚕桑机构并存。民国以来，个别地区蚕桑局依然发挥着劝课蚕桑的作用，传统官员劝课蚕桑理念影响深远。总之，晚清蚕桑局是传统劝课蚕桑理念与近代局务机构形式的结合体，是中国传统劝课蚕桑形式向近代蚕桑体系缓慢转型的过渡形态，具有特殊的历史作用与意义。

　　近年来，晚清基层社会组织研究不断深入，其典型代表地方局务机构正逐渐得到重视，全面梳理与个体挖掘的研究成果不断涌现。传统蚕桑技术史研究范围不断外延，蚕书序言中的历史信息需要充分挖掘，蚕桑技术与社会经济之间联系值得探讨，这些都成为蚕桑技术史研究的新内容。在理论与路径上，运用历史学方法与多学科相交叉来研究传统蚕桑科技史的手段愈发成熟，成果颇丰。文章选取晚清蚕桑局作为研究主体,以横向、纵向交叉为视角对晚清蚕桑局进行深入剖析。文章系统梳理了晚清蚕桑局的历史变迁、官绅民匠、撰刊劝课蚕书、技术异地实践、经营思想实践等内容,尝试还原晚清蚕桑局的历史本貌。此外,晚清蚕桑局与技术近代化联系密切,晚清局务机构与地方社会治理等领域都值得深入探讨。

研究晚清蚕桑局需要整体上把握地方局务机构的历史脉络,晚清地方局务机构创设是研究蚕桑局的必要铺垫。将晚清地方局分为官府机构类局、慈善类局、地方经营类局三类,以便厘清蚕桑局所属范畴。历来与蚕桑相关机构有织造局、保甲局、教织局、蚕局等,必须与蚕桑局进行区分。晚清蚕桑局的时空分布与发展脉络的梳理是研究蚕桑局的关键内容,主要分为道光丹徒蚕桑局出现、同治江苏蚕桑局缘起、光绪各地省府州县蚕桑局发展三个历史阶段。随着社会政治经济多重因素的变化,不同历史阶段晚清蚕桑局在特点、形式、内容上都不同。清末,蚕桑局出现近代转型迹象,新式蚕桑体系逐步确立,蚕桑局与新式机构并存的问题值得深入剖析。运营实态的研究能够整体上把握蚕桑局的基本结构与功能,充分认识设置与管理上存在的问题。长时段与大跨度的研究方法,必须关注蚕桑局研究的历史阶段性差异与区域性差异。

晚清蚕桑局的创设离不开官员的推动,且创设官员多接触过江浙蚕桑技术。受传统济世救民与经世致用思想熏陶,借劝课蚕桑以广开利源、富民强国、教化乡民,实现小民社会理想。官员是蚕桑局技术传播的指导者,从事委绅管理、捐廉筹款、发布告示、公布章程、撰刊蚕书、公牍奏疏、购买桑秧、雇觅工匠等事宜。官绅合办是蚕桑局基本模式,参与绅士包括在籍官员、贡生、监生、城绅、乡绅、绅耆、绅商、富农,发挥着组织、示范、捐款、日常运转等中枢作用。蚕桑局绅董制定的章程是研究蚕桑局日常活动的重要史料,也是区别于以往非机构化劝课蚕桑的标志。绅商的出现是蚕桑局向蚕桑公司化经营转型的迹象。匠徒是蚕桑技术传播者,小民是蚕桑技术基层实践者,借小民困境来说明蚕桑局技术推广效果并不理想。

晚清蚕桑农书撰刊数量骤增,进行系统整理与分析之后,发现多为官绅劝课之作,频繁于官绅之间的流传,且流传方式多样。首先,充分挖掘晚清蚕桑农书的内容来源,包括历代知名农书的辑录;乾嘉道咸蚕书的辑补；同光新创蚕书及其重复摘录。揭示晚清蚕桑农书内容螺旋向前重复辑录为主与新创蚕书为辅的传承模式。其次，晚清蚕桑农书的技术主要来源于杭嘉湖、其他地区、西方近代技术，技术上呈现出由传统技术向近代技术转型的趋势。最后，专门梳理统计了晚清各地蚕桑局所刊刻的蚕书，分析了其体例与结构上的特点以及内容上出现通俗化的趋势。蚕桑农书是晚清蚕桑局技术传播的载体，大量存世的蚕桑农书具有丰富的历史研究价值与文化遗产价值。

蚕桑风土论是风土论的组成部分与理论外延，梳理蚕桑风土论的形成脉络是研究蚕桑技术异地实践的基础。各地蚕桑局充分考虑到桑树异地引种过程中气候、环境、地貌、时宜等因素，以及养蚕对气候、温度、场所、器具的要求，不断地完善传统农学思想。植桑技术的异地实践是蚕桑局劝课过程最为关键内容，第一，远途采买桑秧技术中的桑秧产出地的选择、桑秧品种的选取、采买时节的掌握、途中桑秧的养护、运到后初步措施；第二，桑树异地培植技术中的土甚湖兼行、浇灌壅肥、嫁接裁剪；第三，分析了桑园的选取及其功能。养蚕属于蚕桑生产的基础工作，蚕桑局的养蚕技术实践的主要环节包括蚕种培养、蚕病防治、喂食桑叶、吐丝结茧、风俗理念等。缫丝与织绸属于蚕桑业生产终端，主要涉及蚕桑局雇觅杭嘉湖工匠，仿织杭绉宁绸；购制丝车器具，教民缫丝之法。蚕桑局处于中国传统技术向近代技术转型的过渡时期，个别出现兼用传统与西方近代技术的现象。

明代以来，蚕桑商品化思想逐渐渗透到栽桑、养蚕、缫丝、织绸等各个生产环节，蚕桑商品化经营思想不断发展。蚕桑业上游融入商品化理念增多，专业分工日趋明显，缫丝业从传统蚕桑业逐渐分离。嘉道以来，以衣食之源、视为恒产、收入来源、获利倍增等为代表的蚕桑富民获利论日益盛行。蚕桑局商品化经营思想呈现多元化特征，涉及蚕书小农商品化经营理论、蚕桑局机构传统商品化经营理论、蚕桑局机构近代商品化经营理论。中国传统社会小农商品经济盛行，蚕桑局小农商品化经营内容丰富，集中体现在生产与市场紧密相连、精耕细作与综合利用、劳力与雇工支出等领域。蚕桑局机构商品化经营思想是晚清蚕桑业商品化经营思想的新内容，包括四个方面：晚清蚕桑局筹款来源多样，官员捐廉、绅士捐款、厘税、集股等方式；蚕桑局作为商品市场中售卖中介，尤其重视销售市场，并且深受海外市场影响；蚕桑局经营过程中，所见蚕桑业区域分工与专业分离的趋势已愈发明显；大型省级蚕桑局出现近代机器工厂与雇工经营的新特点。

　　晚清蚕桑局与蚕桑技术近代化关系密切，蚕桑局经历了传统技术与近代技术的转型，传统技术向近代技术的变革促使蚕桑局自身发生转型。清末，西方蚕桑机构改革效果明显，而中国传统蚕利渐失，两者差异，值得反思。民国以来，蚕桑局依然发挥着促进地方蚕桑业发展的作用，需要进一步研究。

4

目　录

绪　　论

一、选题目的与意义

中国传统社会劝课蚕桑历史悠久，循吏将济世救民视为价值实现方式。晚清官员劝课蚕桑数量达到历史之最，这在农业历史上是一个特殊的现象，而劝课过程中撰刊大量蚕桑农书，梳理卷帙浩繁的蚕书，给我们提供了探索其背后劝课内容的资料，大量劝课蚕桑农书与各地劝课蚕桑活动增多相契合，二者密切联系。将蚕桑农书、地方志、《农学报》《申报》等史料细致分析之后，晚清蚕桑局的脉络、分布、数量、规模、经营内容、官民共治等非常具有研究价值的历史线索映入眼帘。晚清蚕桑局发展有明显的历史坐标，鸦片战争萌芽于丹徒，太平天国之后逐渐兴起，光绪初期由江苏扩散到全国很多府州县，规模上也由地方府州县逐渐发展为省级蚕桑局，光绪二十三年（1897 年）光绪帝颁布蚕政上谕后，蚕桑局发展到顶峰。晚清蚕桑局多由于其自身问题，蚕桑局具有阶段性创与废起伏的特点，各地单个蚕桑局存在时间不过几年，并没有长期生存下来，随设随废，被取代、裁汰、荒废是一种常态。清末，各地依然创设蚕桑局，而随着传统社会近代转型趋势越来越明显，劝课蚕桑局在组织形式、人员、技术内容、经营方式等方面出现转型迹象。蚕桑局劝课组织形式并没有随着近代转型而消逝，民国以来，个别地区蚕桑局依然发挥着劝课蚕桑的作用，传统的官员劝课理念影响深远。

随着农业科技史研究范畴的不断交叉，社会史基层组织研究逐渐深入与下移，蚕桑局的研究对于晚清蚕桑技术史、社会群体史、经济史等领域都有着重要学术意义。晚清蚕桑局涉及丰富的历史内容。首先，蚕桑局的创设与运营涉及官员、绅士、工匠、小民等多个群体，运用群体分类与群体衍变方法研究更能透析出蚕桑局官民属性与劝课参与群体的近代转型。其次，大量的劝课蚕桑农书本身就是重要的蚕桑历史文化遗产，晚清蚕桑农书撰写与刊刻值得我们深入研究。蚕桑农书也是蚕桑技术传播的重要方式，其过程需要深入研究。再次，蚕桑局劝课蚕桑需要技术指导，传统蚕桑技术最为精华的杭嘉湖蚕桑技术不断地外传，杭嘉湖蚕桑技术随着各地蚕桑局劝课而不断地实践，异地引种扩充了农学史的外延，丰富了农学理论。最后，光绪末与宣统年间，晚清蚕桑局功能的逐渐嬗变与裂变为各类近代蚕桑机构，机构功能走向诸如劝业道、农务局等机构之路；教育职能走上蚕桑学堂、试验场等教育之路；经营职能走向蚕桑公司、蚕桑公社等商业经营之路，这充分体现了晚清蚕桑局的近代化变革的历程。总之，晚清蚕桑局在机构、群体、蚕书、技术、经营等方面有着重要的研究价值与意义。

晚清蚕桑技术、近代蚕桑改良、蚕业教育、蚕业贸易等研究已经硕果累累。除了章楷和日本学者田尻利对江苏蚕桑局兴起发展进行研究之外，还没有学者将蚕桑局研究置于整个晚清社会背景之下系统的全面的分析，而结合着蚕桑局近代转型、参与群体、技术传播、经营实践、区域差异等全方位的分析都没有涉及。此外，局务机构研究也是晚清史研究的弱项，尤其是基层局务组织大跨度长时间段的系统梳理更是少之又少。究于目前掌握的史料，结合学术前沿，运用多学科研究手段和理论对晚清蚕桑局进行研究是一项迫切的任务。晚清蚕桑局是传统劝课模式与近代局务机构形式相结合的过渡形式，其代表着中国历代官员传统劝课农桑的终结与近代蚕桑劝课机构化之路的开启。晚清蚕桑局的研究可以梳理晚清蚕桑局发展脉络，全面展示中国传统劝课蚕桑近代转型的全貌。

二、国内外研究动态

（一）局务机构研究现状

近年晚清保甲局、善后局、厘金局、官书局、制造局、工矿局、农工商总局以及各类慈善堂、所、会等机构的研究越来越成熟，晚清机构研究是很多学者重视的领域，黄鸿山《中国近代慈善事业研究——以晚清江南为中心》，认为江南不但是明清中国慈善事业最为兴盛的地区，也是最早开始慈善事业近代转型的地区。阐述了义仓、栖流所之类的传统慈善组织发生了明显变化，借钱局、洗心局、迁善局、济良所之类的新型慈善组织也纷纷在江南及其周边地区首先出现，继而在全国各地产生广泛的影响，并在后世的制度建设中留下了明显痕迹。① 日本学者田尻利《清代农业商业的研究》对于晚清江苏蚕桑局从其设立和规章，结合蚕书给予深入研究。国内章楷对于蚕桑局资料进行收集工作，但未进行系统研究。其他一些学者对于地方性蚕桑局也给与了丰富研究，但涉及全国范围蚕桑局整体发展及其规律研究并不多见。② 潘景隆、谭禹的《光宣年间吉林蚕业的兴衰》研究了吉林山蚕、桑蚕两局，由商办改为官办，试种试放，实力推广，出版蚕书，普及知识，在清亡前不久被撤销，蚕事力量有很大削弱。③ 邱捷《晚清广东的"公局"——士绅控制乡村基层社会的权力机构》，"局"一般指官署或办事机构。在清朝，官署被称为"局"的多为临时性或新设立的机构，如善后局、保甲局、厘金局、缉捕局之类。非官方的办事机构往往也称为"局"。晚清的公局，是清末广东乡村地区实际上的基层权力机构。研究广东的公局，有助于进一步了解晚清国家与乡村基层社会的关系以及乡村中各阶级、阶层的关系。④ 张九洲《论晚清官办工艺局所的兴起和历史作用》认为晚清官办工艺局所的兴起和发展，主要是在清末，兴起和发展的推动原因，主要是振兴实业、挽回利权；养教流民和罪犯；解决旗人生计等。工艺局所属于资本主义性质的工场手工业，其兴起和发展对于缓和社会矛盾，推动传统救济方式的转变和近代职业教育的发展，促进资本主义性质的工场手工业的兴起和拓展，培养科技人才和传播科学技术与工艺，保存和发展中国传统工艺的手工业和抵御外国资本主义的经济侵略等方面，都有一定的积极作用。⑤ 晚清蚕桑局研究以局务机构兴起为基础，目前晚清各类局务机构研究内容亟待梳理，进而有助于晚清蚕桑局在时代背景与整体特点上进行把握，并且晚清蚕桑局相关领域研究目前来看仍然没有引起学术界的广泛重视。

3

绪

论

---

① 黄鸿山：《中国近代慈善事业研究——以晚清江南为中心》，天津古籍出版社，2011 年 7 月
② ［日］田尻利：《清代农业商业化の研究》，汲古书院，1999 年
③ 潘景隆，谭禹：《光宣年间吉林蚕业的兴衰》，《历史档案》，1985 年 1 期
④ 邱捷：《晚清广东的"公局"——士绅控制乡村基层社会的权力机构》，《中山大学学报》，2005 年第 4 期
⑤ 张九洲：《论晚清官办工艺局所的兴起和历史作用》，《河南大学学报》，2005 年第 6 期

（二）晚清蚕桑农书研究现状

晚清涉及蚕桑古籍收录的著作已经不少，最为经典的当属：王毓瑚的《中国农学书录》；张芳、王思明的《中国农业古籍目录》；华德公的《中国蚕桑书录》。从其内容可以展开对晚清蚕桑古籍的搜索与资料的收集。肖克之的《农业古籍版本论丛》"现今存世的 100 多种蚕桑之作绝大部分是清代之作，尤以晚清为多，撰述者涉及方方面面的人物，有高官大吏，有文弱书生、草民布衣；也有乡绅巨贾和府衙官庠。这种现象在中国古籍中是不多见的，其原因本身就是一个课题，需要研究。""蚕桑之作的分布很不均匀，清代约占 96%，而清代本身分布情况也是前少后多，前期只占 7.8%，中期占 14.2%，而后期占 77%。这里固然有年代远近的问题，但只凭这一点是不能解释清楚的，是需要从著作的内容和社会经济中去找原因。"[①] 闵宗殿、李三谋《明清农书概述》，"明清时期中国出现了大量的农书。本文的目的是简要分析到底这一时期出现了多少农书，以及这些农书对当时的中国农业产生了什么样的影响。蚕桑类农书空前增加。蚕桑农书有 265 种，占总农书数的 19.09%，其中清代的又占绝大多数，这和清代晚期大力提倡种桑养蚕和蚕桑业空前发展有密切关系。"[②] 冯志杰《晚清农学书刊出版研究》列举了大量蚕书刊刻，推断之所以蚕桑书出版数量较多，可能与自 18 世纪达到鼎盛的丝绸业，到近代依然保持兴盛有关。[③] 袁宣萍、徐铮《浙江丝绸文化史》"大量浙江学者著述或介绍浙地蚕桑织染技术著作。主要有几个大类：一是汇编性及增补类的著作，如卫杰的《蚕桑萃编》及章震福的《广蚕桑说辑补校订》等；一是对著名丝绸产地的蚕桑丝绸技术的总结，此类书多见于湖州、嘉兴一带，最著名的当属汪日桢的《湖蚕述》和高铨的《吴兴蚕书》等；另一类则是专门针对当地情况引进与推广蚕桑生产的科普作品，如沈秉成的《蚕桑辑要》等。随着 19 世纪西方近代蚕桑技术的传入，特别是 1897 年杭州蚕学馆开创后，着重学习西方蚕桑新法，直接翻译或编译了一部分国外的书籍，如蚕学馆 1898

① 肖克之：《农业古籍版本论丛》，中国农业出版社，2007 年 12 月
② 闵宗殿，李三谋：《明清农书概述》，《古今农业》，2004 年第 2 期
③ 冯志杰：《晚清农学书刊出版研究》，《中国农史》，2006 年 4 期

年印行的法国喝茫勒窝著，郑守箴译的《喝茫蚕书》等。"① 陈少华《太湖地区的农书传承与农业发展》提到"《蚕桑合编》一书的传承，可以看出太湖地区的士绅、官员，为了发展蚕桑，时时以蚕桑书籍的刊刻为蚕桑技术传播之利器。事实上太湖地区蚕桑书籍的传承除了本乡本土总结生产实践著述成书外，还采辑外乡先进经验。另外由于太湖地区领先的蚕桑技术，使有些湖人外官，利用吴地蚕桑技术发展外地的蚕桑事业，甚至有些外地人亲自请教学习吴地蚕桑技术，他们撰写蚕桑指导书也留下了一些书籍，这些也是太湖地区蚕桑传承的一个方面。"② 晚清蚕桑农书研究目前已经成果丰硕，涉及领域广泛，而晚清蚕桑农书涉及的技术、内容、流传等领域仍然有待于挖掘。

（三）晚清官绅参与地方事务相关研究

晚清技术型官员、士绅权力扩张、官绅共治等内容研究丰富，而蚕桑局内容涉及并不多见，尤其是蚕桑局在地方的社会经济作用。张力仁、张明国的《古代外官本地回避制与东西部技术转移》中提到东西部官员的交流，包括岗位的轮换促成了这些农书与知识的沟通。③ 肖克之的《农业古籍版本论丛》提及"有的就是一种推广普及著作，有的则是官员推广思想的表述。对于今人来说所利用的价值是不同的，从技术角度讲推广普及著作价值较高，从社会角度则官员的思想有较高研究价值。这类书资料性强是其突出的特点，它不仅能反映出当时社会的一些经济现象，同时也反映当时社会的思想观念。"④ 刘凤云的《十八世纪的"技术官僚"》随着国家政策的重心由全面增加土地垦殖向桑麻并重等多种经营的转移，一些官僚便开始在相对落后的陕西等地，针对当地百姓"既不知耕织，又多安于游惰"的民风陋习，开始全力启动种桑养蚕的副业生产。而在推行这一农政的"技术官僚"中，声名卓著者有陈宏谋。这告诉我们进行综合性研究是史学深化的一个方向，从技术官僚及其经世思想研究中发掘官僚政治的丰富内涵，并对理学与经世在 18 世纪的影响进行探

① 袁宣萍，徐铮：《浙江丝绸文化史》，杭州出版社，2008 年 1 月

② 陈少华：《太湖地区的农书传承与农业发展》，《中国农史》，1998 年第 4 期

③ 张力仁，张明国：《古代外官本地回避制与东西部技术转移》，《科学技术与辩证法》，2005 年 4 月

④ 肖克之：《农业古籍版本论丛》，中国农业出版社，2007 年 12 月

讨，应成为我们近期的研究目标。① 王先明的《历史记忆与社会重构——以清末民初"绅权"变异为中心的考察》认为清末民初的乡村社会—权力处于频繁变动与重构之中。乡村社会—权力结构变动固然蕴含着社会结构变动、利益主体重构的复杂因由，但对于传统绅士的"历史记忆"本身，却也在社会结构或权力结构的重建过程中，产生着潜在的却是不容低估的影响。关于绅士阶层不同的"集体记忆"，不仅呈现出不同利益主体的"选择性记忆"或"失忆"，而且这种"历史记忆"也成为重构的社会权力和利益关系的"社会认同"因素。② 谢放的《"绅商"词义考析》"绅商"一词基本上是分指"绅"与"商"，并未融合成一个单指性的混合词。在考析历史文献时，应注意"绅"与官、商、学、军的组合时的不同语境；对"绅"分行业分地区的比较研究也应引起更多重视。"绅商"一词的演变与内涵并不仅仅是一个语言词汇变迁的问题，而实为社会转型与文化变迁所留下的"符号"，其中包含着丰富的社会内容和文化意蕴。③ 马敏《"绅商"词义及其内涵的几点讨论》中晚清历史文献中的"绅商"存在分指性和单指性两种情况。在分指性意义上，系"绅士和商人"的合称；在单指性意义上，则反映着绅士和商人之间的融合，以至于结合为一体。"绅商"名词的出现和流变提示了近代社会阶层结构演化的历史大趋势，即"商"之地位上升和"绅"之地位下降，以及这种社会错动中人们社会心理和价值取向的巨大变迁。④ 程蕾《中国近代社会群体变迁研究》处于社会变迁中的各主要群体自身发生了重大转变，造成传统社会内部具有单一流动途径的阶层体系发生裂变，"士、农、工、商"的旧格局不复存在。与此同时，伴随社会经济的新变动和国家政策的指向，使传统"四民"结构中的商人群体开始由边缘走向中心。⑤ 王先明《晚清士绅基层社会地位的历史变动》被封建制度和传统文化所养育强壮的士绅阶层，作为一个乡土

---

① 刘凤云：《十八世纪的"技术官僚"》，《清史研究》，2010 年 5 月第 2 期
② 王先明：《历史记忆与社会重构——以清末民初"绅权"变异为中心的考察》，《历史研究》，2010 年第 3 期
③ 谢放：《"绅商"词义考析》，《历史研究》，2001 年第 2 期
④ 马敏：《"绅商"词义及其内涵的几点讨论》，《历史研究》，2001 年 2 期
⑤ 程蕾：《中国近代社会群体变迁研究》，西北大学硕士学位论文，2005 年 5 月

社会地方势力，始终与社区的利益血脉相系地联结在一起，并自觉扮演着民众领袖的角色。封建皇权只能借助于绅权有限地实施自己的统治，而不可能抛开绅权直接渗透于基层社会。① 邱捷《同治、光绪年间广州的官、绅、民——从知县杜凤治的日记所见》从同治、光绪年间在广东任州县官的杜凤治留下了一部记录详尽的日记入手。日记以一个下级官员的视角，记录了很多广州官、绅、民的生活以及相互关系的有趣细节。② 晚清官绅阶层在基层社会领域中的作用一直以来都被学术界广泛重视，结合着传统官员治理理念，尤其是晚清蚕桑局从事劝课蚕桑内容，更加值得去探讨。

（四）蚕桑技术传播与近代蚕业机构设立

晚清蚕桑技术传播与推广领域的内容，主要集中在晚清地方官员劝课以及地方蚕桑技术推广、蚕业教育机构兴起、近代蚕桑机构设立等领域，而蚕桑局专门研究相关内容尚未出现。闵宗殿《晚清蚕桑推广的成效和问题》载《历史视角中的"三农"》："据方志、报刊、文集、农书等文献的记载，晚清时期推广蚕桑有记载的州县现查到有 142 个。这 142 个州县，推广蚕桑分属于不同的时期，道光 10 个、咸丰 3 个，同治 23 个、光绪 105 个、宣统 1 个，光绪时期蚕桑推广的州县占总数的 73.9%，可见晚清时期推广蚕桑主要是在光绪这个时期。宾长初《广西近代蚕桑业述论》中广西近代蚕桑业在光绪中期以后发展较快，成为一项重要的经济活动，究其原因，植桑养蚕业得到更大范围的推广，蚕丝产量不断提高，各类蚕桑学校、蚕业讲习所（传习所）相继兴起。③ 周邦君《地方官与农业科技交流推广——以清代四川为中心的考察》中地方官是促进区域社会农业科技交流推广的必要中介。清代四川相当一部分外省籍地方官对辖区农业着力经营，不失时机地引进、推广新的作物品种，使农业技术更趋精细化，并推动农业科技改良组织的建立与农业科技著作的编撰、刊印和流布。地方官通过科技交流推广以发展农业文明的历史传统，当

---

① 王先明：《晚清士绅基层社会地位的历史变动》，《历史研究》，1996 年第 1 期
② 邱捷：《同治、光绪年间广州的官、绅、民——从知县杜凤治的日记所见》，《学术研究》，2010 年第 1 期
③ 宾长初：《广西近代蚕桑业述论》，《河池师专学报》，1991 年第 4 期

进一步总结发扬。蚕桑业也具有比较浓厚的商品经济色彩，故很多地方官注意在辖区发展此项生业。① 李富强《中国蚕桑科技传承模式演变研究》表达了我国社会开始由传统农业社会向近代工业社会转变的时期，19 世纪中叶到 20 世纪前半叶，开始出现专业蚕桑科技传承机构——蚕桑学校，蚕桑科技农业推广模式逐渐代替了劝课农桑传承模式，家庭传承模式开始式微，手工作坊技术传承逐渐过渡成工厂中的车间传承。② 晚清劝课蚕桑已经引起农业史领域的注意，而异地蚕桑技术传播的内容，目前看来不是很系统。关于晚清蚕桑局的异地植桑技术研究，尤其是蚕桑局植桑技术异地实践内容的挖掘，将丰富蚕桑技术外延。

王翔《近代中国传统丝绸业转型研究》对蚕桑业近代转型作了细致的论述，丝绸和贸易领域都作了充分的阐述，同时也提到了晚清各地劝课兴起的特殊现象。③ 苑朋欣《清末蚕桑教育的兴办及其影响》中说蚕桑教育在清末备受重视，蚕桑学堂、蚕桑讲习所、蚕桑传习所以及设有蚕业专科的农业学堂纷纷设立。清末蚕桑教育的兴办，为各地培养了大批懂得近代蚕桑技术的专门人才，促进了各地蚕桑新知识技术的推广和传播，推动了蚕桑业的改良和发展。④ 章楷《中国近代中央级的蚕业机构》讲述了清政府农工商部成立农事试验场，国民政府计划筹设中央蚕丝试验场及中央原蚕种制造所，另一个中央级的蚕业改良机关是全国经济委员会所属的蚕丝改良委员会。⑤ 闵宗殿、王达《我国近代农业的萌芽》论述了近代农业在我国出现的标志、近代农业在清末发生的原因、清末近代农业建设的特点、近代农业教学机构建立情况、农业公司创办。赵朝峰《清末新政与中国农业近代化》讲述了农业行政机构专门化、农会组织普遍化、建立近代农业教育制度、创办农业科研机构、鼓励兴办农业公司。王利华《晚清兴农运动述评》提到晚清兴农运动顺应了近世以来中国农

---

① 周邦君：《地方官与农业科技交流推广——以清代四川为中心的考察》，《宜宾学院学报》，2006 年第 7 期

② 李富强：《中国蚕桑科技传承模式演变研究》，西南大学博士论文，2010 年 4 月

③ 王翔：《近代中国传统丝绸业转型研究》，南开大学出版社，2005 年 10 月

④ 苑朋欣：《清末蚕桑教育的兴办及其影响》，《职业技术教育》，2011 年第 4 期

⑤ 章楷：《中国近代中央级的蚕业机构》，《江苏蚕业》，1997 年 1 期

业内部日益强烈的变革要求，通过学习西方，促进了中国传统农业向近代农业推进，使得中国农业文化无论是其技术体系、生产组织制度还是其观念体系，都开始发生前所未有的重大变革，农业实验科学成果已开始应用于具体生产活动，更重要的是，中国自己的近代农业科研、推广、教育等，也由此起步。因此，从历史实际来看，晚清兴农运动，乃是中国近代农业的起点。① 清末，农业机构大量兴起，处于建章立制的历史阶段。清末之前，农业相关机构研究多属于中央、省级机构，且日益丰富，而蚕桑局这类分布广泛、涉及基层社会的劝课组织性机构仍然没有得到系统的梳理与挖掘。

三、研究内容与框架

本文以晚清蚕桑局作为研究主线，从横向与纵向上对蚕桑局进行剖析。系统阐述了晚清蚕桑局的历史变迁，梳理了整个晚清历史时期各地出现的蚕桑局。从参与官绅民匠、撰刊劝课蚕书、技术异地实践、经营思想实践等角度，对蚕桑局进行横向研究。最后，对晚清蚕桑局多方面研究结论进行总结，并且在蚕桑局与技术近代化联系，民国以来蚕桑局的发展，晚清局与地方社会治理，晚清局务机构与地方社会贡献等研究领域进行展望。全文研究内容与框架如下。

第一章晚清蚕桑局的历史变迁，第一节以晚清地方局务机构的创设为研究基础性铺垫，通过目前局研究新进展，对局务机构有一个整体性的认识。蚕桑局属于地方性局务机构，所以介绍了地方局的发展脉络，又在以往分类基础上对地方局进行重新分类。历来与蚕桑相关的局已经存在，例如织造局、教织局、保甲局。对三者进行比较研究，从而突出蚕桑局的不同之处。第二节研究蚕桑局的时空分布，从时间和空间上将晚清蚕桑局展示出来，阶段上分为江苏蚕桑局的缘起、光绪各地府州县蚕桑局的发展，以及单独将省级蚕桑局的兴起进行描述。第三节是近代转型与运营实态，清末蚕桑局出现了近代转型迹象，这也是历史发展必然趋势。而蚕桑局是实业经营型局，其运营实态的研究非常重要，对其做一定介绍。历史的阶段差异与区域差异是研究蚕桑局不可回避的问题，有利于对蚕桑局进行差异性比较与

---

① 王利华：《晚清兴农运动述评》，《古今农业》，1991 年第 3 期

分析。

第二章官绅民匠与蚕桑局创办，第一节以官员的倡率为视角，从倡设官员的群体特点，儒家思想与经世致用，日常运营中的官员等角度来论述官员在蚕桑局创办过程中的原因与作用。第二节主要阐述绅士的参与，从绅士构成与中枢作用、蚕桑局章程的制定、绅商的崛起三个方面展示绅士在蚕桑局中作用。第三节从匠徒与小民视角来说明，蚕桑局通过匠徒的技术指导与传播，而小民的参与则是蚕桑局最能体现效果的部分，但推广中小民所遇到的困境说明蚕桑局作用并不明显。官绅民匠是晚清蚕桑局中主要参与群体，立体呈现蚕桑局活动内容。

第三章劝课蚕书的撰刊与流传，第一节阐述了晚清各类蚕桑专书的内容来源，并从历代知名农书的采辑、乾嘉道咸蚕书的辑录、新技术内容蚕书的创作三个角度揭示晚清蚕书的创作方式。第二节从蚕桑技术来源地区角度，以杭嘉湖地区蚕桑技术、其他地区蚕桑技术、西方近代科学技术三个方面展示晚清蚕桑农书技术来源。第三节专门阐述了晚清蚕桑局刊刻的蚕书，对蚕书的体例与结构、蚕书呈现的新特点、蚕书的各类价值等内容作了分析。

第四章蚕桑局劝课过程中蚕桑技术的引进与实践，第一节系统的阐述了历代蚕桑风土论的实践与发展，介绍蚕桑风土论源流考，分析了蚕桑局涉及风土论的内容，并分析了蚕桑局蚕桑技术异地实践过程中普遍存在的风土困境。第二节介绍植桑技术的异地实践，蚕桑局劝课过程涉及桑技术异地实践主要有远途采买桑秧技术、桑树的异地培植技术、桑园的选取与功能。第三节介绍养蚕缫丝技术的异地实践，蚕桑局内的养蚕与缫丝较为普遍，养蚕技术的实践是异地传播重要内容，而传统缫丝与织绸工艺的引进是蚕桑局重要活动，西方近代技术的引进说明蚕桑局已经出现了近代技术内容，蚕桑局是传统技术向近代技术转型的参与者。

第五章蚕桑局的商品化经营思想与实践，第一节系统阐述明清以来的蚕桑商品化经营思想，包括商品化经营特点、富民获利论盛行、商品化经营思想分类。给晚清蚕桑局商品化经营思想研究作铺垫。第二节介绍蚕桑局小农商品化经营思想的传播，中国传统社会小农是蚕桑重要的生产实践者，其已经开始注重生产与市场紧密相连、精耕细作与综合利用、劳力与雇工支出等内容。第三节介绍蚕桑局机构商品化经营思想的实践，对蚕桑局运行过程中的筹款与管理、商品市场的重视、区域分工与专业分离、近代工厂经营形式四个方面进行分析。

结语部分对蚕桑局研究做一个简单的回顾与整体性的总结，作为文章研究展望，将蚕桑局与技术近代化之间的关系作了介绍，同时为了更加深入的了解局务机构，对民国以来蚕桑局的发展、局务机构的社会经济作用进行介绍，望对今后研究有所裨益。

四、研究方法与依据

（一）研究方法

主要运用历史学研究方法，充分挖掘史料，论证论点。沿着政治机构史、科技史的研究路径，以晚清蚕桑局作为研究主线，穿插着社会群体史、蚕桑技术史、农业古籍整理、蚕业经济史等研究手段，充分剖析蚕桑局的整体面貌与细微之处。可以说本文综合运用了多种研究手段，系统多角度的将蚕桑局呈现出其历史本来面目，最终给与晚清蚕桑局以准确的历史定位。

（二）资料依据

晚清数量繁多的蚕桑类农书是蚕桑技术知识的主要来源，全国各地蚕桑农书涉蚕桑局的有几十本。目前收集资料主要来源于南京农业大学农业遗产研究室、南京图书馆、中国国家图书馆、浙江省图书馆、南京大学仙林图书馆、华南农业大学农史室、浙江大学华家池图书馆、山东大学、复旦大学、西北农林科技大学等。地方志也散落一些蚕桑局资料，利用中国地方志集成与南农手抄全国各地地方志蚕桑部分。《农学报》《申报》等晚清民国期刊报纸涉及蚕桑局内容丰富，借助南京大学图书馆数据库进行全面系统的收集。综合运用了四库全书、续修四库全书、文集，家谱、奏议、公牍、专著，期刊、学位论文等历史类研究资料，系统、全面地将晚清蚕桑局历史资料充分挖掘整理。

五、创新与研究不足

（一）创新之处

文章选取晚清蚕桑局作为研究主体，以横向、纵向交叉为视角对晚清蚕桑局进行深入剖析，系统梳理了晚清蚕桑局的历史变迁，对其整个发展脉络进行阶段性分析。

以官绅民匠为视角剖析蚕桑局运营与属性，梳理整个晚清撰刊劝课蚕书的来龙去脉与整体面貌，挖掘蚕桑技术异地实践内容，尤其是桑树异地栽植技术的新内容，将商品化经营理念融入蚕桑业来阐述，区分小农商品化与机构商品化。

梳理了清代局务机构历史发展脉络，对蚕桑风土论进行探究，分析涉及蚕桑局资金来源中厘税、慈善、捐廉、集资等途径，确立蚕桑局在技术近代中作用，将研究内容延伸至民国蚕桑局。

（二）不足之处

文章运用了多个历史研究的视角分析问题，这样所涉及的历史学多学科知识要求比较高，从蚕书、群体、技术、机构等多角度切入，关注社会史、农学史、群体史、机构史、技术史等每个学科的前沿问题与手段，必须综合运用多类理论方法才能在创新度与理论成熟性上达到更好的预期。

晚清蚕桑局研究在宏观历史背景与历史事件深度等方面需进一步准确把握。将蚕桑局融入整个历史阶段之中，进而非常准确的定位其历史地位和历史规律则仍需努力。

晚清蚕桑局研究资料上比较分散，难以全面细致。蚕桑局分散零散，旋设旋废，随意性强，这里面虽有大量的历史细节和人物，难以驾驭大量纷繁细碎的史料，使之系统化条理化，进而得出有益的历史认识，仍是一个比较难做的课题。

第一章　晚清蚕桑局的历史变迁

　　近年，涉及晚清保甲局、军需局、善后局、洋务局、厘金局、转运局、官书局、制造局、火药局、矿务局、垦务局、农务局以及慈善类堂、所、会等机构的相关研究日益丰富。日本学者田尻利对晚清江苏蚕桑局从其设立和规章，结合蚕桑农书给予深入研究。① 国内章楷对于蚕桑局资料进行收集工作，但未进行系统研究。其他一些学者对于地方性蚕桑局也进行了个案研究，比如吉林山蚕局等。但涉及蚕桑局全国范围发展及其规律研究并不多见，究其原因主要是蚕桑局材料分散在晚清几十本蚕书、地方志、文牍、《农学报》《申报》《东方杂志》等大量琐碎资料之中。以往对于晚清蚕桑研究主要集中在技术及其改良、贸易领域，对于蚕桑局机构组织和技术推广内容涉及不多。晚清蚕桑局是各类实业经营类局务机构的典型代表，是蚕桑劝课机构的近代缩影，是劝课蚕桑机构由传统向近代转型的过渡形态，而劝课蚕桑是传统循吏的文化心理使然。太平天国后，江苏地方蚕桑局如雨后春笋般应运而生，形成了与传统守土之士零散劝课新旧并立的局面。作为半官半民机构属性的蚕桑劝课机构，蚕桑局开始了机构化与规模化之路，不仅分布于全国很多府州县，省级蚕桑局也大量出现。本章通过借鉴国内外学者的研究成果，翻阅此类古籍，厘清晚清70 多所劝课蚕桑局的发展脉络、运营实态、时空差异、局务机构的发展等内容，以求展示晚清蚕桑局的整体面貌。

第一节　晚清地方局务机构的创设

　　鸦片战争后，各地以局为形式的机构逐渐增多。太平天国后，地方社会局务机构普遍出现，被应用于地方治理的各个领域。由于晚清各地局务机构错综复杂，涉及范围非常广泛，有必要进行详细分类。

---

　　① ［日］田尻利：《清代农业商业化の研究》，汲古书院，1999 年

以往史学界往往模糊处理各类机构形式上的差异，将局与院、堂、所、会等机构很少区分。事实上，并不能将局与其他类机构简单地进行归并研究。本节将对晚清地方局务机构的发展以及分类进行探讨，同时对历代以来蚕桑领域的局进行阐述，为晚清蚕桑局研究辅以铺垫。

一、地方局的发展脉络

晚清地方基层组织"局"的研究一直以来是历史学界研究的薄弱环节。目前有必要对地方局务机构的概念进行明确界定，以往学者选用与省府州县以上的中央、直省（直隶地区和各省）类局，并对与其相对应的府州县地方基层局务机构进行研究。目前看来，此种方式有其时代局限性，晚清尚可选用，而晚清之前的历史时期稍显不妥。嘉道《清实录》记载，一遇战事，地方上军需、善后各局大量设立，而中央依然以司经局、户工铸钱二局为主，较多的军需和善后则多局限于军队，而非直省。《曾文正公奏稿》仅有五次标题中出现局的奏稿：咸丰五年（1855年）七月初六日《万启琛留办饷盐局片》；咸丰十年（1860年）十二月二十八日《忠义局第二案折》，设于行营；咸丰十年十二月二十八日《湖南设立东征局请颁发部照折》；同治元年（1862年）十二月二十七日《东征局筹饷官绅请奖折》；同治四年（1865年）三月十五日《陈明请停湖南东征局片》，[①] 全部涉及军事。清中期地方社会已经出现各类慈善机构，并且趋于制度化，[②] 多以堂、会、院、社命名，而用局作为组织名称的并不多见。据此推测，局依然被用于官方属性很强的机构。在官方的积极介入的背景下，慈善机构出现了"官僚化"，一些朝廷救灾设立的教养局等间有出现。鸦片战争后，尤其是太平天国战争之后，府州县地方性局数量骤增，机构形式与经营内容错综复杂。晚清地方局务机构概念上涵盖除中央设立之外，包括战争相关的军需、善后、火药等局，各直省设立的厘金、税收、转运、支应、发审等局，地方社会的教

---

① 《曾文正公奏稿》，光绪二年，传忠书局校刊

② 梁其姿：《施善与教化：明清时期的慈善组织》，北京师范大学出版社，2013年3月

养、洗心、迁善等慈善类局，洋务派设立机器、轮船、矿务、招商等局，以及省府州县设立的其他各类局务机构。

地方社会中府州县与区域性局的研究涉及政治史、社会史等多个领域，目前已有一些研究成果。关晓红论及经济实体类局的社会经济作用，提到蚕桑局。并且，其对局的分层划分观点有一定的合理性，"晚清局所类型层次不同、性质迥异，鉴于官方文献所涉局所，多非州县以下的基层社会组织，而是各省府州县以上行政、商政机构，两者差异极大，前者与地方社会结合紧密，后者则与晚清职官体制相辅而行。"① 冯峰探讨了晚清局发展几个阶段，提到湖北蚕桑局兴办模式以及局务管理者的来源和职能的变化。它经历了"军幕"制度、"委绅设局"和"科层管理"等阶段。同时认为"局最早大致出现于北齐，北齐时门下省统辖尚食局、尚药局等六局，太常寺所属的太庙署，下有郊祠局、崇虚局（《隋书·百官志》）。清初的局大多属于国家官手工业，如户部的宝泉局和工部的宝源局，康熙时在京设有内织染局，在外则有江宁、苏州、杭州江南三织造局。"② 邓文锋对晚清官书局作了系统全面介绍。③ 黄鸿山专门研究江浙地区借钱局、洗心局、迁善局等地方慈善机构。④ 邱捷结合广东地方社会机构设立的局，给"局"作一般性定义，官署被称为"局"的多为临时性或新设立的机构，非官方的办事机构往往也称为"局"。⑤ 余新忠"嘉庆十年春（1805年），广东的郑崇谦就设立牛痘局。道光初年以后，北京、湖南、湖北、福建、江苏、浙江、天津、河南等地都先后设立牛痘局。同治初年战争结束后，牛痘局在江南各地纷然兴起。光绪朝始，各地掀起开设牛痘局高潮，到光绪二十年（1894年）前后，江南大多数县份都创设了牛痘局。牛痘局设立的历史传承和演进反映出的近世社会变迁，牛痘局一般被视为近代事业的设施，却依靠的几乎

① 关晓红：《晚清局所与清末政体变革》，《近代史研究》，2011年5期，5页
② 冯峰：《"局"与晚清的近代化》，《安徽史学》，2007年第2期
③ 邓文锋：《晚清官书局述论稿》，中国书籍出版社，2011年7月
④ 黄鸿山：《中国近代慈善事业研究——以晚清江南为中心》，天津古籍出版社，2011年7月
⑤ 邱捷：《晚清广东的"公局"——士绅控制乡村基层社会的权力机构》，《中山大学学报》，2005年第4期，45页

完全是传统的资源。"①　还有学者关注各地洋务运动中官员设立的大型局务机构，进行具体个案研究，如轮船招商局、火药局等，涉及局的生产、经营、运转等多个环节，研究较为深入。

　　明代税课局是常见的地方机构，地方志中多有记载，这是局务机构开始大量出现在府州县地方基层行政机构的开始。"明代州县设有通课局或税课局，专管征课税务，是官署机构的一种，其官员及机构均纳入王朝职官体系。"②　仅以《明实录》为例：《明太祖实录》卷之一百二十二"丁巳置济宁府城武县税课局"；卷之一百二十三"壬午置广信府贵溪县税课局"；卷之一百二十四"乙巳置徐州丰县税课局"；卷之一百二十四"置济宁府金乡县税课局"。但也并不属于普遍设立机构，随时裁撤。《明太祖实录》卷之一百一十"罢四川成都各府税课局一十八所，令各县兼领之，以其地僻不通商旅故也"；《明英宗实录》卷之四十三"顺天府宛平县言，本县旌善申明二亭年远废弛，其基址皆沦为民居，今有课税局已经裁减者，请即其处为之，上从其请。"清代府州县基层税局较为多见。而清初以来朝廷就设立有火药、铸造、司经、书馆等局。清前中期朝廷对于局的设立限制非常严格，地方督抚权力不大，一旦出现战事便有粮台。乾隆时期官方为解决一些事务而专门设立的办事机构设立局，属于屡设屡裁的临时机构，比如军需、税收、救济、发审等各类局。嘉道时期地方局务机构也是围绕着厘税、军饷、财权来展开的，较早出现的局一般认为是在军队之中，以军需局和火药局为代表。《清实录》基本上能够反映局的发展整体脉络，军需局与善后局随着各地战事而设立，同类型还包括火药、炮、硝等局，普遍存在于军营，涉及战争、筹款、军饷、粮草等内容。而善后词汇，起初仅用善后大局来描绘时下局势。目前推测，晚清各地大量局的设置、名称可能与嘉道时期设立的军需局、善后局有着密切联系。

　　鸦片战争后，善后局最为普遍，且经营内容较多，涉及范围较广，其他各类地方局务组织多来源于善后局的影响，主要是善后事宜职权的分化与官府治理职能的增多。然而撰述善后局与蚕桑局二者关

16

---

　①　余新忠：《清代江南种痘事业探论》，《清史研究》，2003 年第 2 期，28—37 页
　②　关晓红：《晚清局所与清末政体变革》，《近代史研究》，2011 年 5 期，5 页

系仅见于《申报》"臣查各省差员向因局所而设，黔省饷绌，委员无多，薪费尤薄。自光绪二十四年（1898年），钦遵谕旨，将厘金善后报销三局原设总办候补道三员裁汰，并将矿务昭信振捐火药军械火帽机器各局所委员均行裁减，归并善后局办理。待质所委员一员裁撤归并，按照磨管理蚕桑局委员一员裁撤归并。"[1] 太平天国后，局务机构局限于军事组织的趋势发生了根本性变化。据《清实录》记载，除各类军事局之外，同治六年（1867年）地方局务机构普遍增多，达十几种，[2] 可以称之为晚清地方局务机构迅速发展的标志与历史转折。光绪初局务机构在晚清政治与经济各个领域得到普遍应用，可以称之为是一种军事局务机构的延续使用与移植，范围扩大，影响深远。邱捷对广东地方上的局颇有研究，认为"局一般指官署或办事机构。在清代，官署被称为局的多为临时性或新设立的机构，如善后局、厘金局、缉捕局之类。"而"晚清的广东，公局在多数情况下是特指士绅在乡村地区的办事机构，通常是团练公局的简称。"[3] 晚清局是全国性的，并不是某一地区所能代表的。尽管晚清的局长期未被纳入正式职官建制，但其种类繁杂、数量众多，功能齐全、分布广泛，是处理地方上政治经济文化事务诸多机构的典型代表。关晓红认为"晚清局所最早起自何时，因官书无确切记载难征其详，但与鸦片战争前后内外战事开展、战后秩序重建有关，则大体不差。据《清实录》，道光八年（1828年）琦善所奏已出现善后局的称谓。咸丰四年（1854年）宋晋所上《请酌核保举章程以示限制疏》，可知此时东南沿海各地督抚的军营里，已有为军需供应而设置的局所，如军械所、火药局、报销局等。与此同时，东南各省因战乱导致衙署焚毁和人员逃亡，不能正常维持行政运作，也设置了一些临时机构，以设局办事之名，处理相关军政事务或善后。为维持地方治安，防止匪

---

① 《申报》，《陕甘总督崧奏为考察文武僚属分别举劾折》，第一万一千四百二十九号，光绪三十一年正月初十日，1905年2月13日

② 据《清实录》同治六年记载的局包括司经局、火药局、钱局、京局鼓铸、善后局、军需局、粮运局、转运局、捕盗局、抚恤局、厘局、军需厘金局、牙厘沙田两局、屯田总局、捐局、税局、盐局、买马局、米局、木局、练勇局、团防局、船政局、轮船局。涉及广泛，未仅限于铸造、军需领域

③ 邱捷：《晚清广东的"公局"——士绅控制乡村基层社会的权力机构》，《中山大学学报》，2005年第4期，45页

乱殃及无辜，各省大都在这一时期设置了保甲局，不少还延伸至州县。"① 其将局所两种机构形式归为一类，并总结局所兴起背后的三个原因，"晚清直省各类局所滥觞于道、咸战乱应急的特定环境，是对既有行政功能不足的一种临时调整和补充。设局办事的目的，一是因战事而致原有官署遭到破坏，官员阵亡或失踪，另设行政机构，集中人员和各项资源，统一协调调度，以应战时危局和战后乱象。二是为军需饷源及战后赔款而开辟财源，缓解财政紧张。三是对藩、臬两司业务的清查与纠弊，旨在整顿恢复战后秩序，维持刑名钱粮为主要内容的行政运作。"② 详述了道咸以来局务机构普遍出现的复杂背景。

　　研究地方性局务机构大量兴起，必须关注整个局务机构发展的时代背景，各类局务机构的设立原因、设立者、机构组织、运营形式等都具有一定普遍性。局务机构具有历史惯性，并非偶然设立，具有深层次的历史背景。太平天国后，地方性局务机构发展受中央和地方督府权力变化影响明显，二者权力的转化是一个缓慢交替变化的过程，这种转化是局务机构从军事、厘金、铸钱等领域扩大到地方治理结构中的关键因素，局务机构因之应时而生与应势而设，此际中央已经很难限制局的奏报与设立。幕僚与候补官员膨胀、地方战后修复也是各地局的普遍出现的重要因素。仅仅选用上段关晓红战时阶段的三个原因难以解释局务机构大量出现的现象，而从战后基层组织职能缺失与士绅权力扩张两个角度来解释这一时期现象更加贴切。冯峰从战后基层组织职能缺失的角度将局兴起第二个阶段定位在 1875 年至 1898 年，"局的职能由战事转入民事，而对于地方社会的发展具有重要的推动作用。这体现在：首先，局成为战后恢复民间秩序的重要机构。其次，地方大员利用局来解决地方治理中遇到的问题，中央的官僚体系也开始试图把带有民间性质的局纳入正式官僚体系。最后，局在地方事务中的地位越来越突出，促成了地方社会的发展和壮大。"③ 此种阶段划分方法与蚕桑局研究仍略有差异，蚕桑局主要兴起于太平天国战争之后，大规模发展却在甲午战争与戊戌变法之后。关晓红指出

---

① 关晓红：《晚清局所与清末政体变革》，《近代史研究》，2011 年 5 期，5 页
② 关晓红：《晚清局所与清末政体变革》，《近代史研究》，2011 年 5 期，6 页
③ 冯峰：《"局"与晚清的近代化》，《安徽史学》，2007 年第 2 期，50 页

"晚清遭遇大变局，各种新的形势和需求不断产生，现行的用人行政制度既不能应对，也无法及时调整。局所的出现，既是在统治秩序因战乱破坏的情势下，维持直省权力有效运作的救急措施，也是原有行政架构职能缺失且呆滞僵化，只能通过体制外的权力扩张及破格求才解决难题的权宜之计。"[1] 在中央对地方控制减弱的形势下，各省督抚纷纷建立各类直属于自己的新机构。"这些由督抚以军务、善后等名义先后建立起来的地方专职机构，由战时临时变成了平时常设，成为地方政府的重要组成部分。……它们都各有专职，在很大程度上弥补了地方政府行政职能的不足。"[2] 当时地方政府急于处理战后善后，对于发展经济、为民兴利等需要长远考虑的事务尚无暇顾及，成立局恰好可以弥补现有机构设置的缺陷。与此同时，徐茂名从士绅角度将江南基层组织进行分类也得出了此类观点，将基层组织分为：官方基层组织、半官方基层组织、民间基层组织。三者"横向排列，同时并存，但在产生、发展的时序上却大致有一个前后相因、层层推进的过程。官方基层组织是始终存在的社会管理的基本框架，但本身也在因袭中不断变革，以应对社会发展中出现的新问题。当官方组织无法解决所有难题时，便发动民间力量，而在野的士绅阶层从儒家修齐治平理论出发，亦有以天下为己任积极入世的强烈欲望，二者一拍即合，遂有官倡民办之乡约与社学的昌盛。当官民共建的半官方组织无济于事时，又有纯粹民间组织如善会、善堂的发达。"[3] 士绅也由原来官方基层组织的控制对象变为控制主体，这是从士绅角度切入得出的结论，划分的三类组织中包括局务机构。可以发现，局作为基层组织是在士绅权力扩张与基层社会管理缺乏解决能力的情况下逐渐发展起来的。

清末，局的机构形态发生了变化，这一阶段可以发现局作为传统向近代转型时期的过渡形态。首先，直省局开始了改革，冯峰认为很多局成为政府正式机构，局成为政府机构的转型来源，"清末新政改

---

① 关晓红：《晚清局所与清末政体变革》，《近代史研究》，2011 年 5 期，22 页

② 王勇：《晚清地方官僚体制历史演变略论》，《云南师范大学学报（哲社版）》，2006 年第 4 期，66 页

③ 徐茂名：《江南士绅与江南社会（1368—1911 年）》，商务印书馆，2004 年 12 月，150 页

革中，'局内分科''科下分股'的行政组织建构开始得到推行。一些新兴衙门，大多采取'局、科、股'的组织方式。同时，一些新兴阶层也逐渐成为了局的主力。19世纪末伴随工商业迅猛发展而兴起的工商阶层，首先成为了科层队伍的一部分。1905年科举制度废除，切断了传统的由科举而入仕的晋升之途，因而通过到局中做事、参与国家公务便成为一条可行的谋求升迁之路。一些受到过新式教育的知识分子因此被吸收入局，进一步改变了科层人员的成分。科层制遂成为了局最主要的兴办模式。"① 冯峰的研究主要集中关注了行政类局务机构，认为"在清末的官制改革中，局的设置终于被纳入了正式官僚体系，但其体制外的特点仍然存在。民国建立后，局在现代官制中的地位才渐渐稳固。其成员的组成、经理的事务及科层制的发展，都有新变化，有待进一步的深入研究。"② 目前看来，此类机构过多的集中在行政机构，而局涉及领域广泛，尤其是一些实业经营类局走向并没有过多的关注，这也涉及经济史研究范畴，社会转型官办企业的兴衰与清政府存亡关系密切。关晓红提出实业类局对地方经济发展作出过应有的贡献，至民国时期得到充分认可，但也没能对局的走向给出清晰的定位。此外，晚清慈善机构研究愈趋成熟，并对此类机构长时期历史阶段变化给出了定位，各类基层慈善机构称谓上有局，但慈善类机构选取局作为称呼的现象并不很普遍。总之，晚清局务机构的兴起背景研究基本上能够得出普遍的共识，但对于局务机构纵向历史阶段的具体研究并不是很充分，主要原因便是局务机构的种类过多，难以统一进行梳理与分类。

二、地方局的基本分类

晚清地方局的分类是一个复杂与迫切的任务，由于局务机构涉及领域极其广泛，持续历史时间较长，区域范围广泛，也没有统一的规制，所以局的分类并不能简单的归并。晚清局务机构是地方重要的基层组织形式，涉及领域广泛，包括"赈灾、农业建设、地方教化事

---

① 冯峰：《"局"与晚清的近代化》，《安徽史学》，2007年第2期，53页
② 冯峰：《"局"与晚清的近代化》，《安徽史学》，2007年第2期，53页

业以及慈善事业的举办，是地方社会秩序稳定的标志。"① 以往学者研究范围过于局限于晚清官营机构与洗心局、迁善局等慈善机构，而介于官民属性边缘的局务机构关注较少，例如，地方上编修家谱而设的采访局，扬州陆氏撰写家谱的地方家族在修家谱时，于扬州镇上设立局，② 来承担家谱内容的搜集工作。不过官方的修志局早已出现于康乾时期，是专为地方官府编修方志而设。然而晚清冯桂芬移居木渎，在家开修志局，编修地方志，纂修成《苏州府志》，因此修志局的官民属性也较为复杂，目前仍没有系统介绍修志局的研究成果。目前各类地方局务机构的研究尚未深入，晚清蚕桑局研究不多，尤其涉及官绅属性的界定上涉及更少，而将晚清地方局进行分类显得尤为迫切。局的称呼至今仍被我们广泛应用，但其内涵与形式已经发生变化，不能以当今的标准来考察晚清的局。此外，各类机构也不能笼统研究，诸如地方上的署、厅、所、堂、院、会等机构，互相之间的形式与内容有明显的区别，要进行细致研究。对于蚕桑局而言，一方面要厘清其作为一个具体事办事机构的历史发展脉络，同时还要对清代以来各种局务机构作一总体的描述，对其官民属性、运行机制、行业归属都应有所描述，以此来说清蚕桑局的性质与独特的历史内涵。

首先，地方志是研究晚清局务机构的重要史料。晚清局务机构在方志中被编纂的位置是对局进行分类最为直接的一种方法，各类方志撰写过程中已经明显将局进行区分。以蚕桑局为例，目前被撰写地方志部分包括：公署、慈善、自治、建置、营建、义举、物产、实业等部分，性质上主要与公局、善后局、善堂、自治等几类机构相似，基本上属于官府体制外的机构。也有方浚颐将课桑局部分置于《同治续纂扬州府志》的《在府公署·附》部分，视其为公署性质，实属少数。大多数修志者根据各地蚕桑局址，将其纳入建置与营建目录，这只能反映出其并非官署的属性。当然将蚕桑局研究归类为建置与营建的范畴进行研究，可能会失去其本身劝课蚕桑的历史价值，而实业条目之下多见于民国编修的方志。因此根据地方志分类难以满足整个晚清历史阶段和全面研究的需要。

---

① 冯峰：《"局"与晚清的近代化》，《安徽史学》，2007 年第 2 期，51 页
② 《京江何氏家乘》十五卷十二册，《序》，无违堂藏版，光绪丁亥年重修

其次，关晓红对直省局所划分三个时间段，"随着晚清政情的变化，局所在各直省的发展经历了性质有别、种类各异、此消彼长的三个阶段。初期即咸同年间，以军事和厘税类局所居多；中期（同光新政）则以洋务、军工类局所为主，同光新政期间，军工类局所具有企业与衙门混合的性质；晚期以清末新政为契机，巡警、商务、政务、实业、教育等各类局所层出不穷。"① 历史阶段划分比较清晰，根据从事具体内容划分为：军事、厘税、洋务、军工、巡警、商务、政务、实业、教育等类。其选取史料《户部奏报显示光绪十年的局所状况》涉及大量局务机构名称，但仅为吏部与户部调查部分，并没有包括光绪十年（1884 年）九月所有局，此种方法似乎不能满足晚清局务机构的分类要求。表 1-1 之中提到地方局中桑线局，并未提及蚕桑局。倘若将蚕桑局归类为实业型局有些许勉强，太平天国后地方使用实业一词并不普遍，实业类型的局普遍应用于甲午与戊戌之后，而"1903 年之后，工业和技术教育凌驾于较为广义的商业和经济学教育之上，居支配地位。同样新名词实业也为人接受"。② 此种分类与大量兴起于太平天国战争之后的蚕桑局在分期与用词上有些许不符，亟须新的分类方法来对晚清蚕桑局进行分类与梳理。

表 1-1　光绪十年（1884 年）各地所设局

军需	洋务	地方
善后总局、善后分局、军需总局、报销总局、筹防总局、防营支应总局、军装制办总局、造制药铅总局、收发军械火药局、防军支应局、查办销算局、军械转运局、练饷局、团防局、支发局、收放局、转运局、采运局、军械局、军火局、军装局、军器所、军需局等项名目	则有洋务局、机器局、机器制造局、电报局、电线局、轮船支应局、轮船操练局等项名目	则有清查藩库局、营田局、招垦局、官荒局、交代局、清源局、发审局、清讼局、课吏局、保甲局、收养幼孩公局、铁绢局、桑线局、戒烟局、刊刻刷印书局、采访忠节局、采访忠义局等项目，其盐务则有各处盐局、运局、督销局项；其厘卡除牙厘局外，则有百货厘金局、洋药厘捐局，暨两项各处分局，更不胜枚举

资料来源：《光绪朝东华录》第 2 册，总 1878-1879 页。转自关晓红：《晚清局所与清末政体变革》，《近代史研究》，2011 年 5 期，13 页

---

① 关晓红：《晚清局所与清末政体变革》，《近代史研究》，2011 年 5 期，8 页
② ［美］陈锦江著，王笛，张箭译：《清末现代企业与官商关系》，中国社会科学出版社，1997 年 6 月，201 页

最后，蚕桑局归类为洋务运动地方实业经营类局，地方实业经营类局是洋务派普遍成立的机构形式。以往研究中并没有将蚕桑局纳入洋务运动的研究序列，究其原因，主要包括：首先，洋务运动史研究范畴中主要是集中了近代化生产，各地蚕桑局仍然没有摆脱传统生产模式。但这并不能否认蚕桑局的兴办背景与洋务运动历史脉络等诸多方面的吻合，洋务运动时期是中国由农业社会向近代工业社会转向的关键历史阶段，蚕桑局的出现与发展正是伴随着洋务运动而出现发展的，这不是历史的偶然。其次，兴办人物上也涉及诸多洋务派官员，从其在创设时所起到的作用来看，这是洋务运动浪潮对基层社会影响的表现。且不必论个别蚕桑局出现在省城，由著名的洋务派官员举办，只看大多蚕桑局出现在府州县等行政单位，已经属于洋务运动在地方社会上的延伸。最后，蚕桑局的举办形式也符合洋务运动其间各类实业的形式，比如资金筹措、参与群体、结局与转型等，都与洋务运动时举办的实业经营单元十分相似，这表明，晚清蚕桑局确实可以纳入洋务运动历史研究的序列。但蚕桑局活动范围很大部分是基层社会，洋务运动并没有如此深化到各个领域和各个基层，因此，只能过多依仗地方士绅来运营，使得蚕桑局具备了更多的地方公益属性，涉及地方社会组织研究。总之，蚕桑局只能说是传统劝课蚕桑与近代社会背景相结合的过渡产物，其并不是洋务派所重视的生产经营范畴。这与蚕桑领域的近代技术更新时间有关，太平天国战争至甲午战争之际，洋务运动很多产业已经采用了近代技术，而蚕桑领域作为中国社会最为引以为傲的产业，在技术上并没有很明显的需求进行近代革新。甲午战争之后，中国蚕桑业已明显落后日本，此际才恍然明白挽回蚕利的重要性。

综合以上分类方法，笔者将晚清地方局分类为：官府机构类局、慈善类局、地方实业经营类局。首先，从地方志角度来说官府机构类局一般包括火药局、善后局、农工商局等，人员主要是官员，事务也以官府的职能为主，这些机构在转型之后，皆属于官府机构属性。其次，慈善类局是晚清一个重要地方机构形式，类型多样，主要以地方救济、救助等慈善事务为主，基本上是地方士绅办理，涉及地方宗族研究范畴，此类机构民间属性很强，基本上是官倡民办。晚清基层慈善类机构称为局的有积善局、迁善局、洗心局等，形式与内容上与慈善类堂、会、所较为接近。最后，实业经营类局主要源自战后地方修复、洋务运动、清末兴办实业三者的结合，涉及洋务类局与实业类局，包括织布局、蚕桑局、缫丝局等。参考了关晓红实体经营类局的内涵，选取较为贴切。地方实业经营类局一般具有很浓官方色彩，指的是在府州县从事生产和经营，采用传统或近代技术，具有具体的运营实态，以地方官员与士绅为主要参与者，企业形态也多样，包括官督商办、官办绅助、官倡绅办、官绅合办等形式的生产经营性机构，是晚清地方社会经济发展的重要组织形式。实业经营类局属于独立经营的个体单元，涉及领域广泛涉及诸如枪炮、印刷、水运、通信、农业、畜牧、渔业、蚕桑、棉布等涉及近代技术的领域，也延伸至水龙局、种痘局等。然而，各地实业经营类局的区域分布上研究仍然是一个艰难的课题，目前从学者关注角度来说，江浙与广州地区的地方实业经营类局已经有所研究，而就其分布范围与数量多寡来讲，江苏地区太平天国之后数量增长最为明显，甲午战争与新政之际也是地方实业经营类局蓬勃发展的重要时期。全国地方实业经营类局数量太大，涉及范围太广，并且分布区域遍及中国各地府州县，精力有限，很难进行各地实业经营类局的分布规律、涉及领域、组织模式以及发展阶段性特征等方面的充分研究。

晚清是近代化重要的转型期，局在近代化过程作用突出。蚕桑局是晚清众多局务机构中的一个小个体，具有地方局各类代表性，我们不能忽视晚清局务机构所做出的贡献和存在意义。选取晚清蚕桑局作为研究对象，恰似麻雀虽小五脏俱全。蚕桑局的研究关注地区差异性，这种地方性问题需要新的研究方法，即将所有晚清阶段蚕桑局，按时间区分或是按地区划分，之后进行整合，将各自相同点进行描述，将蚕桑局在历史学的视野中进行重构，从而得以研究其整体特点。晚清地方局在社会稳定、经济发展、科技进步、文化发展、机构完善、城市发展等领域都有着重要的历史贡献，充分体现了地方社会经济近代化转型的缓慢过程。例如"左宗棠奉命带兵收复新疆，设立了临时性机构抚辑善后局。该局的设置，使收复后的新疆政治趋于稳定、经济得以恢复，并且为 1884 年新疆建省奠定了基础。同时，该局的设立也改变了清代管辖以来新疆各地官员民族成分的构成，对新疆的发展起到了积极作用。"① 从鸦片战争开始，局经过几十年的变迁，其中不乏各类局被废弃。总体来说，局持续时间贯穿整个晚清时期，可见局的兴起与发展适应晚清这个时代的需要。清末，局的机构形式应用范围越来越小，例如，实业类局的称呼开始转变为公司、公社、工厂、行会、商会、试验场，退出了商业化经营较强机构的历史舞台。局的称谓更多地被应用于政府机构，比如农务局、邮政局、电报局等，至民国局被更多地应用到政府机构与事业型单位上。光绪十六年（1890 年）崇善知府李世椿"奉省抚宪马大中丞丕瑶饬令，通省举办蚕桑，奏明在案，发下刊刻《告示》《劝民蚕桑歌》《实际》等件，均经遍贴晓谕。县中集股筹办，以三千钱为一股，当时集有千余股，分赴梧州采买桑秧。在城内外各处荒地开垦栽种，又在考棚设立蚕桑局。雇募工匠，教民学习，实力开办，务期收效也，此为实业行政之始。"② 关晓红更加中立的认为"新政时期的局所对于转变政府职能起到了积极作用，特别是对地区经济、文化发展的推动较为显著。时过境迁，民国以后，晚清局所的作用反而得到较多肯定。经济实体类局所不必论，即使一般局所，既有位置私人、冗官冗费、危害吏治的一面，也有重建社会秩序，应对社会需求扩展政务的一面。尤其在农工商管理方面，改变了传统行政以刑名钱谷为主的格局。民国年间纂修的地方志，几乎都会肯定晚清新政各类局所在促使本地推进近代西式的公共设施与服务方面，确有开启之功。新政时期各类局所，名目种类繁多，但政务类与实体类（如蚕桑局、矿务局等）在职能权属及管理方式上差异极大。"③ 实体类局的社会经济、技术与人才等方面的作用都值得去充分挖掘，晚清各类局的依然是重要的研究领域。

目前地方局研究具有复杂性、迫切性，地方局研究需要多学科知识。近代化研究仍然是学者们关注的重点，关于基层社会组织局的研究，切入点往往从官绅经营、官督商办、地方治理、行会商会、商品市场、海外贸易等领域，仍未能但从地方基层组织研究中将"局"

① 李艳，王晓晖：《清末新疆善后局刍议》，《西北民族大学学报（哲学社会科学版）》，2005 年 03 期

② 《民国崇善县志》第一编，民国二十六年抄本，79 页

③ 关晓红：《晚清局所与清末政体变革》，《近代史研究》，2011 年 5 期，22 页

单独作为一个研究主体。局务机构的研究领域依然较为薄弱，未能从晚清整个历史阶段性变化整体把握局的发展规律和阶段性特征。纵向上，晚清局务机构研究必定要追溯到整个清代的历史脉络下进行把握，有助于更加清晰地了解局务机构整体发展历程。例如，善后局研究并不透彻，善后局被认为是官署名。清朝后期，在有战争的省份中，设有处理特殊事务的机构，称为"善后局"。督、抚可以不按常规，支款办事。其言清后期并不准确，全国范围内善后局数量，从事劝捐筹款以外的活动介绍的并不多，尤其是善后局整个历史脉络把握亟待梳理。技术领域，局涉及传统技术与近代技术的应用，这也是不同局从事内容复杂多样导致的，致使长期未能深入研究。将局与技术二者相结合进行研究，既对晚清基层实业类局的研究有了新突破，也准确地把握住了局作为近代化进程中一个重要角色，即技术的使用者与技术进步的开拓者。梳理晚清地方实业类局的运营实态、发展背景、数量、属性。鸦片战争后江苏长江两岸附近地区应对战争破坏，在地方大员主持下开始设立大量的局，其数量陡增、涉及领域广泛。洋务运动刺激了地方官员实业类局的发展，尤其甲午战争之后，地方实业类局有了更进一步发展，不仅数量上增多，而且在采用管理和技术上也都普遍开始了近代化，新政之后，各地大量存在，种类多样，新旧并存，值得深入研究，更有必要对各类局的进行比较性考察，探究其发展背后的原因和背景。晚清地方实业类局研究有一定的难度，数量众多，机构形式多样，属性与区域性差异都很大。对晚清地方局、署、厅、所、堂、院、会、厂、公司等机构进行梳理，通过时间和地区分类，深入探究局与其他机构类型的细微差异，继而确定局机构形式的使用范畴。晚清基层机构数量众多，实业类局进行近代技术应用较为普遍，阐述其机构运营内容和属性，将地方性局近代化转型进行分析，展示近代化的缓慢过程，以提供历史性思考和借鉴。

三、历来与蚕桑相关的局

蚕桑局出现之前也有一些蚕桑相关的局，但与晚清蚕桑局有很大的区别，例如，织造局、教织局、保甲局。这些机构或是官府织造之用，或是官员零散劝课之用。总体来说，机构形式相比官员零散劝课更有系统性。"桑蚕何由而局也，闵襄民之不事桑蚕而兴劝之也，前此无兴劝者乎，周芸皋太守，盖尝行之而卒废也，既废矣，又奚能行，夫民趋利，有禁之不止者矣，乌有导之不从者，彼特未赌桑蚕之利耳，吾种桑桑茂，饲蚕蚕旺，见而歙焉，不待劝矣。"[1] 上海蚕桑局的善堂等一些慈善类局务机构，以及江宁课桑局善后局也略有参与，后面章节再做介绍。

织造局与织染局出现较早，属于官府机构，范金民与刘兴林等皆有论述。"两宋的官府丝织生产有官府作坊和官雇民机包织两种形式。官府作坊通称院、场、务、所、作等。"至"元代的官府丝织生产分为两大类，一类属于宫相总管府下专为宫廷织造缎匹等的机构，下面分设织染局、绫锦局、中山局、真定局、弘州纳石失局、荨麻林纳石失局、大名织染提举司等；另一类属于工部管领的专为诸王百官织造缎匹的大都人匠总管府，下设绣局、纹锦总院、涿州罗局等。"[2] 明代官府丝织作坊中央有四个织染局，地方织染局数量更多，浙江和南直隶分设织染局十处和六处。清代官府丝织生产机构主要是北京的内织染局和江宁、苏州、杭州三处织造局。[3] 至今杭州仍存红门局命名的路，红门局被视为"府中之府"，内分官厅和织厅，官厅主要负责采集、运输及管理等事物，有各种用房上百间，建有三个大厅。红门局汇集能工巧匠，精染细纺各色绫罗绸缎，做工考究，质地优良。红门局原称北局，民间因其有红漆大门而俗称红门局。以上机构属于官府丝织业，功能集中于蚕桑领域的下游生产环节的丝绸织染，本文研究蚕桑局在功能上属于地方官员劝课蚕桑机构，而尽管其名称中多用局字称谓，蚕桑局与织造局有本质上区别，不能与蚕桑局混淆，目前，仅有清末江西织造总局一切机器皆设在蚕桑局内，[4] 可知晚清蚕桑局的创设与各地织造局发展从目的与内容差异之大。

清代以来，地方官员劝课蚕桑逐渐增多，教织局出现并不多，多数地方州县劝课蚕桑时仅记载"教织"二字。道光年间陆献于山东曹县设立"教织局"，"陆献字彦若号伊湄，宋忠烈公秀夫裔孙，世

① 《中国农业史资料第259册》10页；[清] 方大湜：《桑蚕提要》，《桑蚕局记》，光绪壬午夏月都门重刊

② 刘克祥：《蚕桑丝绸史话》，社会科学文献出版社，2011年7月，116-117页

③ 《钦定大清会典事例》（光绪重修本），卷九百四十，工部七十九，织造

④ 《申报》，《织造总局火警南昌》，第一万二千二百五十三号，光绪三十三年四月二十二日，1907年6月2日

居丹徒镇，道光辛巳由国学上舍举顺天乡榜，道光七年（1827年）随钦使那彦成赴回疆办善后事宜，保举知县，选授山东蓬莱县令，权莱阳篆，调繁曹县，所至兴利除害，办事实心，劝民种树栽桑养蚕，设教织局。"① 这说明鸦片战争之前，地方官员劝课已经出现了成立局务机构的萌芽，局务机构形式已经渗透到地方州县的劝课蚕桑活动之中。传统官员劝课蚕桑的形式开始缓慢改变，教织局已经属于类似于蚕桑局的劝课机构。

清代保甲局也具备劝课蚕桑的功能。保甲局劝课蚕桑内容散落于各地方志与官员年谱之中。同治十一年（1873年）川东保甲局出谕劝课蚕桑"兴川东蚕桑之利，除筹款采买桑秧，札饬委员，会同局绅，先行试种外，合亟出示劝谕，为此谕仰军民人等知悉，尔等如有情愿领桑种植者，即赴保甲局报明数目，领请给发。"② 光绪年间四川李君凤将劝课与保甲相结合，"欲兴蚕桑利，宜辑栽桑饲蚕之法，捐廉刊刷，照保甲册户给一帙，劝家家务蚕桑。……欲能收效，宜于保甲册每户之下，令注明无桑有桑多桑字样，以备查考，指示民采桑种处，桑葚将熟前一月，指定某保某甲于某日期内，可在某处采桑葚，特下札示，责成保正督率甲长牌长遍告民户，务令每家采葚种桑秧一幅，或二三家移种一幅，于保甲册每户下注明已有自种桑秧或已与某户移种桑秧，以备抽查。"③ 1894年"在任候补县汉阳县县丞黄新锷奉蚕桑总局委，会同江汉两县，督同保甲绅士，散发各乡里屯桑秧。"④ 1902年泰兴知县龙璋成立蚕桑局和保甲局一同办理蚕桑事宜，"凡我绅衿士庶，父老子弟，务必大家勤勉，切实讲究，此刻先行安排松肥土地，一面由甲长到蚕桑局报名，声明认领数目，要是恐怕到城为难，尽可由保甲局董事转报桑树，到后示价领种，亦可由保甲局转发。"⑤ 而湖北武昌府保甲局劝课湖桑（表1-2），内容翔实，

① 《丹徒县志》卷二十八，宦绩二十一，《中国地方志集成》，江苏古籍出版社，1991年6月，562页

② ［清］姚觐元：《蚕桑宝要》，《川东道姚告示》，同治十一年，1页

③ ［清］李君凤：《蚕桑说》，《蚕桑管见》，四川藩属刻本，3-4页

④ 《申报》，《湖北官报》，第七千五百四十七号，光绪二十年三月二十二日，1894年4月27日

⑤ ［清］龙璋：《蚕桑浅说》，《告示》，光绪二十八年，石印本

李有棻派人"赴江浙苏湖一带，采买桑株桑秧，运赴来鄂，卑府现在檄饬各属设局，举办保甲，即将买来桑本分给保甲局，转给绅民栽种。"① 还涉及《论发桑秧并种桑养蚕章程》《谕各总绅请领桑秧（光绪十二年（1886年））》《谕各里屯绅领桑种植》《禁桑园切勿毁伤示》《禁窃取桑秧示》《桑秧到省分别领买若干送给若干示（光绪十三年（1887年））》《票仰差夫运送桑秧小心照料》《榜示民买桑秧钱文并官送桑秧数目》等购桑分桑内容，至今仍是国内保存保甲局劝课蚕桑最为翔实的史料。

表 1-2　湖北武昌府保甲局劝课蚕桑条示

项目	内容
计　开	每里每屯每洲各绅民买桑秧若干株，收钱若干文，官照民买数目捐廉送给若干株，合计四十八里十三屯一洲皆仿此
附代买桑秧局条式	江夏保甲总局为发给局条代买桑秧事，今据乡屯里洲地名甲牌，交来九八典钱八百文定价桑秧一百株，年内汇齐，禀请府宪派人赴浙采办，俟来春二月桑秧到鄂会经手各绅，查照此票就近预数转给，以归简编须至局条者。桑秧发领此票仍缴总局以凭查核
附发给桑秧局条式	江夏保甲总局为发给桑秧事，今据乡屯里洲，定价桑秧若干株，每株扣价八文，业经照收外，又府县宪捐廉奖助，凡自行买桑百株者，更另送桑百株，不敢分文通共若干株，合并随条声明，须至发条者

资料来源：《中国农业史资料第86册》156页；李有棻：《桑麻水利族学汇存》，武昌府署，1887年

　　蚕桑劝课称之为"局"的机构并非缘起晚清，丹徒蚕桑局设立之前，各地已经出现简称为"局"的蚕桑机构。例如，乾隆十一年（1746年）五月陕西省城设立蚕局，"省城经升任白守设立蚕局，委兴平县监生杨岫在内养蚕，始而收买桑叶，继而收买蚕茧，继而收买茧丝，民间知桑树可以卖叶，养蚕可以卖茧，所缫粗丝亦可零星卖钱，层层有利，远近男妇俱各踊跃，现将所收茧丝织机织成缫子各色花样俱有，比前极其工致。"② 蚕局主要事宜包括养蚕，收买桑叶，收买蚕茧，收买茧丝，缫丝让民观摩，饬委伊宝树在局督理，将都司

---

　　① 《中国农业史资料第86册》146-147页；［清］李有棻：《桑麻水利族学汇存》，《植桑》，武昌府署，1887年
　　② 《农史资料续编动物编第84册》104页；《培远堂文檄·设立蚕局收买桑茧檄》，乾隆十一年五月

旧衙暂作蚕局。陈宏谋"陕省向不种桑，本院近年自于省城设立蚕局，买桑养蚕，并饬凤翔府等处一体设局养蚕，诱民兴利。"① 此外，《清实录》中也记载了些许蚕桑领域"局"的内容，乾隆五年（1740年），大学士九卿会议、贵州总督张广泗、将署贵州布政使陈德荣奏《黔省开垦田土、饲蚕纺绩、栽植树木一折》："蚕桑宜劝民兴举，查黔地多桑，惟清镇、婺川二邑，能习蚕织，应如所议，各属素未饲蚕者，令雇人于城市设局饲养。民人有率先遵奉者酌赏，或织成丝绢，准令赴局收买。……又设局收丝，即可变价抵项，该价若干，仍听该督酌定。至养蚕、缫丝、织茧、织葛、等匠，不必通省纷纷雇募，应于省城酌定名数，给以工食，使教导本地匠作，渐次遍及。"② 乾隆七年（1742年），署贵州布政使陈德荣奏："至栽桑育蚕，惟大定、威宁，地气寒泠不宜，其余各属，均设官局试养。并于省会收茧雇匠缫织，又黔山柞树。今年饲养春蚕，亦已结茧有效，似较树桑为便。得旨。"③ 乾隆七年，贵州总督兼管巡抚张广泗奏："黔省生齿日繁，臣等广劝耕织。本年共报垦水田七千五百五十五亩零，旱田九千六百三十八亩零，并于省城设立机局。"④ 乾隆二十年（1755年），湖广总督开泰奏："臣与抚臣并在省司道公同捐办。已向江南雇募工匠来楚，复选觅荆州工匠到省，设立机局使之试织。其仿织之宫绸府纱颇肖，江南商店闻而购买，得价尚易。察其情形，似堪收效，惟是捐办不能经久，又未便请动正项，查有惠济加铸节省工料钱二千余串，可以暂借，俟民间学织者众，即将官局停止，料物变缴完款。报闻。"⑤ 道光十七年（1837年），又谕御史胡长庚奏请、责成地方官劝课农桑一折："据称山东省地瘠民贫，宜开衣食之原，以收乐利之效。该省

① ［清］贺长龄：《清经世文编》卷三十七，《户政》十二，《陈宏谋劝种桑树檄》乾隆十六年，清光绪十二年思补楼重校本，942页
② 《清实录》，《高宗实录》卷之一百三十，乾隆五年，庚申，十一月，癸酉，7383页
③ 《清实录》，《高宗实录》卷之一百六十九，乾隆七年，壬戌，六月，丁巳，9411页
④ 《清实录》，《高宗实录》卷之一百八十一，乾隆七年，壬戌，十二月，乙卯，10195页
⑤ 《清实录》，《高宗实录》卷之四百八十九，乾隆二十年，乙亥，五月，壬寅，26805页

地宜蚕桑，应行设局教劝。"① 以上蚕桑领域局的机构与形式可以称作晚清蚕桑局的雏形，名称上与晚清的蚕桑局略有差别，但在机构功能与劝课初衷上已经与晚清蚕桑局类似。

第二节　蚕桑局的时空分布

晚清地方官员发展地方，造福乡民，劝课蚕桑较为普遍，零散劝课更是不胜枚举。蚕桑局是晚清地方劝课蚕桑最重要的机构，是晚清局务机构的一种实践形式。晚清地方局机构普遍兴起，蚕桑局迎合了官员传统劝课与地方治理的需求，是二者结合的产物。晚清七十年之中，蚕桑局分布于全国很多地区，并且在不同阶段有着不同的特点。鸦片战争后丹徒两次蚕桑局是传统劝课农桑向机构化转变的开端，太平天国之后江苏长江南北两岸出现了数量较多的蚕桑局，光绪初期这种趋势扩散到全国大多数地区，并且出现了省级蚕桑局，甲午战争与戊戌变法之后，各地蚕桑局发展到了顶峰，大规模省级蚕桑局普遍出现，清末蚕桑局出现了近代转型的迹象，但直至宣统仍然与其他新式机构并存。② 晚清蚕桑局经历了太平天国修复、督抚权力扩张、洋务运动、新政实业等政治经济背景，受到官府职能增多、设局泛滥、幕友候补官员膨胀、地方绅权扩张、经世致用理念实践等多重因素的影响，是中国传统劝课蚕桑理念与晚清局务机构形式相结合的产物。

一、江苏蚕桑局的缘起

鸦片战争后中国历史运动轨迹开始了近代转向。学界认为晚清局务机构出现与"内外战事开展、战后秩序重建有关"，③ 促使新式局不断增多。局务机构形式应用于蚕桑劝课，始于道光二十二年

---

① 《清实录》，《宣宗实录》卷之二百九十七，道光十七年，丁酉，五月，癸未，20255 页
② 由于清末新政之前史料关注不够，苑朋欣认为"蚕桑局清末新政之前并不多，之后由于政府以蚕桑为急务，全国上下一致重视，蚕桑局才如雨后春笋般，在各地普遍出现"的观点有待商榷。《清农业新政研究》，山东人民出版社，2012 年 12 月，183 页
③ 关晓红：《晚清局所与清末政体变革》，《近代史研究》，2011 年 5 期，5 页

（1842 年）回籍知县陆献于丹徒县城东设立蚕桑局。① 同治己巳（1869 年）刊《蚕桑图说合编》，内附道光二十四年（1844 年）苏藩使者文柱序"丹徒则地不濒湖，而近日设局种桑育蚕，亦有成效。""复取近人所著《蚕桑切要》及《丹徒蚕桑局章程》刊布，加以图说，并仿制器具，颁行所部。"② 而南京图书馆藏版文柱辑何石安《蚕桑合编》，刊有陆献撰写的"丹徒蚕桑局规四条"与"蚕桑局事宜十二条"，其序云"上年丹徒在籍知县陆献刊行，设局二载，已有成效。"③ "近日""上年""二载""丹徒蚕桑局章程"等说明最早蚕桑局出现于丹徒县城东。陆献为道光元年（1821 年）举人，字彦若，号伊湄，著《山左蚕桑考》，于山东设教织局，亲身经历过鸦片战争，后去官回乡，推测丹徒县城东蚕桑局属于非官方民间局。道光二十四年（1844 年）陆献又被文柱"招至吴中劝课蚕桑，培补地方元气，乃设局城南郊鹤林寺。"④ 此次所设蚕桑局已经具备官员倡率色彩。咸丰三年（1853 年）丹徒被太平军攻克，"京口旧有蚕桑局，乱后中辍"，⑤ 清代丹徒与京口都是现今镇江别称，说明此时出现于镇江的蚕桑局已遭废弃。

太平天国后，江浙地区战争破坏严重，急需修复；同治初期，海外生丝及丝织品贸易盛行，江浙缫丝与丝织业发展较快，蚕桑业复兴；⑥ 江苏地方局务形式的机构兴起，江苏成为蚕桑局设置的地区源头。江浙与江淮地区是太平军与捻军的主要战场，这一点可以从当时蚕桑局出现地区与战争破坏地区有很强的重叠性来印证。比如同治元年（1862 年）尹绍烈在淮安清江浦设立蚕桑局时说"袁江自庚申寇扰之后，生计益绌，滇南尹莲溪太守慨然，思为民兴利，设局栽桑养

---

① ［清］何石安：《蚕桑合编·附图说》，《丹徒蚕桑局规四条》，道光二十四年，1 页

② ［清］何石安、魏默深：《蚕桑图说合编·附蚕桑说略》，《序》，常郡公善堂藏板，同治己巳仲春重镌

③ ［清］何石安：《蚕桑合编·附图说》，道光二十四年，3 页

④ 《丹徒县志》卷二十八，《宦绩》二十二，《中国地方志集成》，江苏古籍出版社，1991 年 6 月，563 页

⑤ ［清］沈秉成：《蚕桑辑要》，《告示条规》，光绪九年季春金陵书局刊行，1 页

⑥ 王树槐：《中国现代化的区域研究江苏省（1860—1916 年）》，《"中央研究院近代史研究所"专刊》（48），1984 年 6 月，台北，398 页

蚕，试办年余，渐有成效。"① 此际蚕桑局承担着部分地方善后责任而登上历史舞台，江宁府甚至将蚕桑局隶善后局，"同治四年（1865年）知府涂宗瀛于石城门内蛇山设局，贫民愿植桑者户给桑三十五株，别自种佃种，书于册籍，佃种者，蚕时官收其息，自种谓民地，佃种谓官地也。至是同治十年六月，桑棉局移局妙相庵隶善后局，以冬月委员购嘉湖桑秧，民愿领种者呈粮串地契为验，乃赐给之以剪接灌溉之法课之，刊有《种桑条规》，植官桑为之程，局前城西北隅及王府园弥望绿野皆官桑也，附郭内外比户业蚕。"光绪六年（1880年）撤局，江宁蚕桑之利未溥。自官府课桑，民间渐知育蚕，其丝不若浙产良，名曰土丝，不中织也。② 同治九年（1870年）太仓州吴承潞捐设蚕桑局，由士绅王世熙主持，"同治末归安吴公承潞知州事创捐设蚕桑局，购桑秧，令民栽种，十余年间，不下数十万株，嗣后官则或作或辍，民间又不得治桑育蚕之法，若复数年将成枯木朽株，而前人经始之苦心，悉归于乌有，吁可惜也。③ 同治十年（1871年）金坛县曾绍勋设蚕桑局，"蚕桑局。同治辛未知县曾绍勋因兵燹之后，疮痍难复，于县西偏设局，本沈青渠《广蚕桑说》教民树桑，并为筹款以为购桑之本，择董经理颇著成效，今蚕桑大兴，产丝日多矣。"④ 同治十一年（1873年）方浚颐在长江北岸扬州成立课桑局时说："命都转来扬时，寇难甫平，民居初复，邗沟四境，未编禾麻，蜀井一隅，尚沦榛莽。"⑤ 高邮"邮民素不饲蚕，自粤匪荡平后，郡城设湖桑局，俾民愿种者领之，而邮邑乃知饲蚕。"⑥ 同治十二年（1872年）南汇县成立种桑局，"知县罗嘉杰捐廉购运桑秧，广为散给。……就嘉湖等处雇工二名，教栽植培剪，俾四乡知所则效。其发

① ［清］尹绍烈：《蚕桑辑要合编》序，同治元年
② 《续纂江宁府志》卷之六，《实政》四，《中国地方志集成》，江苏古籍出版社，1991年6月，51页
③ 《太仓州志》卷三，《风土》二十二，《中国地方志集成》，江苏古籍出版社，1991年6月，35页
④ 《民国重修金坛县志》卷之二十四，《中国地方志集成》，江苏古籍出版社，1991年6月，57页
⑤ ［清］方浚颐：《淮南课桑备要》，《扬州课桑局记》，同治十一年，钞本
⑥ 《光绪再续高邮州志》卷二《民赋志风俗，风俗附》二十六，《中国地方志集成》，江苏古籍出版社，1991年6月，65页

桑秧办法，由乡董开单，报明领种人地址，领种若干，由局董逐一登册，每月由董事同局中所雇工人到乡查看。① 同治十二年（1872 年）沈秉成上海设蚕桑局。② 应对战争破坏、鼓励地方发展蚕桑业、广开小民利源成为官员设立蚕桑局的初衷。而江苏蚕桑局设立地区有着优越的地理条件，毗邻杭嘉湖地区，便于江苏各地蚕桑局从该地引进技术。

蚕桑局设置与地方督抚支持设立局务机构有关，此处与关晓红直省局所多有地方督抚支持设立的观点相吻合。清代中前期，中央政府对地方官员设置局务机构进行严格控制，随设随裁，绝大多数完成军需使命后便遭裁撤。太平天国战争中为了筹款与军需等事务而地方大员临时设局。③ 而战后督抚人事财权的扩张与众多治理事务分担的需要，设立各类局务机构，广泛应用于地方事务，此时蚕桑局并不是孤立的历史事件，有着和其他局兴起同样的时代背景。曾国藩倡导江苏地方设立蚕桑局，豫山同治四年（1865 年）描述"乙丑仲春重至江北，得晤滇南尹莲溪观察时，奉湘乡相国檄创立蚕桑局，于清江浦上，见其所植之桑，条繁而叶大，为从来所未观。"④ 同治辛未（1871 年）董开荣《育蚕要旨》序中撰"江南兵燹以后，田庐十损其八，旷土至多，今相国湘乡公秉钺秣陵，首重民食出教，命各属举废地，劝民蚕桑，又遴需次官之贤者，分董其事，镇江扬州各属以次举行。"⑤ 可见尹绍烈清江浦、沈秉成镇江、方浚颐扬州三地蚕桑局都是源自"湘乡相国"即曾国藩的支持。扬州课桑局曾接曾国藩檄文"批据禀已悉，课桑养蚕实为培养民气善举，该司既筹议举行，仰即饬令印，委各员妥议章程，次第办理，仍随时与镇江江宁互相咨商，期彼此皆有利益也。"⑥ 此檄文未见于曾国藩与朝廷直接汇奏的

---

① 《南汇县志》一，卷三《建置志》，《中国地方志丛书》，华中地方第四二号，成文出版社，268 页

② 《申报》，大清同治癸酉四月十三日，第三百一十五号第一页，上海书店，1983 年 1 月，第二册，417 页

③ 冯峰：《"局"与晚清的近代化》，《安徽史学》，2007 年第 2 期，50 页

④ 《蚕桑辑要合编》不分卷，河南蚕桑局编刊，光绪六年

⑤ ［清］董开荣：《育蚕要旨》序一，抄本，同治辛未，1 页

⑥ ［清］方浚颐：《淮南课桑备要》，《宫太保候中堂鉴核批示祗遵奉》，同治十一年，抄本。与此檄文相同的撰述也见于《曾文正公批牍》，卷六，《两淮方运司浚颐禀劝种蚕桑情形》，光绪二年，传忠书局刊

文书，即《曾文正公奏稿》，可以推断蚕桑局的设立仅须省府州县之间进行联系，此时地方蚕桑局仍属地方官绅合办事务，尽管属于地方官员倡导设立，但在督抚权力扩张形式下，批示地方官员设立蚕桑局，无须奏报朝廷批示。此外，此际各类蚕桑局的出现与江南制造总局、上海机器局等晚清近代化开端的局务机构，皆为同时期曾国藩等经世致用督抚倡导的产物，也不难理解太平天国之后的蚕桑局为何主要集中出现在江苏长江南北两岸了。

二、各地府州县蚕桑局的发展

江苏蚕桑局兴起之后，受到当时多重因素影响，光绪时期全国范围府州县蚕桑局大量出现。因素包括鸦片战争后海外贸易利益的诱导下，丝茧出口需求增加，洋务派督抚与府州县官员受经世致用理念的影响，在杭嘉湖蚕利鼓舞之下，为小民广开利源，致富救国，这普遍存在于设立蚕桑局官员的劝导用语之中；很多异地为官者有过设立劝课蚕桑局经验，他们迁任到江苏以外地区，在新任治所依然设置蚕桑局；局设置的泛滥、地方实业兴起等也是重要因素。

光绪时期全国府州县蚕桑局数量不断增多，并且分布零散，基本上遍布于全国各个地区；时间分布上呈现出光绪初期少量出现，甲午战争与戊戌变法后地方府州县蚕桑局数量骤增，并延续至新政之后的整体局面。据蚕书、地方志、《农学报》《东方杂志》《申报》《政治官报》等史料汇总，按时间顺序依次为：同治癸酉（1873 年）容县"知县陈师舜设立蚕桑局，筹经费，赴东粤购桑种，给民间植之，兼刊《蚕桑事宜》一卷，广为劝导，乡民翕然向风，始种于旷土，继植之田间，遍野柔条，其叶沃若，获利颇厚。"[①] 1875 年吴江任兰生寿州设课桑局。[②] 光绪三年（1877 年）浙江严州知府宗源瀚设立蚕局，推广植桑养蚕，[③] 宗源瀚说："兵燹以来，郡圃树木斩伐殆尽，

① 《光绪容县志》卷五，清光绪二十三年刊本，241 页；［清］何见扬：《省心堂杂著》卷上，光绪十五年
② 《光绪寿州志》，卷四《营建志善堂》二十六，《中国地方志集成》，江苏古籍出版社，1998 年，66 页
③ 董恺忱，范楚玉：《中国科学技术史·农学卷》，科学出版社，2000 年 6 月，571 页

独余老桑十数株，披露含烟，亭亭如盖，乙亥岁，予于署中选仆妪育蚕。丙子，募绍人于府仓开蚕局，招严之男妇与共居处讲习，得丝皎如霜雪，又于杭境购桑秧数千株，于西郊外思范亭故址，逾年可成林。"① 1879 年宁波府宗源瀚"现特由府筹款，延雇蚕师蚕妇，购备蚕具，于三月望后遴委谙悉蚕桑之员，在鄞南蔡郎桥设局，立教导蚕桑局，分别男女认真教导，以期渐推渐广。"② 1880 年方大湜襄阳置局。③ 1882 年谭继洵秦州设立蚕桑局，"益阳中丞谭敬甫公时观察陇右，坚以蚕桑局务属祖父，不得已任之。"④ 1883 年左右平定州牧张彬会绅董设立蚕桑局。光绪九年（1883 年）曾鉌出为陕西督粮道"西、同各属农民纳粮例缴省仓，道涂艰远，多弊窦，设法清厘之，民称便。三辅士风朴僿，艺事苦窳，延长安柏景伟、咸阳刘光蕡主关中书院，督课实学，士论翕然。又设蚕桑局，聘织师，教以煮湅织染法，岁出丝帛埒齐豫。"⑤ 1884 年曲靖府官设蚕桑局，由川浙等省购运蚕子桑秧。⑥ 光绪十年（1884 年）候补通判朱干臣、候补知县斐敏中、完县知县劳乃宣禀准，在天津设立蚕桑局。由南方采买桑树苗运津栽种，雇工养蚕，教本地妇女学习。长芦盐运使额勒精额筹银一千两，拨局应用。⑦ 1885 年天台石康侯明府就书院设劝桑局。⑧ 1887 年镇洋县梁大令，以甲成科进士分发江苏，莅任以来，创设课桑局。⑨ 1889 年黄仁济桂林府试办蚕桑局。光绪十五年（1889 年）巡抚马丕瑶劝务蚕桑，檄府州县官捐俸，采购桑秧，教民种植，以蚕桑

---

① 沈练：《广蚕说辑补·蚕桑说》，《广蚕桑说辑补序》，浙西村舍本，光绪三年九月重刊

② 《申报》，《倡设蚕桑局示》，第二千一百三十四号，清光绪己卯三月十九日，1879年 4 月 10 日

③ 《中国农业史资料第 259 册》12 页；[清] 方大湜：《桑蚕提要》，光绪壬午夏月都门重刊，《桑蚕局记》

④ 张绍蓍：《祖庭闻见录》，民国铅印本，26 页

⑤ [民国] 赵尔巽：《清史稿》列传二百五十一，民国十七年清史馆本，4828 页

⑥ 《申报》，《滇池盐政》，第七千四百四十八号，光绪十九年十一月初六日，1893年 12 月 13 日

⑦ 来新夏，郭凤岐主编：《天津大辞典》，天津社会科学院出版社，2001 年，857页；[清] 徐宗亮：《（光绪）重修天津府志》，卷七，纪七，清光绪二十五年刻本，146 页

⑧ 《中国农业史资料第 85 册》185 页；[清] 吕桂芬：《劝种桑说》

⑨ 《申报》，第四千九百六十七号，光绪十三年正月二十四日，1887 年 2 月 16 日

书籍颁发各县，贵县知县孙乃诚设蚕桑局于县城，辟桑园于罗泊湾附近。① 光绪十六年（1890年）崇善知府李世椿"奉省抚宪马大中丞丕瑶饬令，通省举办蚕桑，奏明在案，发下刊刻《告示》《劝民蚕桑歌》《实际》等件，均经遍贴晓谕。县中集股筹办，以三千钱为一股，当时集有千余股，分赴梧州采买桑秧。在城内外各处荒地开垦栽种，又在考棚设立蚕桑局。雇募工匠，教民学习，实力开办，务期收效也。"② 1890年东莞县设蚕桑局。光绪十六年（1890年）李春生于台北"设蚕桑局，以维源为总办，春生副之，种桑于观音山麓。未成而铭传去，事中止。"③ 光绪辛卯（1891年）卢庆云"迁牧龙岩，倡建蚕桑局。"④ 光绪十八年（1892年）泾阳县"知县涂官俊始筹公钱五百五十千，设蚕桑局于差徭公所就吉乐庵旧址，筑墙穿井，创立桑园，辟地分畦，种省颁吐鲁番湖桑诸秧，并刊《豳风广义》一书，为乡民讲解。"⑤ 1892年漳州观察使刘倬云分巡汀漳，下车伊始即以兴养立教为己任，于郡城开办蚕桑局，十余年间获利甚丰，诚莫大之利源也。⑥ 1896年兴平县"知县舒公绍详于光绪二十二年（1896年），于积年滩租项下拨给蚕桑局钱一百串文。"⑦ 光绪前期蚕桑局带有发捻之变修复地方破坏的色彩，传统循吏造福地方的理念与蚕桑局机构形式相结合；后期蚕桑局已经融入了洋务运动理念，结合海外丝织出口的刺激，各地官员注重发展蚕桑业，而广开利源与造福乡民为之初衷。

　　洋务运动与戊戌变法之后，地方基层蚕桑局的创设背景发生了新的变化，光绪皇帝倡导下兴起蚕政，各地督抚积极响应。同时，甲午战争后，实业救国思想逐渐融入地方官员的治理理念，蚕桑业一直具

---

① 《贵县志》卷十一，民国二十四年铅印本，719页；《贵县志》卷十七，民国二十四年铅印本，1195页

② 《民国崇善县志》第一编，民国二十六年抄本，79页

③ 《民国同安县志》，卷之三十六，民国十八年铅印本，1161页；《民国厦门市志》卷三十一，民国抄本，2515页

④ 《民国顺德县志》，卷二十，民国十八年刻本，934页

⑤ 《宣统泾阳县志》卷八，清宣统三年铅印本，297页

⑥ 《申报》，《振兴文教事》，第六千八百四十四号，光绪十八年四月十七日，1892年5月13日；《鹭江报》，《闽峤近闻：漳州蚕桑局之特色》，1903年，第49期，4页

⑦ 《民国兴平县志》，卷八，杂识，民国十二年铅印本，559页

37

第一章　晚清蚕桑局的历史变迁

备浓厚的地方实业色彩。此外，以实业为创办背景的蚕桑局多见于
1897 年开办的《农学报》与 1904 年创办的《东方杂志》。光绪二十
年（1894 年）湖北沔阳"新设蚕桑局培养地方元气，蚕桑局以种桑
之良法，指示民间。"① 1897 年奉新县钟大令设课桑局。1897 年赣州
贾韵珊太守设蚕桑局。1897 年武康县教谕吕广文桂芬设局。② 1897
年道宪袁爽秋观察芜湖南寺创设课桑局，归刘仲爽、饶守戎二君经理
其事。③ 1898 年扬州太守沈碧香奉督宪饬立农桑局。④ 1898 年顺天府
在彰仪门内轿子胡同迤南，择地设立蚕桑局。⑤ "蚕桑局在大李纱帽
胡同，桑园在轿子胡同。"⑥ 1898 年常昭蚕桑局。1899 年金华县事黄
秉钧捐资设局。1899 年温州"王心斋观察复札饬所属府县，转谕绅
董徐君翰青、马君竹村等，度地郡城，开设蚕桑局，从湖州府属雇到
善于种桑之工人，并购办桑秧十万株，择近城空旷之地及时种植。"⑦
光绪二十五年（1899 年）昌图知府陈震禀请试办蚕桑局，位于府治
北街，仅一年事停。⑧ 1902 年泰兴知县龙璋成立蚕桑局。⑨ 1903 年
《申报》福州访事友人云："客冬周子迪方伯、黎季裴观察，及何观
察璧鎏纠集各官绅，于闽省水部城外左文襄公祠内，创设蚕桑总局。
入春以来采桑秧，购蚕种，发交民间领受。成茧之后，即可售之局
中，说者谓此一事也。将来如能逐渐推广，则闽省中蚕事当不难与两
浙争衡矣。"⑩ 1903 年高邮知州洪盘设东西课桑局，"西局系扬河厅
署旧址，光绪二十九年（1903 年）知州洪盘捐廉三百四十千购湖桑

① 《农史资料续编动物编第 83 册》479 页；李辀：《牧沔纪略》
② 《农学报》第二册十三，十月上，《浙粤蚕桑》
③ 《农学报》第四册三十三，四月下，《推广蚕桑》；《申报》，《课桑设局》，第八千
五百七十四号，光绪二十三年二月初一日，1897 年 3 月 3 日
④ 《农学报》第六册五十七，十二月下，《广陵兴农》
⑤ 《农学报》第四册三十三，四月下，《讲求蚕政》
⑥ ［清］张之洞：《光绪顺天府志》卷十二，京师志十二，清光绪十二年刻十五年重
印本，253 页
⑦ 《申报》，《振兴蚕务》，第九千三百七十四号，光绪二十五年四月十三日，1899
年 5 月 22 日
⑧ 《宣统昌图府志》，实业志，清宣统二年铅印本，131 页
⑨ ［清］龙璋：《蚕桑浅说》，《告示》，石印本，光绪二十八年
⑩ 《申报》，《振兴蚕业》，第一万零八百十五号，光绪二十九年五月初五日，1903
年 5 月 31 日

苗二万株，委邑人马维高择地种植，马因就此围墙平地开塘筑堆，雇工栽插，只容七八千株。知州洪又择东门外城根向南一带地，两头编篱中设茅屋，其外临河，内栽桑一万余株，是为东局。"① 1904年苏州府新阳县办蚕桑局，将仓房已经改作种桑养蚕的公局，禀到端抚台，将开荒经费每年拨三百千，认真办理。② 光绪三十年（1904年）彭山县知县康寿桐奉文开办蚕桑局，"设局三官堂，即于内依法购蚕室五间，提城隍庙、龙兴寺、璧山庙各处田地，及城垣四周，共种桑数万株，以为提倡蚕业之计。"③ 1904年南阳知县潘守廉在城东建蚕桑局，"南阳县潘大令振兴实业，甲辰春间，官绅集股，设立蚕桑局，拓地一百三十余亩，并由山东购取椿蚕，饲养试验，计一岁春秋两次，收得新茧四十余倍，现将所收椿茧分送各县，并刊《椿蚕法程》一书，以冀推广，又以南阳一府为河南产丝最多之处，近复备价呈请农工局代购湖桑四千株，拟仿兴湖蚕改良汴丝云。"④ 1906年四川"中江县土性宜桑，该县赵大令特建蚕桑局，延罗君学清等董其事，以邑南关外演武厅前之地，辟作桑园，布种桑秧数千株，复刊行《蚕桑提要》一书，俾开风气而振利源。"⑤ 1906年《申报》第一万一千八百零九号《政务处奏考核州县事实开单分别劝惩并另拟通行书一章程折》记载定兴县知县黄国瑄立蚕桑局，高淳县知县李普润城内设课桑园，易门县知县张祖荫办蚕桑局一所。1907年直隶"密云县属古北口一带万山环绕，地多沙碛，居民无田可耕，向以充当绿营兵丁为业，自屡经裁兵节饷，无计谋生，冯绅树铭目睹时艰，力谋补救之策，遂出巨款，于己亥十月创办蚕桑局一所，除开辟桑田六处外，并栽果柳等树数千株，附近居民皆知蚕桑利溥，群至该局领取桑秧栽种，不取分文，迄今十年，成效大著，已由农务总局禀请省宪赏给五品奖札，以示鼓励。"⑥ 古北口蚕桑局兼织布局往来公牍目

---

① 《三续高邮州志》卷一《营业状况》一百六，《中国地方志集成》，江苏古籍出版社，1991年6月，303页

② 《江苏白话报》，《纪事：本省新阳县办蚕桑局》，1904年，第1期，14页

③ 《民国重修彭山县志》卷六，《实业所》，《中国地方志集成》，巴蜀书社，1992年，120页

④ 《东方杂志》第1卷第1期，《实业》，《各省农桑汇志》，1904年正月，184页

⑤ 《东方杂志》第3卷第8期，《实业》，《各省农桑汇志》，1907年7月，169页

⑥ 《东方杂志》第3卷第8期，《实业》，《各省农桑汇志》，1907年7月，169页

录内容丰富，涉及广泛，包括创办古北口蚕桑局通禀，附节略十则；直隶提督军门，批准创办并咨督院；密云县正堂，函覆照办并准出示谕禁；直隶蚕桑总局，批准创办并禀督院；直隶蚕桑总局，札录院批饬令认真举办；直隶蚕桑总局，札奉院檄令转饬密云县保护；遵饬举办蚕桑通禀；开办已届三年渐有成效通禀；直隶提督军门，批令妥为经理毋得始勤终惰等内容。① 1908 年迤西道秦树声等设蚕桑局。宣统元年（1909 年）楚雄知府崇谦设于旧中军署设立蚕桑局。② 此外，墨江、瑞州、汉中等地也有蚕桑局。清末，政府不再关注蚕桑业，更多注重宪政等政治改革；经济上发展矿务、垦务、邮传、铁路等；新式蚕桑机构体系逐步健全，以致宣统年间各地蚕桑局已经稀见。

三、省级蚕桑局的兴起

省级蚕桑局与府州县蚕桑局处于不同的官员治理结构之中，在兴起背景、规模大小、运营实态、参与官员、官绅属性等方面都有略微的差异，省级蚕桑局更能代表晚清政治经济发展的总体时代特征，而府州县受社会转型影响更小。但二者从结构分层角度来讲都有其独特的研究价值，有必要将二者分开阐述。

洋务派与省级蚕桑局的兴起。河南涂宗瀛与广西马丕瑶设立的省级蚕桑局属于洋务派与传统官员，传统与洋务结合体。戊戌变法与蚕政之前也存在一些省级蚕桑局，主要是洋务运动背景下洋务派督抚支持而设立，由于"惟省城开风气之先，首邑为百城之望，自应先于省会设立桑棉局，饬太原府阳曲县办理。"③ 光绪九年（1883 年）张之洞于山西省城设立桑棉局，平定、介休以及其他宜桑之处栽植桑树，"据平定州已经种桑十余万株，介休已种成数万株，此外各属宜桑之土十得五六，现于省城设立桑棉局率作兴事，贵省所织绸料不减嘉湖，有苏线绉、苏宁绸、金闾纱等名目，闾胥两门，作坊云连，工匠鳞萃，但得雇募谙练机匠一二十名，携带纺织生熟花素疋头机具来

① ［清］冯树铭：《禀准创办古北蚕桑织布章程节略》，《蚕桑广荫》，顺天古北蚕桑织布局校定，光绪三十一年

② 《宣统楚雄县志》，卷之三，《述辑》，清宣统二年抄本，153 页

③ ［清］葛士浚：《清经世文续编》卷十三，治体四，清光绪石印本，284 页；《申报》，《京报全录》，第四千零六十一号，光绪十年闰六月十三日，1884 年 8 月 3 日

晋，住局教习，俾得转相则效，虽不能媲东南机杼之精，亦可复泽潞从前之盛。"① 河南蚕桑总局设立背景是应对光绪三年（1877 年）晋豫奇荒对河南地区造成的破坏，其设立理念源自巡抚涂宗瀛，其先前已经两次任上设立蚕桑局，同治四年（1865 年）江宁知府涂宗瀛于石城门内设局，又在粤西成立过蚕务局，光绪六年（1880 年）调任河南积极倡导，局务工作由魏纶先主持，可见官员设局经验是蚕桑局设立理念来源之一。河南蚕桑局由魏纶先于宋门外禹王台，设立蚕桑局，并购民地若干，设立桑园。而 1904 年河南"豫省蚕桑局现有二处，一在省城宋门外，一在怀庆府之清化镇两局，均创自癸卯年，在清化者为清化矿务总局，韩观察国钧所立，种湖桑千余株，饲蚕种桑，纯用西法，收成甚佳，至宋门外者，则缘该处旧有桑园一所，无人经理，岁久荒芜，先已重加修葺，并添植桑秧数千株，饲蚕种桑纯用浙中土法，收成亦尚可。"② 据推测，其中宋门外者，多半便是二十七年前魏纶先所设河南蚕桑局。

光绪谕旨倡导促进了蚕政兴起。蚕政概念于 1895 年前后被提出，之后朝廷多次谕饬劝课蚕桑，光绪二十三年（1897 年）十二月初八直隶奏疏朝廷称"窃查前准户部咨奉上谕徐树铭奏请饬各省举行蚕政等语，蚕政与农工并重，浙江、湖北、直隶等省均已办有成效，各省宜蚕之地尚多，即著各督抚饬令地方官认真筹办，以广利源。"③ 这股劝课蚕桑风潮是晚清传统蚕桑业发展最后一个高峰。同时受到甲午战争与戊戌变法影响，朝廷注重实业，推行蚕政，鼓励各省设立蚕桑局。光绪二十一年（1895 年）清政府倡导下的省级蚕桑局也大量出现，其创办理念缘于"又当时有萧文昭者，奏请设立蚕桑公院，亦未获准，然清政府旋令产丝各省督抚，筹办蚕桑局，并颁发桑苗，借以提倡，而直隶等省且颇著有成效。"④ 光绪二十一年（1895 年）陕西创设蚕桑局，所需经费由善后局顺直保搭捐项下拨发，同年刊清杨屾撰、曾鉌题序《蚕桑备要图说》三卷。光绪二十三年（1897

① 王树枏：《张文襄公全集公牍》卷八十九，《公牍》四，三十二，《咨江苏抚院雇募织绸机匠》，光绪九年四月初三日，文海出版社刊印，6201 页

② 《东方杂志》第 1 卷第 6 期，《实业》，《各省农桑汇志》，1904 年 6 月，94 页

③ ［清］卫杰：《蚕桑萃编》，浙江书局刊刻，光绪二十六年，3 页

④ 尹良莹：《中国蚕业史》，国立中央大学蚕桑学会，民国二十年六月，59 页

年）至二十六年（1900 年）即戊戌变法前后朝廷屡次严旨各省督抚举办蚕政，遂被各省督抚重视起来，将中国传统蚕桑技术作为富民的手段而推广，此时蚕桑局与其他近代化机构相比，在属性上可谓亦新亦旧、不新不旧。

　　谕饬督抚设立蚕桑局得到多个省份响应，直隶、湖北、江西、湖南、甘肃、吉林等是省级蚕桑总局的典型代表，蚕政刺激下的省级蚕桑局始于光绪二十二年（1896 年）江西翁曾桂于省垣东北隅，购置隙地，建立蚕桑官局。① 直隶蚕桑局自光绪十八年（1892 年）候补道卫杰禀经前督臣李鸿章批饬设局试办。光绪二十三年（1897 年）裕禄奏疏提到"直隶既已设有专局，劝办通省蚕桑，即与公院无异，自可毋庸更张，省南宜蚕之处尚多，应饬该局督同各州县，因势利导，逐渐扩充。"② 四川总督饶敦秩光绪二十八年（1902 年）"再光绪二十三四两年屡奉明谕，饬各省举行蚕政，及开办蚕桑公院等。近维大人励精图治，百政维新，整齐严肃，令无不行，如以卑职所见，为得请于省城，创设蚕桑总局，委员监督其事，于川东川北昌各道分设桑秧局。"③ 蚕政对地方省级蚕桑局的设立影响深远。

　　新政之后，近代实业更加受到重视。矿业、电报、邮传、树艺、商业、铁路、航运等发展迅速，蚕桑业的地位已经逐渐被其他近代实业所取代，加之省级蚕桑局出现近代转型的迹象，数量相较甲午战争与戊戌变法之后明显减少。1904 年河南将原有蚕桑局进行整理，"蚕桑局有地植桑，惟荒废日久，渐已枯萎，今丁观察葆元禀明汴抚，重加整理。"④ 1904 年福建蚕桑总局"当于癸卯秋，示谕农民，定购浙江桑秧，兴办蚕业，已于冬间运闽，准令定桑农民缴齐桑价，领回分种。"⑤ 1904 年山东"东抚周中丞现拟创立树艺公司，又创设蚕桑总局，并缫丝厂，均定以工商合办。"⑥ 1904 年四川"成都内城隙地甚

----

① [清] 沈秉成，沈练：《蚕桑辑要·广蚕桑说》，江西书局开雕，光绪丙申仲春，3 页
② [清] 卫杰：《蚕桑萃编》，浙江书局刊刻，光绪二十六年，6 页
③ [清] 饶敦秩：《蚕桑简要录》，《请于省城创设蚕桑总局四道分设桑秧局振兴蚕业广辟利源禀》，南溪官舍刻本，光绪壬寅二十八年，23 页
④ 《东方杂志》第 1 卷第 1 期，《实业》，《各省农桑汇志》，1904 年正月，184 页
⑤ 《东方杂志》第 1 卷第 1 期，《实业》，《各省农桑汇志》，1904 年正月，184 页
⑥ 《东方杂志》第 1 卷第 6 期，《实业》，《各省农桑汇志》，1904 年 6 月，93 页

多，前经某将军设立蚕桑局一所，劝谕旗民种桑饲蚕，现在大有成效，本年并设局投卖蚕茧云。"① 光绪三十一年（1905 年）四月京城商部打算设立蚕桑总局，统领各省蚕桑局，但因筹款艰难而尚未定议，"日前商部各堂宪议商蚕桑一事，京师地方风气未见大开，且各省虽已举办，是否确有实效，亦无从查核。拟在京城设立蚕桑总局，招人研究养蚕缲丝之法，并于局内附设蚕桑学堂，延聘外洋教习，随时讲授，以期精益求精。其各省所办蚕桑各局统归该局管辖，并将办理情形列表，咨照该局立案，以便查考。又闻此事本拟不日举地，因筹款维艰，是以尚未定议也。"② 吉林于光绪三十三年（1907 年）在东北地区开垦与地方官员倡导下，吉林设山蚕、桑蚕两局，并取得一定的成效，山蚕局则在各地张贴劝导农民试放山蚕告示，并专门派人到各处劝放，在技术上加以指导。有些士绅也各备资本，购买蚕子，带头放养，借以提倡。③ 吉林蚕桑局则 "吉省地沃桑多，吉抚朱经帅因王许两君之禀，特派傅增湘大令创办蚕桑局，并拨官款，至浙湖一带调查蚕业，购买蚕种桑秧。"④ 而清末甘肃蚕桑局设立后，凡赴局请领桑秧者，无不照数给发，以期普及，并将饲蚕、缲丝各法，刊单示知，一些原不种桑的州县 "亦俱种桑成林，争祀马头娘，以谋利益"。⑤ 从甘肃蚕桑局情况来看，依然采用传统蚕桑技术进行劝课。直至宣统三年依然有官员对各省创设蚕桑局的策略很有信心，"现闻农部伦大臣甚为注意，以中国养蚕向推江浙闽粤川等处为总汇，刻拟通饬各该省奖励养蚕业，并饬各省筹设蚕桑局，期收佳果。"⑥ 而辛

① 《东方杂志》第 1 卷第 9 期，《实业》，《各省农桑汇志》，1904 年 9 月，160 页

② 《申报》，《京城议设蚕桑总局京师》，第一万一千五百三十一号，光绪三十一年四月二十三号，1905 年 5 月 26 号

③ 徐世昌：《退耕堂政书》，《吉省创办蚕桑山蚕各局折》；《大公报》，《吉林柳蚕报告书》，1910 年 2 月 2 日；《政治官报（折奏类）》，《东三省总督徐世昌吉林巡抚朱家宝奏创办蚕桑有效并推广饲养山蚕折》，光绪三十四年九月七日；《大公报》，《禀请试办蚕业》，1909 年 6 月 15 日。转自苑朋欣：《清末农业新政研究》，山东人民出版社，2012 年 12 月，192 页

④ 《东方杂志》第 5 卷第 4 期，《实业》，《各省农桑汇志》，1908 年 4 月，61 页

⑤ 《商务官报》（宣统元年第十册），《甘肃筹办农政大概情形》，20 页。转自苑朋欣：《清末农业新政研究》，山东人民出版社，2012 年 12 月，183 页

⑥ 《申报》，《京师近事》，第一万三千七百九十六号，宣统三年辛亥六月十一日，1911 年 7 月 6 日

亥革命的到来再没给清政府机会。

省府州县层级上的差异。府州县蚕桑局一般都采取传统形式经营，采用传统技术生产，依仗官员倡导与士绅中介作用，传统官员劝课蚕桑色彩较浓。晚清各地府州县基层蚕桑局数量众多。而省级蚕桑局往往是洋务派采用的局务形式，左宗棠肃清新疆后设立蚕桑局；同治年间督闽创办桑棉局，时给予官地，令民种桑后，因停办，民间渐次侵占伐去桑株，改种他物，而近改蚕桑局，迨后渐就废弛。1903年福建闽浙总督许应骙奏请设立农桑局。① 涂宗瀛在河南设立的蚕桑局也属于大型省级蚕桑局。洋务派张之洞在湖北两次设立桑棉局与蚕桑局，光绪十六年（1890 年）张之洞与谭继洵谕饬司道筹款、设局办理；光绪十九年（1893 年）又会奏筹款设局，因办有成效，光绪二十二年（1896 年）谭继洵又奏明扩充规模。② 同时期湖北织布局、缫丝局、纺纱局等，也是近代机器化程度很高的工厂，此类局与传统手工作坊形式的蚕桑局有明显的新旧差异。张之洞湖北蚕桑局设置了大型的缫丝织绸工厂，人员结构庞大，经营上通过招股官商合办、官督商办形式，彻底改变了以往传统官员劝课蚕桑局的模式，其机构运转等方面都有了明显的近代工厂特征。省府州县层级上差异主要取决于官员权力大小与治理理念的差别，洋务派官员依据洋务企业形式设置蚕桑局，将蚕桑局生产向近代化方向推进了一大步（表1-3）。

表1-3 晚清各地蚕桑局汇总

倡设者	地名	倡设者	地名	倡设者	地名
陆献	丹徒城东蚕桑局	沈麟	东莞蚕桑局	黄国瑄	定兴蚕桑局
文柱	丹徒城南郊鹤林寺	李春生	台北蚕桑局	李普润	高淳课桑园
尹绍烈	淮安清江浦蚕桑局	卢庆云	龙岩蚕桑局	张祖荫	易门蚕桑局
涂宗瀛	江宁桑棉局	涂官俊	泾阳蚕桑局	秦树声	迤西蚕桑局
吴承潞	太仓州蚕桑局	刘倬云	漳州蚕桑局	冯树铭	密云蚕桑局

① 《鹭江报》，《紧要奏折：闽浙督许奏请设立农桑局折》，1903 年，第 27 期，5 页；《农学报》第十六册，二百二十五，六月下，《闽督许奏设农桑局折稿》

② 《湘报》，《折片照登：鄂省奏请工艺附蚕桑局试办折》，1898 年，第 138 期，549 页；《农学报》第五册，四十四，八月中，《鄂省奏请工艺附蚕桑局试办折》；《知新报》，《京外近事》，1898 年，第 56 期，7-8 页

倡设者	地名	倡设者	地名	倡设者	地名
曾绍勋	金坛县蚕桑局	舒绍详	兴平蚕桑局	崇 谦	楚雄蚕桑局
方浚颐	扬州课桑局	江毓昌	瑞州蚕桑局	张师厚	广西来宾
沈秉成	镇江蚕桑局	吕桂芬	武康县设局		顺德蚕桑局
沈秉成	上海蚕桑局		沔阳蚕桑局		墨江、汉中
	高邮湖桑局	钟大令	奉新课桑局	左宗棠	福建桑棉局、农桑局
陈师舜	广西容县蚕桑局	贾韵珊	赣州蚕桑总局	左宗棠	湖北蚕桑局
罗嘉杰	南汇县	吕桂芬	武康设局	张之洞	山西蚕棉局
任兰生	寿州课桑局	袁 昶	芜湖课桑局	涂宗瀛	河南蚕桑总局
宗源瀚	严州	沈碧香	扬州农桑局		陕西棉桑总局
宗源瀚	宁波	蒋子岩	顺天蚕桑局	曾 鈁	陕西蚕桑局
方大湜	襄阳置局	黄秉钧	金华捐资设局	翁曾桂	江西蚕桑官局
谭继洵	秦州蚕桑局	王心斋	温州蚕桑局	卫 杰	直隶蚕桑局
张 彬	平定州蚕桑局	陈 震	昌图蚕桑局	王夔帅	直隶蚕桑局
	曲靖蚕桑局	龙 璋	泰兴蚕桑局	饶敦秩	川东川北昌桑秧局
朱干臣	天津蚕桑局	何碧鎏	福州蚕桑总局	丁葆元	河南蚕桑局
石康侯	天台劝桑局	洪 盘	高邮课桑局		福建蚕桑总局
梁大令	镇洋课桑局	端抚台	新阳蚕桑局	周中丞	山东蚕桑总局
黄仁济	桂林府	康寿桐	彭山蚕桑局	某将军	四川成都
孙乃诚	贵县蚕桑局	潘守廉	南阳县	许鹏翙	吉林山蚕、桑蚕两局
李世椿	崇善蚕桑局	赵大令	中江蚕桑局		甘肃、广东蚕桑局

资料来源：根据蚕书、地方志、《农学报》《东方杂志》《申报》《政治官报》等史料总结而来

第三节　近代转型与运营实态

吴承明认为"中国传统社会自身蕴藏着众多向近代化转型的能动的和积极的因素。"[①] 近代转型是清末蚕桑局顺应时代而出现的一种状况，然而蚕桑局并非全部因转型而消逝，仍然有少量蚕桑局与其

---

① 李伯重：《理论、方法、发展、趋势：中国经济史研究新探》，浙江大学出版社，2013 年 3 月，216 页

他新式机构并存。这说明转型一词的使用上要明确界定与区分，晚清以降蚕桑局长期存在于历史脉络之中，各个历史阶段出现背景不同。至清末，与中国社会整体的近代化相契合，进而出现了近代转型的情况。笔者将转型划分两个层次：即名称与形式转型；群体、技术与经营转型。由于蚕桑局并没有彻底裁并与消逝，仅言蚕桑局机构名称与形式转型略显单薄，其从事群体、技术与经营等全方位的转型更加深入与明晰，具体内容上发生根本性的变化，深深地烙下近代化烙印。本节重点介绍蚕桑局名称与形式上的转型，而以下各章将对群体、技术与经营等全面转型进行阐述。晚清蚕桑局的一般性运营实态，是由多个蚕桑局抽象总结而成的，具备了各地蚕桑局的共性。然而各地蚕桑局存在时空上的差异，这种差异性的考察是近代史研究的重要部分，难以回避。长时段与大范围全面的研究，要求收集不同时期与地区蚕桑局的零散历史信息，进行拼凑整合，重构一个整体性的蚕桑局。各类历史碎片信息的注定非完全匹配与统一，如何更客观与整体地展示晚清蚕桑局的全貌将是一个难题。

一、清末蚕桑局的近代转型

戊戌变法与鸦片战争之前，各地蚕桑局主要是由于诸多弊端，多被裁撤和废弃，这是一种全国普遍现象，"中国蚕桑业在 19 世纪 80 年代到 20 世纪初经历了最为迅速和广泛的地域扩张。当时有大量的政府官员在他们的辖区内推广蚕桑。然而，这些因政府官员提倡而兴起的新兴蚕桑产区，大部分都没有维持长久。"[①] 甲午战争之后，清政府不再只坚持官办模式，更重视招商承办与官督商办，尚存的很多企业改归商办。蚕桑局也逐渐被融入清政府的近代机构改革，出现归并与嬗变的现象。借着实业救国的浪潮，蚕桑局传统混合功能出现细碎化趋势，被演化与分割成经营、官方机构、蚕桑教育、科学研究等诸多机构。蚕桑局是清末近代化的一个缩影，是顺应时代需要的被动变革。主要呈现三类转型，劝课职能被官府机构农工商局、农务局等取代；经营职能被公司、公社等经营实体取代；技术科研被蚕桑试验

---

① 张丽：《鸦片战争前的全国生丝产量和近代生丝出口增加对中国近代蚕桑业扩张的影响》，《中国农史》，2008 年第 4 期，43 页

场、研究所等机构取代。

光绪二十四年（1898年）地方蚕桑机构普遍近代转型的趋势迅速蔓延至朝廷。戊戌变法时设农工商总局于京师，立分局于各省，变法失败后被裁撤，而农务局是此时新式地方农业机构，个别蚕桑局并入其中。"南皮尚书暨浏阳中丞，鉴于大利可兴，遂有蚕桑局之设，第官局提倡，不免多费，受奉大府命，将蚕桑局归并农务局，机织归并工艺局，以节经费。"① 蚕桑局逐渐嬗变与裂变成多个分散功能机构是一种趋势。戊戌变法时中央和地方农业机构组织还很松散，督抚将蚕桑局并入不同机构，这种随意性裁并说明此时机构改革并不规范。如光绪二十四年（1898年）湖北出现了"湖北试办工艺，附于蚕桑局兼理，以节经费而利民生。"② 将"已择定旧日蚕桑局房屋改为工艺局"，③ 光绪二十五年（1899年）湖北所设蚕桑局因皆用旧法，张制军将局裁撤，并归农务学堂。④ 其《饬蚕桑局织绸厂暂行停工》中言："饬令蚕桑总办曹道南暂行停工，迅将织成各绸催令织完，陆续变卖，完一机即将此机停歇。工匠艺徒陆续遣散，限于十日内一律织完。空出房屋数排，将各种机件妥为存储，即行撤局销差，所有一切账目，均即结算清楚，并刻期将所存丝绸迅速变卖，据实报销，蚕桑事隶种植，应即归并农务学堂，该堂募有美国教习二人，饬令参酌西法，将种桑育蚕之事讲求精确，再行随时晓示民间照办。织绸事隶织造局，应即归并工艺学堂。遗出蚕桑局织绸全厂房屋，即作为工艺学堂之用。"⑤ 张之洞、谭继洵在湖北提倡蚕桑的活动至此结束。光绪二十三年（1897年）江西藩司翁曾桂于省城设蚕桑局，并买城外荒地栽种桑秧，委南昌府经理，二十九年（1903年）改隶农工商矿总局。⑥ 戊戌变法时间较短，并且此时中国各个领域的近代化

① 《农学报》第八册七十六，七月上，《富华纺织绸缎所招股并章程启》

② 《农学报》第五册四十四，八月中，《鄂省奏请劝兴工艺附蚕桑局试办折》

③ 王树枬：《张文襄公全集公牍》卷一百二十一，《公牍》三十六，《三招考工艺学生示并章程》，光绪二十四年十一月二十一日，文海出版社刊印，8666页

④ 《农学报》第七册七十四，六月中，《鄂兴蚕政》

⑤ 《张文襄公牍》卷十三，《湖北停止推广蚕桑》。转自章楷：《清代农业经济与科技资料长编蚕桑卷》，中华农业文明研究院，未出版

⑥ 刘锦藻：《清续文献通考》卷三百七十九实业考二，《傅春官江西农务纪略》，民国景十通本，6437页

程度并不高，也导致了此时蚕桑局裁并并不彻底，蚕桑局并入也只涉及个别省级蚕桑局，至于府州县还没有触及。

戊戌变法后，1903 年朝廷设商部，商部下设保惠司、平均司、通艺司等四司，其中"平均司专司开垦、农务、蚕桑、山利、水利、树艺、畜牧一切生植之事"。工艺局转到商部，但"商部在各省建立直到县一级的各级分支机关的努力失败了，因为它们遇到了地方政府的强烈反对"①，商部没有影响到地方的蚕桑机构。1906 年商部与工部合并成为农工商部，设立四司，分别是工务司、商务司、农务司和庶务司，各地设立很多涉及蚕桑生产、试验、研究等机构需要在农工商部与地方农工商局批准立案。其中"农务司专司农田、屯垦、树艺、蚕桑、纺织、森林、水产、山利、海界、畜牧、狩猎暨一切整理农务，增值农产调查农品，组合农会，改良农具渔具，刊布农务报告，整顿土货丝茶并省河道及岁修款项核销等。"② 地方机构上，各省农业机构的主要工作是创办农事试验场、学堂、传习所、公司、公社、农会、会所、公所、厂等机构，都有类似蚕桑局的劝课蚕桑功能，且主要举办者也是地方官员，这也是官倡绅办机构的延续。1908 年具有劝业道头衔的正式官员在府州县设立劝业分所，厅州县各设劝业员一人，受劝业道及该地方官指挥监督，延续着官员劝课的传统，而此次变革触及到地方府州县。有学者提出政务类局所在预备立宪之际多数并入官署机构，③ 目前此类现象在蚕桑局归并上还没有过多的史料论证，仅有彭山县"宣统元年国家于各省增设劝业道，即饬各县就从前农务局改为劝业分所，蚕桑局等即并入办理，以为开发实业之地。"④ 经历戊戌变法和新政设立大量近代农业机构，以及这两个较为集中的时间段在蚕桑局裁并之后，宣统年间蚕桑局数量已经很少，零星散落。但并不能说蚕桑局的消逝是由于裁汰与归并，这仅仅

---

① ［美］陈锦江著，王笛、张箭译：《清末现代企业与官商关系》，中国社会科学出版社，1997 年 6 月，226 页

② 王奎：《清末机构改革中的进步与悖论——以商部为例》，《求索》，2008 年 10 期，212-216 页

③ 关晓红：《晚清局所与清末政体变革》，《近代史研究》，2011 年 5 期，22 页；冯峰：《"局"与晚清的近代化》，《安徽史学》，2007 年第 2 期，50 页。二者认为晚清局所最后结局为预备立宪阶段被裁并与改制

④ 《民国重修彭山县志》卷六，《中国地方志集成》，巴蜀书社，1992 年，120 页

是蚕桑局整个发展脉络中的契合现象，具有历史发展的独特性、偶然性、局部性。晚清以来，各地蚕桑局沿着自丹徒蚕桑局以来模式自然发展。甲午战争后，受到中国社会经济与蚕桑领域近代化进程重大冲击，进而顺应时代要求出现了转型的迹象。甲午战争以前历史阶段存在的蚕桑局，普遍出现旋兴旋废的情况，其根本还在于历来蚕桑局没能取得良好的效果，生命周期太短，大多兴起后数年即被废弃，而蚕桑局并不是全国普遍设置的机构，蚕桑局经营的独特性与不能普遍设置的特点决定其不能成为常设的近代政府机构。

清末，地方上农务局、劝业道、蚕务局、垦牧树艺总局、蚕桑学堂、试验场、蚕桑实验所、蚕桑研究所、蚕桑研究社、公司、公社、农会等具有近代色彩的机构普遍出现，并采用官办、绅办、官倡绅办、官绅合办等多种形式。而已经出现并零散延存半个多世纪的蚕桑局，其诸多职能逐渐被各类新式机构所承接，个别蚕桑局在机构名称与机构形式上出现普遍的近代化转型。这种普遍性体现在以下三个方面：首先，试验场：江西南昌知府江毓昌于省城设立蚕桑总局，嗣因成效未著，将所有种桑、育蚕、缫丝各事发交农事试验场经理。[1] 据1903年《申报》记载，江西"省垣蚕桑总局开办有年，未著成效，前南昌府升任赣南道，江观察交卸府篆时，禀准总局改为武备学堂，总局宪准如所请，已于七月初六日开工修整。其原有织机缫丝染彩养蚕种桑各器具，及桑树桑园各产均改由农工商务局经理。"[2] 借此推测农事试验场隶属于农工商务局。铙州府吴守祖椿兴办蚕桑局，光绪三十三年（1907年）张守捐办农林劝业场，以道署旧基为栽种试验地。宣统元年（1909年）昌图设立农业试验场，"宣统二年仍将该场极力整顿，有官舍六间，派员专司其事，并附前知府陈震创办蚕桑局于内，数年以来，颇收效果，昌民争仿效焉。"[3] 1909年颍上县开办农事试验场，"颍上县耆令禀报，皖抚略谓当今农事方兴，非讲求种

---

　　① 《申报》，《护江西巡抚柯奏筹办赣省地方各要政折初六日》，第一万零九百二十五号，光绪二十九年七月二十七日，1903年9月18日；苑朋欣：《清末农业新政研究》，山东人民出版社，2012年12月，188页

　　② 《申报》，《洪都客述》，第一万零九百二十号，光绪二十九年七月二十二日，1903年9月13日

　　③ 《民国昌图县志》第九编，民国五年铅印本，295页

植不足以辟利源。兹拟就原设课桑园开办农事试验场，备价购买青靛桑秧各项籽种，招雇农夫研究种植以兴地利。"① 其次，学堂：光绪三十三年（1907 年）闽浙总督松寿将农桑局裁并，"到任后当饬福建农桑局将此项中等实业学堂命名为蚕桑学堂，改归提学使管辖，尚有蚕桑速成科，系讲求速成饲法，有关实业部咨原奏，虽未议及，应即一并饬令移交提学使管理，亦毋庸再由司道等经理，以专责成而免分歧，所有学堂课程毕业期限及堂中在事人员，统由提学使按照定章参酌情形，切实办理，期收实效。"② 1911 年顺德将蚕桑局改为试验所，"卑府北关外蚕桑局设立有年，本年夏间知府到任后，力加整顿，颇有成效，曾将振兴蚕业情形禀报，宪鉴在案，复查该局原办宗旨归官经营，系有独立性质，本当改为蚕桑学堂，以广实业之教育，只因经费无多，未能骤议扩张，蚕桑利益所关，自应妥筹，试办之法。兹已将该局改名曰顺德府蚕桑模范试验所，并拟多购蚕种，置备器具，延请专门蚕师，招集工徒，以资教养，其所内事务，仍责成现署府经历沈际平认真经理。惟知府仰沐宪恩，调署天津府交替在即，试验所应办一切事宜，应请宪台饬令接任之员妥为办理，以免旷废，所有卑府蚕桑局现改模范试验所缘由，拟合具文详请宪台查核。"③ 最后，公司与公社：1906 年镇江创设商办蚕桑公司，"镇郡城厢内外旷地，前任祥太守虽曾劝设课桑园，然经费支绌，仅种数千株，未有成效。近奉商部札饬商会以振兴实业为劝，现经商会议员吴君等纠集股份组织兴纶蚕桑公司，将城内外荒地先行种桑，次及育蚕，已将章程刊布，入股者颇形踊跃，可见实业之进矣。"④ 光绪三十四年（1908年），南阳宛绅杨君翰亭、张君忠，将原官绅蚕桑局改为阜豫蚕桑有限公司，联合同乡经官呈请商部注册。⑤ 蚕桑局的转型说明其已经由

---

① 《申报》，《颍上县开办农事试验场（安庆）》，第一万三千零八十五号，宣统元年己酉五月二十三日，1909 年 7 月 10 日

② 《政治官报（折奏类）》，《又奏蚕桑学堂改归提学使管理并裁并农桑局片》，光绪三十三年十月二十日第三十一号，295 页，文海出版社印行

③ 《北洋官报》，《公牍录要：顺德府详蚕桑局现改模范试验所文并批》，1911 年，第 2680 期，4 页

④ 《申报》，《创设商办蚕桑公司（镇江）》，第一万二千零九十七号，光绪三十二年十一月初六日，1906 年 12 月 21 日

⑤ 梁振中：《清朝南阳的蚕丝业》，《中国蚕业》，2004 年 5 月，74 页

传统劝课蚕桑的循吏行为正式过渡到近代机构形式，这也代表着近代新式蚕桑体系的初步确立。

蚕桑局转型情况非常复杂。20世纪初至宣统年间，地方蚕桑局依然存在，吉林蚕桑局于1909年、1910年，由浙江购运湖桑58万株，1910年、1911年两年又种成葚桑20万株。[1] 1911年河南"近年省城设立蚕桑总局，农务总会，农事试验场，复饬各属筹设农务分会及蚕桑实业各学堂。……现饬省城蚕桑总局自植桑秧五六万株，今春一律接成湖桑，即可分发各属试种，又查该局内附设蚕桑讲习所。"[2] 至清末，蚕桑局仍然与其他机构交错混合存在，例如"光绪三十二年（1906年），四川省督衙门设劝业道，总管农工商生产建设工作。在农业方面成立务农会，亦称农会或劝农会，开办蚕桑局、所和蚕桑传习所，以及农事场、蚕桑公社等。"[3] 1911年河南劝业道与蚕桑总局并存，列为上下级关系，"汴省劝业道前饬蚕桑总局播种桑秧七万余株，刻下俱已一律栽成，日前由劝业道胡观察谕令各属购种，以兴蚕业，每株定价仅取一分。"[4] 大足县"光绪三十四年（1908年）仿行新政，增设劝业所及劝工所，同在旧试院内，后改劝业所为蚕桑局。"[5] 民国后将蚕桑局改为实业所。清末处于历史与社会交替转型的背景下，机构变化也是多样的、复杂的，蚕桑局与其他机构并存，这也是中国各地近代化程度不一的结果。苑朋欣《清末农业新政研究》对甲午战争与戊戌变法之后的蚕桑局略有研究，挖掘了1904年创刊的《东方杂志》，据其记载，宣统三年全国范围内仍然有两个地方蚕桑局存在。但总体而言，1906年后，《东方杂志》更多的关注时政，《政治官报》与《大公报》对地方蚕桑业发展略有关注，但蚕桑局相关记载日渐稀少，地方劝课蚕桑局逐渐被忽视。清政府、官员、士绅、商人将更多精力与财力投向了农垦、学堂、试验场、机器、工

① 苑朋欣：《清末农业新政研究》，山东人民出版社，2012年12月，183页

② 《政治官报（折奏类）》，《河南巡抚河宝棻奏报办理农林工艺情形折》，宣统三年三月初一日第一千二百二十四号，文海出版社印行，31页

③ 《中国农业全书·四川卷》，中国农业出版社，1994年，233页

④ 《申报》，《劝业道通饬购种桑秧河南》，第一万三千六百八十三号，宣统三年辛亥二月十五日，1911年3月15日

⑤ 《民国大足县志》卷二，民国三十四年铅印本，167页

艺等农工教育领域，注重新式蚕桑机构的建设，此时蚕桑局已经明显属于新式蚕桑体系中的旧式机构。

宣统年间，中国农业由传统向近代的转型趋势已经明确。官方机构、科研机构、农业公司等逐渐涌现；系统化、专业化、市场化的近代农业体系开始形成。据统计，1911 年年初，全国各地机构"其归入农林项下者，各学堂、公司、局、厂、试验场、农务总分会等，计一万零九百七十三处。归入工艺项下者各学堂、公司、局、厂等计一千一百一十五处。"① 机构清单中蚕桑局已经稀见，仅山东省农林蚕桑各局所十处，模糊提到略有蚕桑局；新疆省蚕桑局一处；广东省蚕桑局一处。除此之外，皆为试验场、学堂、工艺局所、公司、厂、农务局、实业所、讲习所、农务总分会、劝工陈列所等。《政治官报》宣统三年三月初八日，农工商部奏汇《各省已办农林工艺实业开具清单》，标志着清末全国范围内近代农业体系的基本建立。这也标志着近代蚕桑体的系建立，尽管全国范围内发展蚕桑的地区并不能全部涵盖，但相较于蚕桑局来说清末各类蚕桑机构覆盖范围与涉及领域更广，各省农工商局由清政府普遍设立；农会开始承担原本地方士绅发展蚕桑的作用，制定章程、负责事务，设农林讲习所和农林试验场，原本蚕桑局的民间职能被承接；学堂几乎遍布各省；公司公社数量也增多；同时地方丝绸行会也非常普遍。对于丝绸行会来说这并不是蚕桑局所承担的功能分化而来的，这种商业经营组织源于丝茧、绸缎商人组织，是蚕桑业产业下游的组织机构，早期专业分工时，已经和蚕桑局上游生产环节相分离，所以与蚕桑局关联性很小，但其也属于近代蚕桑体系的一部分。清末，官绅积极倡导近代蚕桑技术改良，苑朋欣《清末农业新政研究》总结四个方面：植桑养蚕采用新法；印发近代蚕桑技术书籍，传播蚕桑技术知识；进行蚕桑科学研究与试验，以改进蚕桑技术；兴办蚕桑教育，造就蚕桑技术人才，以推广蚕桑新技术。几乎涵盖了清末蚕桑引进与推广西方技术的过程，这与现代蚕桑技术推广体系已经非常接近。近代技术引进与推广取得良好的效果，"十年之内，丝货出口，年年递增，白丝、黄丝、经丝、缫丝由

---

① 《政治官报（折奏类）》，《农工商部奏汇核各省农林工艺情形折》，宣统三年三月初八日—千二百三十一号，文海出版社印行，151 页

七万二千余担增至十一万一百余担……所增之白丝黄丝俱一倍，经丝几三倍，缫丝三成五。"[1] 随着新式蚕桑机构与技术的发展，传统蚕桑农书劝课不断的弱化，传统蚕桑技术内容逐渐被遗弃，然而传统劝课蚕桑、造福乡民的理念却保留至今。而蚕桑局在整个晚清历史阶段为蚕桑推广作出了重要贡献，清末，带有近代属性的晚清蚕桑局（非民国与新中国）历经几十年兴衰变迁后，正式退出了历史舞台。

　　近代转型的区域化差异非常明显。主要有三个解释，首先，并非某一时期全部蚕桑局都转型，清末蚕桑局依然零散存在。蚕桑局转型包含在整个近代蚕桑体系建立之内，是近代蚕桑机构大规模出现的一部分，新生蚕桑机构的普遍建立并不是完全由蚕桑局转型而来。可以说蚕桑局不参与转型，近代蚕桑体系依然会顺应近代化进程而建立。例如，全国各地新设蚕桑学堂数量庞大，据苑朋欣统计，1896 年至1911 年，全国带有蚕桑二字的专业学堂就有四十九所之多，[2] 机构涉及省府州县。清末，带有晚清早期色彩的蚕桑局作为旧机构转型与消失，已经很难适合蚕桑功能逐渐分解的新体系，少数蚕桑局不再作为鸦片战争后所谓的新式机构与主要劝课蚕桑机构形式而存在。借鉴传统与现代转型过程中二元经济或三元经济结构的观点。[3] 林刚对中国近代经济变迁中传统部门与现代部门相互关系进行实证分析，认为"在中国现代化过程中传统部门和现代部门可以在一定条件下互补互动。通过三元结构，中国经济现代化途径不是单向的现代部门取代传统部门，而是多方向的、特别是通过传统部门自身的现代化来消化劳动力，通过传统部门和现代部门的协调发展提高全社会的现代化水平。"[4] 此处提出机构"多方向"的发展，与蚕桑局转型中不是取代，也有多方向的情况不谋而合。其次，蚕桑局转型不是成立已久与长时间段存在老式机构转型，只是清末设立不久的蚕桑局进行转型，

　　① 李文治：《中国近代农业史资料（第一辑）》，北京，三联书店，1975 年，392 页
　　② 苑朋欣：《清末农业新政研究》，附表四《清末农业学校一览表》，山东人民出版社，2012 年 12 月，231 页
　　③ 吴承明：《论二元经济》，《历史研究》，1996 年第 2 期，96 页。二元经济指传统经济与现代化产业并存的格局，是传统社会向现代社会过渡中常见的现象。而三元经济则是在其基础上衍生而来的观点
　　④ 林刚：《关于中国经济的二元结构和三元结构问题》，《中国经济史研究》，2000年第 3 期，38 页

这种转型是断裂的。简单地说，蚕桑局是从丹徒最早成立以来，一直延续至清末转型，这段时间蚕桑局是随设随废，几乎没有长期延续生存的个例。所以清末转型，不是以往所有蚕桑局的转型，而是清末刚刚设立不久的蚕桑局顺着时代趋势而转型。也就是说，并不是说整个近代蚕桑体系完全由蚕桑局转变而来，蚕桑局只是晚清地方省府州县个别地区出现的机构形式，并没有在全国普遍出现，目前考察的角度仅限于个别地区蚕桑局出现的转型。最后，转型是分地域性的，近代化进程快的地区转型较早。蚕桑局转型并不是全国范围普遍存在的转型，在区域研究中，需要分清蚕桑局区域差异。蚕桑局作为专业性地方机构，其设立也不是普遍的，地域性明显，其转型也是有地域性的，快慢与先后差异性也明显，比如湖北蚕桑局转型较早，南阳蚕桑局成立较晚，转型也较晚。西南云贵、西北新疆延用蚕桑局机构名称与形式转型也较晚，并呈现出新式与旧式机构并存的面貌。例如宣统三年云贵，"省城于光绪三十四年（1908年）由学司开办中等农业学堂，一面通饬各属认真仿办，已据禀报成立者农业蚕桑学堂凡十二，蚕桑讲习研究所及关于提倡蚕桑之局、所、公社凡十七，农业试验场四。"① 宣统年间焉耆府皮山县有农林试验场、农林讲习所，"并有初等实业小学堂、蚕桑局"。② 清末社会变化差异较大，区域近代化程度不同，转型也不同，有的成立蚕桑学堂、有的成立蚕桑试验场、有的成立蚕桑公司等，各有差异。这种现象看是偶然与局部，实则必然。区域差异也反映出史料运用上采用了不同区域零碎史料拼凑的方法，得出整体普遍性特点的同时，必定会遇到类似的区域差异问题。

概言之，晚清蚕桑局符合整个时代特征，尤其以局务机构兴起、太平天国战后修复、海外贸易刺激、洋务运动、清末新政等色彩最浓。鸦片战争前属于传统官员零散劝课阶段，鸦片战争后社会经济发生转型时出现蚕桑局；太平天国后兴起，蚕桑局开启了机构化之路，并与零散劝课新旧并立；光绪初开始发展并扩散，甲午战争与戊戌变

---

① 《政治官报（折奏类）》，《云贵总督李经义奏办理农林工艺情形折》，宣统三年二月二十日第一千二百十四号，文海出版社印行，314—315页
② 刘锦藻：《清续文献通考》卷一百十二学校考十九，《又新疆巡抚联魁奏筹办农林工艺情形》，民国景十通本，2134页

法后达到顶峰；戊戌变法后与新政后，新式蚕桑体系发展，蚕桑局普遍出现归并；直至宣统年间蚕桑局仍然有些许存留。清末蚕桑局职能不断传承与分化，蚕桑技术与经营内容逐渐近代化。

二、运营实态与阶段差异

晚清各地蚕桑局的数量众多，种类繁多，而从各自发展脉络与管理机制上看，都各有其独特性。尽管统称为蚕桑局，但具体机构名称上不尽相同，有略微区别，包括蚕桑局、桑棉局、劝桑局、课桑局、种桑局、农桑局、桑局、蚕桑总局、桑园、课桑园、机坊等。机坊是相较蚕桑局差异较大的，但也并非只进行缫丝织绸，还包含了购买桑秧进行劝课的活动，笔者将其归类为蚕桑局的机构研究范畴，例如，马丕瑶任山西解州知州创办蚕桑曾设同善机局，言"光绪计酬，秋奏设桂林梧州机坊，以兴蚕利。孟冬桂垣先设，昨诣坊间遍阅各处，见悉勤厥事，来学日多。"① 课桑园称呼使用较少，其利用桑园劝课栽桑，功能类似于蚕桑局，也将其归纳为蚕桑局类劝课机构。光绪三年（1877年）昆山设立保婴局时，"知县金吴澜督董李清藻等，就课桑园地址，建造南向屋舍，东向大门，及管守住屋，拨充公庙田一百九十四亩三分五厘三毫。"② "安庆素不知蚕桑之利，往岁（光绪二十八年以前）彭大令赴湖州购买桑秧数万株，合众集股，设课桑园于五里庙之东偏……现已成林，各处乡民颇知观感。"③ 江苏"高淳县山乡各圩光绪二十三年二十八九等年，先后筹集公款及领种桑秧共十四万二千株，培植得法，滋长成荫，近复于城内设一课桑园，种桑五百余株。"④ 浙江"严州府启太守近就总补同知旧署基地设一课桑园，丈得该署及府署东偏二堂后等处余地十余亩，一并拨作公用开垦成圃，一面派人采办湖桑秧一万株，就园培养，并劝谕农民赴郡承领

---

① ［清］黄仁济：《教民种桑养蚕缫丝织绸四法》，光绪十五年
② 《光绪昆新两县续修合志》卷三公署七，《中国地方志集成》，江苏古籍出版社，1991年6月，50页
③ 李文治：《中国近代农业史资料第一辑 1840—1911年》，三联书店，1957年，884-885页，转自郑金彪：《清末安徽农业改革 1895—1911年》，安徽大学硕士学位论文，2011年5月，12页
④ 《东方杂志》第2卷第9期，《实业》，《各省农桑汇志》，1905年9月，162页

分种，逐渐推广。"① 此外，还有河南"汲县地多沙鹼，不宜湖桑，近经石东嵋大令变通办法，改种土桑，特在西关外新庄购地十余亩，筑屋凿井栽种一千五百株，果能全数成活，名曰牧野桑园，尚拟添筹经费，大加扩充。"② 只是简单称呼为桑园进行劝课，此处桑园作为机构与后文专门阐述蚕桑技术异地实践中的蚕桑局设立的桑园略有区别。通常桑园只是简单属于农学栽桑范畴，而此处与局一样具备劝课社会属性，是官绅劝课活动的代名词。桑园进行劝课也较为普遍，怀宁县"桑多野生，昔年蚕缫之事百家一二。清光绪间省长官创设桑园，由江浙运桑秧栽于城之东郊，使人习养蚕缫丝诸法并选经出示劝导，风气渐开，邑人仿而栽者"，"不下数十家"③。江苏"京口副都统奎统制前曾创设八旗工艺厂，颇著成效，近又兴办树艺以收地利，特饬属弁在城南购置旷地五十亩，种植桑株，以为饲蚕之用，名曰旗营官桑园，已咨请常镇道转饬丹徒县立案。"④ 江苏"常镇道郭观察，以郡城千秋桥左近有荒地数十亩废弃可惜，特发款购买桑秧数万株，招人领种，以兴蚕利，署名曰常镇道官桑园，俟有成效，即通饬各属一体照办。"⑤ 总体来讲，从道光丹徒蚕桑局开始，至清末省级蚕桑局兴办的历史阶段内，蚕桑局的基本运营实态并没有太大变化。维持了官员倡率、地方士绅参与的管理模式，活动内容包括撰写蚕书、发布告示、雇觅工匠、设立局所与桑园、广植分发湖桑、饲养蚕种、工匠教授学徒、缫丝织绸，积极外销等。笔者根据劝桑活动不同阶段的差异，将蚕桑局运营实态划分为三个主要阶段（表1-4）：购桑前的各项准备；分桑后局的日常运转；收买茧丝等运营活动。

① 《东方杂志》第4卷第4期，《实业》，《各省农桑汇志》，1907年4月，82页
② 《东方杂志》第5卷第4期，《实业》，《各省农桑汇志》，1908年4月，63页
③ 《民国怀宁县志》卷六，《物产》，《中国地方志集成》，江苏古籍出版社，1998年，110页，转自郑金彪：《清末安徽农业改革1895—1911年》，安徽大学硕士学位论文，2011年5月，12页
④ 《东方杂志》第5卷第4期，《实业》，《各省农桑汇志》，1908年4月，64页
⑤ 《东方杂志》第2卷第7期，《实业》，《各省农桑汇志》，1905年7月，126页

表 1-4　晚清蚕桑局运营实态三阶段内容

阶段	内容
购桑前的各项准备	蚕桑局主要引进杭嘉湖蚕桑技术的阶段，包括：捐款、选局址桑园、委员赴嘉湖采买桑秧与蚕种、购买织机与桑蚕器具、雇募杭嘉湖织匠等
分桑后局的日常运转	这是蚕桑局运营实态最为核心的部分，包括：桑园栽桑秧、分桑秧、局绅日常管理、制定章程、颁布告示、分发蚕书、工匠教徒、桑匠指导、育养蚕种、后续补购桑秧等
收买茧丝等运营活动	这部分并非所有蚕桑局都参与，仅取得效果的蚕桑局才进行收买丝茧，售卖茧丝，缫丝织绸。例如，尹绍烈清江浦蚕桑局《作兴教民栽桑养蚕缫丝大有成效记》中提到收茧、抽丝、机房织缎等整个缫丝与织绸环节。①售卖是蚕桑局收回成本的保证，要想持续发展，必须有此项经营。也有蚕桑局仅为开地方养蚕之风气，造福民间，没有此类后续活动

　　鸦片战争前后，随着各地战事的增多，局的称谓逐渐被应用于地方基层社会的各类机构，但仍然局限在军事范畴之内，涉及军需、粮草、火药、铸钱、织造等领域。太平天国之后，趋势更加普遍，中央与地方上各类官民机构，不管是以往设置过且具有类似功能，或者具备新功能的机构，皆被命名为"局"，在全国各地普遍采用。但数量繁多与种类繁杂的局也存在诸如冗局、冗差、局费、盘剥、贪腐、徇私舞弊等问题，屡见不鲜。清中前期，设立的局随设随裁，事务处理结束，局务机构便遭裁撤，历代皇帝皆遵循祖制，严格控制。咸丰、同治、光绪时期，随着地方督抚权力增大，对于中央政令各挟私意，非自便身图，即见好僚属，推诿因循，空言搪塞，致使地方局务机构越来越多。光宣时期，朝廷几次裁汰冗员、冗局，但由于多方利益牵涉之中，结果不了了之，以致局务机构成为清末一项重要的积弊。《清实录》光绪十一年（1885 年），《谕军机大臣等钦奉慈禧端佑康颐昭豫庄诚皇太后懿旨》："从光绪十二年起，每省每年可得若干，先行奏明专款存储，分批解部备用。不准以斟酌情形，无可裁撤等词，一奏塞责。至各省纷纷设立各局，如军需，则既有善后总局，又有善后分局，报销、筹防、支应、制办、军械、转运等局。地方事宜，则有清查、藩库、营田、招垦、官荒、交代、清源、发审、候

―――――――――

①　［清］尹绍烈：《蚕桑辑要合编》，同治元年

审、清讼、课吏、保甲、刊刻、书籍、采访、忠义等局。种种名目，滥支滥应。无非瞻徇情面，为位置闲员地步。各防营奏调咨调候补人员，开支公费，诸多冒滥，均堪痛恨，尤应一并大加裁汰。"① 总体而言，晚清局务机构的管理模式、人员设置、运营实态等方面都有相似之处，具有普遍的共性，这符合晚清整个历史阶段的整体特征，1885 年，安徽寿州课桑局创办者任兰生被弹劾，理由为"设立工程局、蚕桑局为词，禀明抚臣立案，以为业经报销，其实提一千串报数千串，名为不入私囊，尽提公用，实则济其贪婪之计。"② 不管事件真相如何，可以肯定的是，类似利用蚕桑局等局务机构牟利的现象与弊端必然存在。

蚕桑局的设置与管理问题。设置上，晚清各地设立蚕桑局并不是普遍现象，晚清蚕桑局是一个临时性机构，不属于成熟与固定的官府机构，没有统一设置模板，组织松散、设置随意，以致常被裁撤或废弃，如瑞州蚕桑局"倘能于五六年中，诸事告成，即可撤局，使利益全归于民，局中桑树及器具与省出之钱，或拨给书院，或拨充善举。"③ 同时也有兵燹后同治九年（1870 年）太仓蚕桑局持续发展二十多年，"贤刺史相继而来，创设课桑局，合属邑之捐廉，采买桑秧，给民栽植，官随屡易，政必踵行，迄今二十余年，桑林日茂，育蚕渐多，木棉之外竟有丝之产矣。"④ 管理上，官方史料之中不会更多提及这类内容，仅透露出些许信息。河南蚕桑局注意到日常局务管理中的士绅与差保弊端，防微杜渐，"流弊不可不防也，此举原为利民起见，略一误会，便多扰民之端，各社绅耆，悉皆老成公正，仰体时艰，决不致有借端派之事，第恐日久弊生，或各社之差保，从中需索，或绅董之亲族，暗中影射，若不预为之防，转于大局有碍，应即责成各绅，各自纠察，如有前项情弊，务须破除情面，密禀究办，倘

---

① 《清实录》，《德宗实录》卷之二百十四，光绪十一年，乙酉，八月，戊子，11598 页

② 《申报》，《京报全录》，第四千三百三十号，光绪十一年三月二十二日，1885 年 5 月 6 日

③ ［清］江毓昌：《蚕桑说》，瑞州府刻本

④ ［清］王世熙：《蚕桑图说》序，太仓蚕务局，光绪二十一年

扶同徇隐，别经发觉，同干未便，庶杜渐防微，以免民间借口。"①
河南蚕桑局劝课之际祥符县监生万联道，生员陈邱园等开始以为另加
地税，"窃生等生长北方，上年见宪局创兴蚕桑，诚恐地土未宜，徒
劳无益，良由乡民浅见，并恐种桑不活，责令赔罚，即使培养蕃茂，
又恐另加地税，是以未敢多领。"② 江西蚕桑总局甚至"忽有窃贼潜
至机上，割去已织未成之缎数丈，窃贼在某局员处充当长随。"③ 接
任者松鹤龄中丞认识到管理上诸多问题，"复督同张筱船方伯，加意
整顿，去岁除夕前三日，又委董司马允斌办理提调事务，司马通盘筹
算，凡购买桑秧缲丝织绸事事核实，稍有弊混，即须追赔，想以此认
真办理，赣省蚕桑之利当日有起色矣。"④ 新疆蚕桑局出现了营私舞
弊等问题，清末新疆改进蚕业时提到："有司以糜财弹力，劳而少
功，行之期年，上下交怨，于是委蛇者，奉行故事贪黩者，因而利
之，归于中饱，而局事乃益堕废，盖率作兴事之难也。"⑤ 光绪三十
三年（1907 年）福建农桑局也遇到了冗费问题，不得不将农桑局裁
并，"闽省比来财政困穷，多设一局即多有一局糜费，因将所设之农
桑局裁撤，饬据藩司会同财政局妥筹归并。"⑥ 福建农桑局冗费问题
致农桑局被裁并。清末，地方局的数量依然很多，设置参差错乱，归
并裁撤现象屡见不鲜。

　　由于蚕桑局具有头卖中介作用，其经营环节存在一些问题。段本
洛、单强《近代江南农村》关注了明清时期江南丝茧行业中介出现
的强买强卖现象，"茧贩和生丝收购中的土丝贩子相仿，新茧登场
时，他们活动在乡镇主要路口，拦截携茧上市的农民，压价收购，再

　　① ［清］魏纶先：《蚕桑织务纪要》，《代理祥符县饶拜飔开局禀》，河南蚕桑织务局
编刊，光绪辛巳，38 页
　　② ［清］魏纶先：《蚕桑织务纪要》，《祥符县监生万联道等请领湖桑禀批文》，河南
蚕桑织务局编刊，光绪辛巳，41 页
　　③ 《申报》，《豫章秋雁》，第九千一百零七十五号，光绪二十四年九月十五日，1898
年 10 月 29 日
　　④ 《申报》，《留意蚕桑》，第九千二百九十六号，光绪二十五年正月二十四日，1899
年 3 月 5 日
　　⑤ 《民国新疆志稿》，卷二，民国十九年铅印本，53 页
　　⑥ 《政治官报（折奏类）》，《又奏蚕桑学堂改归提学使管理并裁并农桑局片》，光
绪三十三年十月二十日第三十一号，文海出版社印行，295 页

高价转卖给茧行。这些人迹近于地痞流氓，凭借各种势力，强买强卖。不但农民，就是茧行也不敢轻易得罪他们。"① 丝茧中介机构是如此蛮横与强势，而作为地方官绅控制的个别蚕桑局有丝茧买卖中介的作用，也不免做出有伤蚕户的行为。江西、湖北等大多数蚕桑局皆将自己视为蚕农与丝商之间的收购者，声称不谋取利益；也有蚕桑局收买蚕农茧丝，自己缫丝织绸，收卖价格过程会难免会存在一些谋取私利的环节，湖北收买零丝之时规定"若有丁役留难掯掣等事，许即扭禀惩责，决不宽贷。"② 各地蚕桑局除了创设阶段需要官绅捐款筹资外，都期望能够通过收购丝茧，转售他处，或者加工丝绸，贩卖到市场，以获取利润，维持蚕桑局日常局费开销。种种环节都存在差价的诱导，也难怪地方小民担忧蚕桑局会抽取税费、层层盘剥。这也是蚕桑局很难被小民所接受的重要原因，并且晚清各地局所繁多、局卡遍布、厘税过重也是普遍现象。

晚清蚕桑局是传统劝课蚕桑理念与近代地方局务机构形式相结合的典型产物。晚清各地局务机构之间差异比较大，文中选取不同时期与地区七十多所蚕桑局，其各有特点，差异明显。唐力行认为明清基层机构"实际运作过程中的实态而言，则是变化多端、含糊不清的，全国各地因传统习惯、实际需要，以及官员执行力度等因素而形成不相同的体系。因此想简单地将全国各地各具特色的社会基层组织纳入某种单一的系统中去是完全不现实的。"③ 第一，蚕桑局随着历史阶段不断推进而变化，并且不同地区也存在着明显的区域差异。按时间脉络可以分为：丹徒蚕桑局为晚清蚕桑局的早期雏形；同治时期，江苏府州县蚕桑局运营主要官绅造福地方捐款合办，设立局所，购桑劝种等形式；光绪初期，地方府州县继承了同治时期蚕桑局的特点，依然发挥地方传统劝课作用，但此际出现了洋务派设立的省级蚕桑局，其在群体组织、规章运营上更加复杂严密；甲午战争与戊戌变法之后，府州县蚕桑局的地方实业性质更加明显，运营方面开始略带绅商

---

① 段本洛，单强：《近代江南农村》，江苏人民出版社，1994 年 5 月，181 页

② 《申报》，《收买零丝》，第八千零二十一号，光绪二十一年六月二十九日，1895 年 8 月 19 日

③ 徐茂名：《江南士绅与江南社会（1368—1911 年）》，商务印书馆，2004 年 12 月，105 页

参与的公司与公社色彩,但总体上仍然是地方官绅劝课为主。省级蚕桑局反而逐渐摆脱了浓重的传统劝课作坊形式,在地方督抚支持下呈现出近代官商合办工厂的迹象,例如,湖北张之洞蚕桑局附以缫丝局等蚕丝生产机构,[①] 蚕桑技术上选取日本与西欧技术,资金筹措上也采用官员招商与绅商入股等形式。以上差异与近代史阶段变化、社会经济区域差异、省府州县层级不同、参与群体区别、地方官员权力大小等诸多因素相关。尽管如此,也不能改变晚清蚕桑局在形式、内容、面貌、特点上的整体性与统一性,作为同一时代的劝课蚕桑机构,其个体差异与劝课使命并没有超出特定的时代范畴。第二,蚕桑局在不同历史阶段具有不同的新旧差异。蚕桑局是传统劝课向近代蚕桑体系过渡的形态,新旧属性复杂,从兴起至清末,蚕桑局具有新旧并立、新旧对立、不新不旧、亦新亦旧4个历史特征。新旧并立说明全国依然有大量零散劝课的存在与分布,并未形成全部都是蚕桑局进行劝课的面貌。新旧对立说明清末蚕桑局经营方式已经与各地新式蚕桑试验场、学堂、公司等形式机构对立,各地官绅合办的蚕桑局已经不适应历史的发展历程。光绪时期各地官员零散劝课形式依然存在,这形成了近代蚕桑劝课机构新旧并立局面。不新不旧可以理解为蚕桑局并不是一个西方新式机构,采用技术和经营内容大都延用传统方式,但相比较零散劝课已经有所进步。亦新亦旧说明蚕桑局传统作坊与近代工厂新旧并存,采用旧式技术与经营理念的同时,在技术和经营上已经兼具传统与近代特征。清末省级蚕桑局已经开始应用西方技术,经营形式也采用工厂经营。

---

① 章开沅等:《辛亥革命前后的官绅商学》,华中师范大学出版社,2011年7月,77页

第二章　官绅民匠与蚕桑局创办

中国传统劝课蚕桑在近代社会的土壤中滋生了蚕桑局。晚清各类局务机构自同治时期开始逐渐增多，同治初期大量兴起于太平天国与捻军战争破坏的江苏地区，至光绪初期开始在全国范围内扩散，光绪二十三年（1897 年）受蚕政影响，上谕各省成立蚕桑局，此时蚕桑局的发展达到了顶峰。晚清蚕桑局从其出现到转型都有伴随着近代劝课参与者的身影，尽管参与群体与以往传统劝课机构有所区别，但基本具备普遍人员构成和运行机制。蚕桑局的整个发展过程都伴随着官员的倡率与绅士的参与、清末绅商崛起与机构变迁、传统官员劝课蚕桑，并在近代群体与机构转型中逐渐转型。清末，随着近代化进程的推进，蚕桑局的劝课参与者的职责发生些许变化，出现了普遍的衍变与裂变现象，这也是近代社会背景下的必然趋势。晚清蚕桑局劝课参与者促进了蚕桑技术的传播，是晚清各地蚕桑局兴起的积极倡导者。本章以具有近代特点的蚕桑局劝课参与群体的视角，运用群体职能与群体衍变的研究方法，对官员、绅士、绅商、工匠、小民进行分类剖析。从晚清蚕桑局劝课参与群体的结构分层与职责分工入手，分别介绍蚕桑局倡率兴起与机构运行中劝课官员的作用；运行机制中绅士的中枢作用；近代绅商对蚕桑局经营职能的承载；工匠对蚕桑技术的切身传播；小民普遍的劝课反应。

第一节　官员的倡率

晚清蚕桑局的兴起与发展离不开官员的推动，各地蚕桑局皆由地方官员倡率设立，并且在蚕桑局务中发挥着举足轻重的作用。官员的参与使得蚕桑局具有了官方机构的色彩，这对于研究蚕桑局属性及其机构嬗变有重要意义。

一、倡设官员的群体特点

设立蚕桑局官员在主要人物、籍贯分布、官员级别等都有其特点，研究劝课官员群体的特点是了解蚕桑局历史背景与脉络的基础。

道光二十二年（1842年）陆献于丹徒县城东创办课桑局，是晚清最早出现的蚕桑局，道光二十四年（1844年）陆献又在文柱的支持下于镇江城南鹤林寺设蚕桑局。陆献两次设立蚕桑局，与其蚕桑知识储备与仕途经历有关，"陆献字彦若号伊湄，宋忠烈公秀夫裔孙，世居丹徒镇。道光辛巳，由国学上舍举顺天乡榜。道光七年（1827年），随钦使那彦成赴回疆，办善后事宜，保举知县，选授山东蓬莱县令，权莱阳篆，调繁曹县。所至兴利除害，办事实心，劝民种树栽桑养蚕，设教织局，刊论文论诗，及塾规条约合篇，士习民风为之一变。癸巳夏，黄河隄工抢险，独力购办料垛，昼夜巡防三十余日，保升知州。嗣缘案送部，拣发安徽署合肥县事，除暴安良严缉枭匪。时海上多事，奏调浙营，随同官军收复上海。壬寅六月，镇城失守，调防芜湖。上书以险要如采石及东西梁山俱宜设伏，并筹备火攻练勇驾船等法，多见采纳。事平去官回籍，文东川方伯招至吴中，议劝课蚕桑，培补地方元气，乃设局城南鹤林寺，法以无旷土游民为正旨（桑局见义举），在山东著有《山左蚕桑考》，徐树人刺史刊入《高唐州志》，在皖江重梓张杨园《农书》二卷，及元人《蚕桑辑要》八卷。其居丹徒镇，见横闸金门改向，不能蓄水济漕，且挑河岁费甚巨，乃作《横闸改建议》，贺耦耕制府刊入《皇朝经世文编》，卒于家，年五十八。咸丰十年（1860年）入祀山东名宦祠，著有《尊朴斋诗草》，子四，长庆，以耕，长生，堃。（家传节略）"① 陆献是晚清蚕桑局的创始人，善于劝民种树栽桑养蚕、亲身经历过鸦片战争、撰写刊刻蚕书、兴修水利，造福地方等，属于晚清典型的经世致用官员。据笔者推测，陆献于山东设立教织局延续了传统循吏的劝课理念，而浙江、上海、芜湖的战事经历，使其受军营设立各类局务组织的熏陶，呼应了晚清局务机构大量出现与鸦片战争前后内外战事密

① 《光绪丹徒县志》卷二十八，《宦绩》，《中国地方志集成》，江苏古籍出版社，1991年6月，562-563页

切相关的观点。二者相结合可以作为其于丹徒两次设立蚕桑局的直接影响因素，共同促成了传统劝桑机构化的出现与发展。

太平天国战争后，蚕桑局在江苏的扩散过程得到曾国藩的支持，比如江宁、镇江、扬州、清江浦等地。豫山借用的同治元年（1862年）尹绍烈设立蚕桑局时的《蚕桑辑要合编》为技术指导，描述了同治四年（1865年）"乙丑仲春重至江北，得晤滇南尹莲溪观察时，奉湘乡相国檄创立蚕桑局，于清江浦上见其所植之桑，条繁而叶大，为从来所未观。"① 扬州蚕桑局"批据禀已悉，课桑养蚕实为培养民气善举，该司既筹议举行，仰即饬令印，委各员妥议章程，次第办理，仍随时与镇江、江宁互相咨商，期彼此皆有利益也，檄。"② 蚕桑局不断扩散到全国的脉络与黄鸿山研究晚清江浙慈善机构的发展，例如洗心局、迁善局等，在时间和地点上有些许吻合③。这说明太平天国运动后社会修复任务繁重，官府机构职责不断的细化，刺激了各类地方机构的兴起与发展，使江苏地区成为包括蚕桑局在内，各类局务机构的理念源头。晚清江浙地方官员面临着近代社会转型的挑战，官府事务处理应对太平天国修复之外，还有鸦片战争后上海门户开放的观念影响。种种原因，官员不得不调整传统的治理思路，在曾国藩倡导下，江苏个别地方创设了蚕桑局，主要分布于江苏长江南北两岸的江宁、清江浦、扬州、金坛、太仓、上海、南汇等地区。晚清蚕桑局由江苏的长江南北两岸向全国其他地区扩散，形成了个别主要官员为创设蚕桑局为坐标轴，其他各地官员散落创设的局面。

官员籍贯与蚕桑局的创设有必然联系。晚清江浙官员数量庞大，杭嘉湖蚕桑闻名天下，甚至太湖地区蚕桑技术也领先全国，这使得江浙官员更容易得到蚕桑知识和蚕桑风俗文化的熏陶，由此官员重视蚕桑发展，并设立蚕桑局有天然的优势。比如"太仓遭兵燹后，由归

① 《蚕桑辑要合编》不分卷，河南蚕桑局编刊，光绪六年
② ［清］方浚颐：《淮南课桑备要》，《宫太保候中堂鉴核批示祇遵奉》，同治十一年，钞本
③ 黄鸿山：《中国近代慈善事业研究——以晚清江南为中心》，天津古籍出版社，2011年7月，116页

安吴承潞知州创捐设蚕桑局"。① 吴承潞浙江归安县人，同治四年（1865年）乙丑科进士。② 沈秉成浙江归安县人，咸丰六年（1856年）丙辰科进士。③ 瑞州府江毓昌于郡城设立总局，而江毓昌也籍隶江南。④ 江苏海虞翁曾桂守衡州曾创设蚕桑官局，后又于江西设局"光绪丙申循衡州旧法，受命大府筹款，于省垣东北隅购置隙地，建立蚕桑官局。"⑤ 光绪元年（1875年）江苏吴江任兰生于寿州设局试办蚕桑。同时江浙官员也是晚清撰写蚕桑农书的主体，而未设立蚕桑局的零散劝课的官员很多也来源于江浙。此外，游历或为官在江浙地区经历的官员也是蚕桑局倡设者，其两位关键人物：沈秉成于镇江、上海设立蚕桑局，"先是公在常镇时，以野多旷土设课桑局，赴湖州购买桑秧，兼募湖人教以艺桑育蚕之法，其后常镇间蚕桑之利几与吴兴埒。至广西以南宁泗城浔梧等府皆宜蚕桑。"⑥ 广西巡抚职上奏疏朝廷"臣生长西浙，熟习农桑之事，因即咨访地利，察度土宜，并询及前此办理情形，何以旋兴旋废，未见成效，遂审其作辍之故，抉其利弊之原因。通饬各州县，查察境内何处宜桑，有无旷土，兼饬其查明种植棉花茶树及各项树果，以广物产，而尽地利，不得稍涉敷衍，致成空谈。并刊发《蚕桑辑要》及《种桑育蚕谱》等书，饬藩司马丕瑶，臬司张联桂，盐法道秦焕，候补道沈康保在省城设立官蚕局，委派善后局提调候补知府羊复礼，候补知县梁思溥，会同寄籍绅士兵部主事谢光绮购买广东浙江两省桑秧十数万株，于去冬就官荒各地先行开垦栽种五六十亩"。⑦ 涂宗瀛于江宁、广西、河南设立蚕桑局等，他们都有过江苏地区为官的经历，光绪六年（1880年）涂宗瀛为应对"晋豫奇荒"而设立于开封的河南蚕桑总局，就是典型融

---

① 《宣统太仓州镇洋县志》，《太仓州志》卷三，风土二十二，《中国地方志集成》，江苏古籍出版社，1991年6月，35页
② 多洛肯：《清代浙江进士群体研究》，中国社会科学出版社，2010年6月，252页
③ 多洛肯：《清代浙江进士群体研究》，中国社会科学出版社，2010年6月，251页
④ ［清］江毓昌：《蚕桑说》，瑞州府刻本，2A页
⑤ ［清］沈秉成，沈练：《蚕桑辑要·广蚕桑说》，江西书局开雕，光绪丙申仲春，3B页
⑥ ［清］俞樾：《春在堂杂文》六编，卷四，光绪二十五年刻春在堂书本，581页
⑦ ［清］朱寿朋：《东华续录（光绪朝）》，清宣统元年，上海集成图书公司本，2490页

入了涂宗瀛同治四年（1865 年）江宁府设桑棉局的理念。河南蚕桑局魏纶先也提到“本司道历游南省，湖桑之盛，甲于天下，而江淮一带，近亦蚕桑盛行，推其所由，大半得力于劝办者居多，可见错节盘根，用别利器，移风易俗，端赖治人。”① 刘凤云提出清代“技术官僚”② 的概念。晚清蚕桑局设立官员很多具有蚕桑技术知识储备，其籍贯多为江浙地区，知识来源有家传或耳濡目染；有游历或为官在江浙地区的经历；或是参考过几部蚕书。

倡设蚕桑局官员级别多样，总体来说，较为基层。包括县令、知府、道员、藩台、督抚等。光绪初期设立蚕桑局的府州县包括：寿州、襄阳、天台、桂林、瑞州、金华、泰兴、平定、泾阳、彭山、墨江、东莞、古北口、迤西、奉新、赣州、芜湖、扬州、高邮、汉中等地，可见地理分布较为分散，不再集中于江浙地区，这与蚕桑局理念与蚕桑农书被广泛传播有一定关系。此外，整个清代蚕桑局并不属于省级以上的机构，更多的设立于地方州府县的基层社会，集中光绪时期，多出现于劝课蚕书、地方志、报刊等内容之中。而从检索整个清代《清实录》来看，蚕桑局被上层统治者的重视程度并不高，蚕桑局仅于光绪时期出现四次，两次农桑局。还有光绪七年（1881 年）、光绪二十二年（1896 年）、光绪二十三年（1897 年）、光绪二十四年（1898 年）等，四次模糊提到蚕桑领域的局。省级蚕桑局设立官员有些在做督抚以前有过设立蚕桑局的经历，比如河南蚕桑局涂宗瀛以前在江宁、江西蚕桑局翁曾桂以前在衡州。此外还有两次设立的省局，光绪十八年（1892 年）卫杰与光绪二十三年裕禄分别于直隶设局，左宗棠于福建和新疆设蚕桑局等。尤其蚕政发生之后，官员成立蚕桑局的理念也得到了清政府的重视。早在光绪十一二年（1885—1886 年），“有萧文昭者。奏请设立蚕桑公院。亦未获准。”③ 社会舆论方面，《申报》关于设立蚕桑局议论出现于光绪二十一年（1895 年）五月十三日，在西方蚕丝业强势的竞争下，“各州县广设蚕桑局，推

---

① ［清］魏纶先：《蚕桑织务纪要》，《劝种桑养蚕通饬》，河南蚕桑织务局编刊，光绪辛巳，45 页

② 刘凤云：《十八世纪的“技术官僚”》，《清史研究》，2010 年 5 月第 2 期，17-20 页

③ 尹良莹：《中国蚕业史》，国立中央大学蚕桑学会，民国二十年六月，59 页

举董事管理地方蚕务，详定章程，劝民种桑育蚕，则数年之后，蚕桑必可大兴，出丝必佳而多。"① 全国范围内由朝廷谕饬设立蚕桑局是"光绪二十三年（1897年）十二月初八日奉上谕徐树铭奏请饬各省举行蚕政等语，蚕政与农工并重，浙江湖北直隶等省均已办有成效，各省宜蚕之地尚多，即著各督抚饬令地方官认真筹办，以广利源，钦此。当经前督臣王文韶札饬省城蚕桑局，移行各属，一体遵办，嗣奉本年七月初四日。"② 光绪二十三年至二十六年（1897—1900年）朝廷屡次严旨各省举办蚕政，而各省成立蚕桑局的时间段，大概就是从萧文昭条陈设立蚕桑局开始，到朝廷几次下谕旨饬令各省督抚举办蚕政，设立蚕桑公院为止，之后开始被各省督抚重视起来（表2-1）。

表2-1　《清实录》记载蚕桑局内容表

时间	记载内容
光绪十二年，丙戌，秋七月，癸卯	闽浙总督杨昌浚奏、故大学士左宗棠、督闽日久。拟就原设蚕桑局。修建专祠。以伸报享。报闻。折包③
光绪十七年，辛卯，九月，辛卯	以捐助蚕桑局经费予广西思恩安定土司潘承熙、为其故父母建坊。朱批④
光绪二十四年，戊戌，闰三月，丙寅	湖广总督张之洞等奏、湖北试办工艺。附于蚕桑局兼理，以节经费，下所司知之。折包随手⑤
光绪二十五年，己亥，五月，辛酉	谕军机大臣等、前因直隶保定省城，举办蚕桑局。谕令将织就绸缎呈览，嗣经裕禄进呈。该局所织绸缎，未能匀整工致，蚕丝亦欠光细，较之江浙所产远逊。直隶为首善之区，既经举办蚕桑，自应认真讲求。著裕禄责成员弁，督饬委员工匠，考求育蚕缫丝诸法，务臻美善，其桑秧亦应讲求佳种，庶织成绸缎，可与江浙等省一律，毋得有名无实，徒靡经费。将此谕令知之。现月⑥
光绪二十九年，癸卯，二月，庚寅	闽浙总督许应骙奏，闽省设立农桑局，试办蚕桑。得旨，著即督饬认真办理以兴地利⑦

① 《申报》，《论中华亟宜讲求蚕桑之利》，第七千九百四十六号，光绪二十一年五月十三日，1895年6月5日

② ［清］卫杰：《蚕桑萃编》，浙江书局刊刻，光绪二十六年，3页

③ 《清实录》，《清德宗景皇帝实录》，卷之二百三十，钞本，12412页

④ 《清实录》，《清德宗景皇帝实录》，卷之三百一，钞本，15904页

⑤ 《清实录》，《清德宗景皇帝实录》，卷之四百十七，钞本，21952页

⑥ 《清实录》，《清德宗景皇帝实录》，卷之四百四十四，钞本，23509页

⑦ 《清实录》，《清德宗景皇帝实录》，卷之五百十二，钞本，27197页

67

第二章　官绅民匠与蚕桑局创办

（续表）

时间	记载内容
光绪三十三年，丁未，二月，庚辰	总督崇善奏，福建农桑局，附设浙粤两股蚕务学堂，嗣以增拓校舍，添授学科，与中等实业学堂程度相符。拟请将浙股蚕务学堂改名中等实业学堂，其粤股原授以简便艺术，拟改为蚕业速成科，以符名实。下部知之。折包①

资料来源：《明清实录》检索系统。陈振汉言《清实录》是清政府中央与地方之间以及各部门相互之间的往来公牍，数据有很强真实性，内容大部分是宏观经济和国家财政史料，有关私人或微观经济的记载很少。所以《清实录》多记载省府州县以上的机构内容，对于基层局务机构蚕桑局记述不多

　　有着洋务派背景的官员倡设蚕桑局也是这一时期重要的特点，创设者之前经历过地方洋务的创办，选用局务机构形式进行劝课较为普遍，也易于运用。例如同治十二年（1873 年）罗嘉杰设立南汇种桑局，"嘉杰字少耕，附贡，捐内阁中书，截取同知，分发江苏，历署奉贤、南汇知县，补江宁江防同知，调川沙，复调上海华洋理事，同知办理交涉，措置悉当，黎庶昌使日本，奏为随员，充横滨领事官，兼箱馆筑地副领事，荐升道员，仍留江苏补用，历充苏州善后洋务二局，江宁洋务局各总办，而办理上海宁波会馆划界事，驻沪出使各国。文报局尤重要，先后为左宗棠、张之洞、荣禄所激赏，江督刘坤一疏荐使才，补收江苏督粮道，兼苏州关监督。居官数十年，以兴利除弊为己任，故所至有声。清丈通州海门沙洲，豪强互争，久不决，躬自履亩澈查，帖然就范，兴复南汇仓储，倡筑川沙白茆港炮垒，平反江防，任内三牌楼命案皆称于时，庚子两宫西幸，议改运江粮达西安，备极况瘁，致仕，卒于吴下。"②此外，有学者论述局所设立为了解决数量众多的候补官员和幕友谋差与升迁的观点，③清代朝廷一般将幕友视作"劣幕"和裁撤对象，但其在地方局务组织中数量众多。例如《清实录》光绪五年（1879 年），《又谕、御史文镒奏、请裁撤各省交代清讼等局，以杜弊端折》："据称近来各直省设立交代清讼

68

① 《清实录》，《清德宗景皇帝实录》，卷之五百七十，钞本，30100 页
② 《民国上杭县志》卷二十五中，列传二十五，《中国地方志集成》，上海书店出版社，2000 年，355 页
③ 缪全吉：《清代幕府人事制度》，（台北）中国人事行政月刊社，1971 年版；关晓红：《晚清局所与清末政体变革》，《近代史研究》2011 年 05 期，22 页；冯峰：《"局"与晚清的近代化》，《安徽史学》2007 年第 2 期，50 页等皆有论述

等局，往往以军功捐纳之道府，派充督办。而局内派司主稿候补丞倅牧令等官，则半系幕友改捐人员。上司借为调剂之差，属员恃为钻营之路，一切公事，任意压阁，馈送请托流弊滋多，请饬概行裁撤等语。各省设立清理交代词讼各局，原为慎重公事起见，势难概行裁撤。惟如该御史所奏，任用私人，夤缘公事等情，殊属不成事体，恐他局亦所不免，均应严行查禁。"① 光绪十九年（1893 年）湖北蚕桑总局候补官员参与较多，且多人参与过厘局事务。但候补官员与幕友主持局务的蚕桑局数量不多，占各地蚕桑局劝课官员比重很低，且候补官员也多为有实职者，主要由于蚕桑局的府州县地方性原因，以及地方官员直接倡率与绅士日常管理为其基本模式。蚕桑局具有更贴近于地方的基层社会组织属性，人员管理上多用地方绅士，官员仅为劝导（表 2-2）。

表 2-2　各地蚕桑局倡设者中的候补官员

时间	同治五年	光绪元年	光绪三年	光绪六年	光绪十年	光绪十八年	光绪十九年	光绪三十年
地 区	清江浦	寿州	严州	河南	天津	直隶	湖北蚕桑总局	南阳县
姓 名	尹绍烈	任兰生	宗源瀚	魏纶先	朱干臣斐敏中	卫 杰	曹、彭、俞、潘、洪、黄、宗	潘守廉
候补官衔	江苏候补知府	候补道	补用道严州府知府	河南候补道	候补通判、知县	候补道	候补道、州、县、县丞、候补从九品	候补直隶州南阳知县

二、儒家思想与经世致用

传统循吏劝课蚕桑是传统儒家思想重要内容，是中国传统文化中官员济世救民重要手段，对后世影响深远。清代重视劝课农桑，劝课官员的奖励有明确规定，乾隆四十一年（1776 年）议准："民间农桑，责在有司，劝课果著成绩，三年后准予议叙，不实心者以溺职论，其劝耕务本之农民，该管官时加奖励，每一州县，量设老农数

---

① 《清实录》，《清德宗景皇帝实录》，卷之九十八，钞本，光绪五年，己卯，七月，己亥，5394 页

人，以为董率，每三年查举老农之勤劳俭朴无过犯者一人，给予八品顶戴以荣其身，滥举者议处。"① 晚清官员设立蚕桑局是传统循吏的文化心理使然，延续了守土之士济世救民、教化乡民、重农劝桑等小民社会的理想。晚清社会转型时期小民急功近利的现象层出不穷，比如很多地区种植罂粟以获利、桑树不能获利便匆匆砍伐等。官员受儒家思想、教养兼施、经世致用等思想影响选择倡设蚕桑局。

官员创设蚕桑局是儒家思想熏陶下传统官员个人价值的实现方式。通过晚清科举、荫补、捐官、幕僚或者战功等方式入仕的个别传统官员，以儒家济世救民的精神支撑。孟子曰："五亩之宅，树墙下以桑，匹妇蚕之，则老者足以衣帛矣。"这句话成为晚清劝课官员的座右铭，各地官员劝课皆以其为出发点。"教一人而渐及一乡焉，教一乡而渐及一邑焉，浸远浸久，襄变而浙焉。"② 更加切实地体现了守土之士造福一方的普世价值观，衬托出封建士人的社会良知。清中晚期劝课蚕桑的名宦如陈宏谋（文恭）、宋如林、周凯、左宗棠、谭继洵等，在其治地以劝课农桑成效卓著而备受推崇，被称为近世发展蚕桑造福地方的楷模。陈文恭"治陕西尤以农桑为先务，陕西本古蚕桑地，近世渐废弃，布帛皆资东南诸省，公立蚕局，募江浙间善蚕织者导之，令民种桑养蚕。"③ 并"饬各属倡率，买桑养蚕，以广利赖，士民效法，各知鼓舞，旋设局于省垣旧都司衙门，准令士民等赴局观看效法。"④ 而蚕桑局设立官员以乾嘉道咸劝课者为标榜，道光二十四年（1844 年）文柱说："近世陈文恭公抚陕，宋仁圃廉访治黔，周芸皋太守治襄阳，均以劝兴桑蚕著绩。"⑤ 同治时江苏清江浦与镇江、光绪初左宗棠等洋务派督抚设立的蚕桑局、光绪末期湖北直隶等皆为不同时期的楷模。这几位官员功绩卓著并声望远播，在官员群体网络内部互相影响很大。

① 《钦定大清会典事例》（光绪重修本），卷一百六十八，户部十七，田赋，劝课农桑

② 《中国农业史资料第 259 册》蚕 11 页；[清] 方大湜：《桑蚕提要》，《桑蚕局记》，光绪壬午夏月都门重刊

③ [清] 彭启丰：《芝庭诗文稿》卷六志铭，《光禄大夫经筵讲官太子太傅东阁大学士兼工部尚书陈文恭公墓志铭》，清乾隆刻增修本，70 页

④ [清] 陈钟珂：《先文恭公年谱》，卷六，《设立蚕局收买蚕茧》，清刻本，257 页

⑤ [清] 何石安：《蚕桑合编·附图说》，《序》，道光二十四年

官员们认为成立蚕桑局劝课蚕桑可以广开利源、富民强国、教化乡民、改善民风，也能维持小民社会理想与形态。太平天国战争以后江南地区教养兼施对于地方重建是其重要内容，不仅仅要恢复地方文化，还要让地方民众富裕起来。而嘉湖地区蚕桑兴旺使得很多官绅去学习和借鉴。吴烜《蚕桑捷效书》同治庚午季夏守庭郑经序言："盖仁民之术不外教养两端，前于咸丰五年（1855年）会合同志禀明各大宪，举行乡约，遵奉朝廷之意，博采儒先之书，刊立规条，编成讲案，苏常两郡士庶，莫不观感奋兴。同治七年（1868年）又禀请，会相通饬各属，一体推行，实于世道人心，大有裨益。而养民之道，犹有志焉而未逮，数年来历奉各大宪剀切晓谕，倡劝蚕桑，凡临近之区，如苏属及锡金武阳宜荆溧阳等邑，向有种桑育蚕之处，不难转相则傚，合邑偏行，独吾江素未讲求，无从取法，同志诸公非不关心民瘼，亦以素非所习引导为难，吾徒吴孔彰，于克复之初，即殷殷于蚕桑之事，以为因利而利，其利方大而且久，近更得贤父母，捐廉倡率，相与有成。兹将所撰蚕桑诸说就正于余，其栽种养育之法备极周详，且次第井然，一见即能了澈，果能广为劝导，渐推渐暨，大江南北到处仿行，既非同议赈蠲租，仅救一时之急，且礼义生于富足，而于乡约一事，尤易率循，则教与养相辅而行，将见俗美风醇，渐臻上理，此则予心之所甚快也。"[1] 各地劝课蚕桑的宗旨主要是教养相辅相成。

晚清经世致用之风盛行，将自有的蚕桑技术应用于传统劝课蚕桑，是晚清官员经世致用理念最好的诠释与实践。晚清官员群体中经世致用风气浓厚，比如左宗棠于福建、陕甘、新疆等地成立蚕桑局，多部大量经世文编的刊刻，成立蚕桑局的官员普遍重视农桑，《李少荃爵相答魏温云书》："今日救时之要，非富未由致强，非讲求农工商务未由致富，如西洋虽以商立国，然农以栽种，工以组织，商贾方有来源。"[2] 甲午战争后，清政府更加注重实业，各地推行很多实业与富民的举措，比如蚕桑局作为实业的一种被载入地方志，光绪二十九年（1903年）高邮知州洪盘设东西课桑局编入《三续高邮州志·

---

① ［清］吴烜：《蚕桑捷效书》序言，同治九年
② ［清］魏纶先：《蚕桑织务纪要》，河南蚕桑织务局编刊，光绪辛巳

营业状况》。① 更有官员受维新与新政的影响，发展蚕桑实业，新平县知县"詹坦字守白，江苏山阳人，以拔贡朝考一等，清光绪三十一年（1905年）知县事，知人善任，当维新伊始，坦洁已奉，公首倡办学堂，设立警察，成立蚕桑局，研究实业，宣讲圣谕广训，化导愚民。"② 足见蚕桑局作为清末实业所发挥的作用，这种历史贯穿于整个晚清，包括恢复战后、地方洋务、戊戌变法、实业救国、新政等历史节点，一直延续到了民国与现代。

晚清官员治理理念出现了巨大的变化。乾嘉道咸以来，经世致用的观念影响至深。鸦片战争后，官绅治世观念出现变化，商人经营思想日益灌输到官绅治世行为之中，商品与市场开始融入传统循吏治世思想。传统社会缓慢节奏发生变化，社会各个领域变化速度加快，在地方社会治理的广度与深度上都有很大的延伸。获利、致富、救民、救国、教化等思想较为普遍，"新任安徽巡抚沈仲复大中丞，在广西巡抚任内奏称藏富于民，莫先兴利，兴利之道，田与桑并重。臣因通饬桂省各州县，广劝所属之民，栽桑养蚕，既勤妇工，又获其利，由地方官按照种桑养蚕一切成法，颁示民间，妥为劝导。初种之年，或发桑秧，或予贴补，由官创办，以利其民，若劝种桑株有效可睹，该管州县奏请优奖，并饬藩司筹款，就桂林省设立蚕桑局，委员会绅兴办。"③ 蚕桑局早期倡导者沈秉成"旋命巡抚广西，广西地瘠民贫，岁需惟赖邻封协帑，恒苦不足，公取道江西湖北湖南，面见三省督抚，推诚商榷，无不感动，岁解如额，公承凋敝之余，持以宽大，不及半载，百货流通，所入厘税赢至十二万两。……十五年调安徽巡抚，以芜湖居上江冲要，华洋辐辏，良莠杂居，奏设道员专办保甲，大通镇与和悦州对峙，百货荟萃，亦盗薮也，设立分局，以佐芜湖所不及。"④ 晚清民贫困苦、捐税急需、洋商云集、洋货遍布之际，致富救民与海外争利成为各地官府倡导发展蚕桑业的重要原因，这是传

① 《民国三续高邮州志》，卷一营业状况一百六，《中国地方志集成》，江苏古籍出版社，1991年6月，303页

② 《民国新平县志》，第二十二，人物，民国二十二年石印本，510页

③ 《申报》，《兴蚕桑议》，第五千八百七十四号，光绪十五年八月初一日，1889年8月28日

④ ［清］俞樾：《春在堂杂文》六编，卷四，光绪二十五年刻春在堂书本，581页

统社会向近代转型的历史阶段地方官绅选择的应对措施。

太平天国后，地方官员空前注重地方治理，基层治理出现了新内容。传统地方治理内容增添了很多新内容，涉及城乡各个领域，"李经畲桥子也，性慷慨，以功名自喜，光绪己丑以附贡授安徽岳山司巡检，建议疏浚沥溪河，拯溺赈灾，颂声颇著，请复保甲法，倡办蚕桑局，重修圣庙。"① 各类新的地方治理机构出现，地方官员在治理过程中设立各类局务机构，呈现出地方治理的新变化。蚕桑局也于此时开始与其他各类治理方式一起，作为地方劝课蚕桑机构被创办。类似的研究内容，诸如乾嘉道咸以来地方慈善机构，发展到晚清时期已经出现了很明显的变化，甚至融入了西方治理理念。地方财政体系也出现了新的变化，军事与外交冲击下而出现的厘金机构也大量出现，促使传统的地方财政体系发生改变。"甘肃新疆爵相设立蚕桑局，各处已栽桑树，目前新疆有六七处出丝，爵相已着余带丝样六七种至上海估价，照此而论甘肃新疆刻下勤栽旺种，日后不必待他省数百万协饷解甘，中华反有进益盈亏，相去天壤也。"② 蚕桑局置于整个晚清地方财政史研究仍然需要进一步的探索，进而确立晚清各类地方性局在地方财政史研究中的地位。城市治理也出现新的变化，公共卫生事业、基础设施建设、工厂公司等近代形式的地方治理内容给地方官员提出了新的挑战。这都是传统地方治理举措中所没有的内容，与以往有了明显变化，涂宗瀛等地方大员撰写的家谱中有数量众多的政书，吏治思想有了新的特点，设置逐渐出现近代政府治理功能，而蚕桑局就是各地机构中出现转变的典型代表。地方治理结构的分层，破碎政治体系与政令难以畅通，地方区域经济发展的差异等，促使晚清蚕桑局出现了地方的层次差异，蚕桑局并没有洋务运动时期大型企业规模，多数地方官员官督绅办。可见，蚕桑局的创办与晚清地方政府与官员推动关系很大。以蚕桑局的各种日常活动来看，已经稍有蚕桑劝课机构的近代形态。蚕桑局设立诱因上与鸦片战争、太平天国、洋务运动、甲午战争、戊戌变法、新政等近代转型的标志性因素密切联

---

① 《民国邹平县志》，卷十五，民国三年修二十二年刊本，1489 页

② 《申报》，《接续西行琐录》，第二千七百六十八号，光绪六年十二月十二日，1881年1月11日

系。例如鸦片战争后国内外市场的需求刺激、河南蚕务局用轮船等水运方式购运桑秧，湖北蚕桑局采用近代工厂生产与集股招商形式，这些都说明蚕桑局已经开启了蚕桑劝课机构的近代转型，甚至可以说蚕桑局是晚清蚕桑领域近代转型的开端。由此可见，蚕桑局的机构转型和技术转型的顺序与官书局、轮船招商局、制造总局等其他实业类局略有区别，这些机构的近代转型首先开始于近代机器的采用，而蚕桑机构转型中技术并未率先转型，而是从各地传统劝课机构缓慢开始的，并随着时代背景的变化逐步嬗变，最终中国蚕桑技术也开启了近代化之路。

三、日常运营中的官员

官员是蚕桑局技术传播的指导与枢纽，其方式包括：委绅管理、捐廉筹款、劝课告示、公布章程、撰写农书、公牍奏疏、购秧觅匠等事宜。晚清成立蚕桑局的官员有很多都有着蚕桑技术能力，在技术传播过程中总结了一些新的方法来解决技术困境，同时也对技术进行了本土修正，这对蚕桑技术异地实践以及农学理论的发展都有重要作用。如河南蚕桑总局官员魏纶先，先后总结了购桑、运桑、栽桑、灌溉、嫁接、收叶等技术环节，撰写了大量杭嘉湖蚕桑技术异地实践的新理论与新办法。此外，官员还承担蚕桑局选址、捐廉筹款、雇觅工匠、告示的撰写发布、奏疏檄文、委员采办桑秧工具等事宜。委员购桑是蚕桑局最基础的劝课事务，各地蚕桑局几乎都在杭嘉湖地区购买桑秧。委派人员中主要是下层官员去亲自采买，且蚕桑局并没有固定的官员职位，是很多其他官员兼任或候补官员负责，这也是晚清很多新兴局务机构的特点。官员是蚕桑局蚕桑技术传播的统领者，支撑着整个局务的运转，指导各种事宜的办理。

各地蚕桑局不仅倡设官员起到作用，其他很多基层官员也参与其中。尤其是官员在蚕桑局日常运营中，起到了重要的作用。镇江蚕桑局沈秉成任用"吴学楷蒙宪谕董正其事，因商诸同志，学博张君太生，贰尹张君开洪，司马沙君石安，尚以镇地凋敝一时，筹款维艰为虑，其时别驾沈君增，司马魏君昌寿，力为怂恿，设法贷资，又得少尉包君履，正郎张君维桢，理问汪君淦，贰尹蔡君庆坊，广文沈君凤藻，皆观察同里，素乐善赞成其事，遂设局于城西之南郊，购桑分给乡民，并遴雇湖属善种之人，教以树艺之法，一时分司其责，如少府汪君玉振，少尉杨君懋征，太学王君铭勋，茂才眭君世隆，太学胡君裕伦，皆黾勉从公，不辞劳瘁，举行一二年，已有成效。"① 地方官员参与劝课事宜者层次较多，且各司其职。

官员是蚕桑局兴衰发展的关键，晚清地方基层官不能久任"已为人们所公认"。② 很多官员迁任后蚕桑局不久便废弃，迁任频繁是一个重要弊端，这就导致蚕桑局不能持久发展。光绪十六年（1890年）马丕瑶巡抚广西，令所属州县创兴蚕业，购运桑秧蚕种，颁布民间，知县张明府师厚谕委绅士设局，会马公调任，官局遂罢。光绪二十一年（1895年）直隶总督李鸿章提到："或政事纷繁不遑兼顾，或视为不急，未肯深求，间有究心树艺，一经迁任，柔桑萌蘖多被践踏斧戕，及综核名实，咸以北地苦寒不宜蚕桑对，每闻而疑之。"③ 光绪二十九年（1903年）十月豫抚陈奏筹设商务农工局时发现"省城本有桑园一区，年久废置，殊觉可惜，臣现派员先将旧有之树，择其尚可生发者，量加修葺。"④ 可以推测，此处便是光绪六年（1880年）涂宗瀛和魏纶先在省城设立蚕桑总局，置买南乡百塔庄地亩，盖造蚕室桑园之地。河南蚕桑总局总办魏纶先，被委查黄河下游水势，蚕局便日渐废弛。江宁知府涂宗瀛于石城门内设局，待其调任后，光绪六年（1880年）撤局。⑤ 太仓蚕桑局"同治末，归安吴公承潞知州事，创捐设蚕桑局，购桑秧，令民栽种，十余年间不下数十万株，嗣后官则或作或辍，民间又不得治桑育蚕之法，若复数年将成枯木朽株，而前人经始之苦心，悉归于乌有，吁可惜也。"⑥ 光绪十

① ［清］沈秉成：《蚕桑辑要》，《蚕桑辑要后序》，同治辛未夏六月常镇通海道署刊，1A 页

② 章开沅等：《辛亥革命前后的官绅商学》，华中师范大学出版社，2011 年 7 月，143 页

③ ［清］卫杰：《蚕桑萃编》卷十二，《叙》，浙江书局刊刻，光绪二十六年，第 1 页

④ 《农学报》第十七册二百五十五，四月下，《豫抚陈奏筹设商务农工局大概情形折》

⑤ 《续纂江宁府志》卷之六，《实政》四，《中国地方志集成》，江苏古籍出版社，1991 年 6 月，51 页

⑥ 《太仓府志》卷三，风土二十二，《中国地方志集成》，江苏古籍出版社，1991 年 6 月，35 页

六年（1890 年）广西巡抚马丕瑶调任后，官局糜费过巨，所产茧丝，得不偿失，官局遂罢。官员作为蚕桑局的主要倡导者，其很大程度上关系着蚕桑局的兴废。张仲礼证实"整个清代知县的任期都相对短暂，到 19 世纪，任期更是大为缩短。"[1] 知县的平均任期从 1.7 年缩短至 0.9 年。王家俭的研究也明，清朝地方官员内部流动非常之快。倡导设立官员频于迁任之外，省级蚕桑局中官员出现卸办、代办、帮办、兼办、委办、接办、销差等情况很普遍，尤其是在各类局务机构之间和地区之间经常调动（表 2-3）。

表 2-3　清代知府、直隶州、属州、知县等任期概况　（单位：年）

官职＼任期	0~1	1~2	2~3	3~4	4~5	5~6	6~7	7~8	8~9	9以上
知府	46.7%	17.9%	11.5%	7.5%	5.1%	9.4%	2.6%	1.5%	1%	2.8%
直州	51.5%	21.8%	11.2%	5.9%	4.4%	2.6%	2%	1.3%	1.5%	1.5%
属州	49.3%	17.5%	10.5%	8%	5%	2.7%	2.9%	1.3%	0.9%	3.1%
知县	49%	18.8%	11.9%	6.9%	4.6%	3%	2%	1.5%	1%	2.3%

资料来源：王家俭：《晚清地方行政现代化的探讨》，"中华文化复兴运动推行委员会"：《中国近代现代史论集》第 16 编，（台北）商务印书馆 1986 年版，126 页。转自肖宗志：《候补文官群体与晚清政治》，博士学位论文，2006 年 4 月，31 页

第二节　绅士的参与

士绅与绅士概念在晚清社会史研究中应用普遍，但二者有些许差异，士绅范围较小，以有功名者称之；绅士范围较广，包括地方绅耆、富户等阶层。局绅在蚕桑局研究中较为多见，但仅以局绅作为研究对象似乎并不能涵盖所有涉及蚕桑局的基层。比较而来，绅士阶层较为合适，而绅士群体则选取了费孝通广义概念。"嘉庆之后，地方绅士在公共事业中的活跃是个普遍现象。究其原因，国家官僚机器对

[1]　张仲礼：《中国绅士》，上海社会科学院出版社 1991 年版，第 57 页

社会控制能力的减弱是个重要推动力。"① 魏丕信认为18世纪人口迅速增长与贫困化趋势以及日益频繁的自然灾害"可以部分解释地方政府管理的日益削弱,这种情况自乾隆末期起就已经开始。"② 晚清绅士地方社会权力逐渐增大,地方事务上承担了一些以往官员的地方社会职责。同光之际地方绅士权力扩张,学术界晚清绅权扩张的理论已经得到公认,③ 太平天国后,地方官府劝课蚕桑的职能显得捉襟见肘,官员不得不借助地方绅士管理基层社会,而一部分同光蚕书则来源于这些将劝课农桑造福乡里视为社会责任的地方知识群体。"清政府为镇压太平天国和战后地方重建,不得不放手发动地方绅士,委以团练、赈济、教化等诸多重任。政府与绅士相互依存的关系,因政治形式的变化而造成绅权的普遍高涨。"④ 邱捷将广东"公局"中的局绅作了定位:"局绅作为清朝在乡村地区统治秩序的维护者",⑤ 参与了直接统治民众的活动,比如征收局费、处理纠纷、免不了的盘剥、欺压农民等行为。近乎视为"县以下行政区划的一个级别,成为乡村基层权力机构。"⑥ 尽管邱捷所言广东乡村和城郊公局与本文所论全国范围内的蚕桑局有很大的区别,比如公局多为团练局以维护地方秩序发展而来,但其地方绅士所发挥的作用可以说非常之大,是官府与地方基层联系的纽带。此外,黄宗智认为"清末近代国家政权建设已见端倪,早先国家只关心税收、治安与司法之类事务,正式的官僚机构至县衙门一级就到了头。在平定太平天国之后的重建时期,政府开始设立常规官职以从事专属第三领域的诸种公共活动,如土地开

① 罗晓翔:《清末城市管理变迁的本土化叙事——以19世纪南京为中心》,南京大学学报(哲学·人文科学·社会科学)版,2009年第4期,108页
② 魏丕信,徐建青译:《18世纪中国的官僚制度与荒政》,江苏人民出版社,2006年,311页
③ 王先明:《晚清士绅基层社会地位的历史变动》,《历史研究》,1996年第1期
④ 徐茂明:《江南士绅与江南社会(1368—1911年)》,商务印书馆,2006年,96页;罗晓翔:《清末城市管理变迁的本土化叙事——以19世纪南京为中心》,南京大学学报(哲学·人文科学·社会科学)版,2009年第4期,110页
⑤ 邱捷:《晚清民国初年广东的士绅与商人》,广西师范大学出版社,2012年4月,87页
⑥ 邱捷:《晚清民国初年广东的士绅与商人》,广西师范大学出版社,2012年4月,78页

垦、水利建设等。"① 尽管晚清各地蚕桑局政府机构化趋势并不强，基本维持官督绅办的模式，但仍可观察到政府向第三领域拓展的态势。绅士在蚕桑局中发挥举足轻重的作用，是劝课蚕桑秩序中的枢纽，其参与行为直接影响蚕桑局机构的效果，蚕桑局中的绅士是与官员有着并重的地位，所谓"官绅并司则易于求应"。② 扬州课桑局："官与绅同心其济，实为地方造福，其信然，与今而后，民遵教令，踊跃从事，必有如鼓应桴者，不数十年，茧丝之产不几与湖郡相颉颃哉。"③ 但官倡绅办的形式并不是一蹴而就的，以扬州课桑局为例，初为官办，委官设局，教民育蚕，借资本于盐商，而地方绅权与财权逐渐扩张，官府资本很难再借助于盐商，不得不将传统为民兴利的劝课行为转为绅办，"檄属吏买桑于吴兴，分给农民领种十余万株。而局之前后亦种数千株以为官桑，饲蚕缫丝，鬻其直，备善举之用。嗣以局费借贷于市肆，不可以竭商贾之力，因议停捐。向者局主于官，今则归绅主之。"④ 太平天国后的社会经济形势之下，官府不得不将此类事务转交给地方绅士举办。此外，通过绅士劝课蚕桑可以展示蚕桑局民间属性，但这种民间属性直至光绪末开始地方绅商合流后发展实业才完全摆脱官方色彩，具备真正的蚕桑公司与蚕桑公社等近代企业属性。

一、绅士构成与中枢作用

晚清地方绅士控制着府州县以下的基层社会，学术界关于晚清绅权扩张理论已经成熟。⑤ 太平天国后地方劝课蚕桑的行政职能捉襟见肘，官员们显得心劳力绌。蚕桑局由地方绅士管理运营，满足了官员治理的需求。广西巡抚马丕瑶兴办蚕桑，"以桂梧柳思泗等府属，自前抚沈仲复中丞创设蚕桑局，教民种桑养蚕习织，以收自然之利。数

---

① 黄宗智：《中国的"公共领域"与"市民社会"？——国家与社会间的第三领域》，载黄宗智主编：《中国研究的范式问题讨论》，社会科学文献出版社，2003 年，274 页
② ［清］方浚颐：《淮南课桑备要》，《扬州课桑局记》，同治十一年，钞本
③ ［清］王世熙：《蚕桑图说》序，太仓蚕务局，光绪二十一年
④ ［清］方浚颐：《二知轩文存》卷二十一，《湖上桑田记》，清光绪四年刻本，305 页
⑤ 王先明：《晚清士绅基层社会地位的历史变动》，《历史研究》，1996 年第 1 期

载以来，民多乐从，综计本年织绸出数已数倍于从前，此虽由地方官倡为劝导，实赖各地方绅董劝民习养，始有成效可观。"① 并奏疏言"粤西创兴蚕事，多系举贡生监好善有为之士，力为襄办，品较齐民而尚高，功视老农而加倍。拟请援例，分别给予六七八品顶戴。"② 河南蚕桑局"于省城对堵庙袁公祠内设局，一面邀集在城绅士，并各社绅耆，谕饬分社劝办，实心经理。"③ 祥符县监生万联道也请领湖桑，可见很多中下层绅士参与蚕桑局劝课。乡绅在劝课过程中发挥举足轻重的作用，其同时也维护着地方劝课蚕桑秩序。绅士组成绅董，制定局务章程，管理日常运行，如河南蚕桑局首先由城绅筹议，后经地方绅耆执行，给各社分发桑秧，形成了官员倡率，各级绅士执行的蚕桑局运营模式。绅士权力的扩张也影响了晚清中央集权的体制，官僚绝对权力制度开始经不起考验，控制力减弱。对于乡绅而言，官员制定的制度与政策传达到小民有一定的削弱，绅士的积极性直接影响了蚕桑局的劝课蚕桑效果。

晚清蚕桑局绅士群体构成。绅士属于传统思维影响下维护统治者利益的群体，蚕桑局史料总结绅士主要有以下几类构成：在籍官员、贡生、监生、城绅、乡绅、绅耆、富农、绅商等。邱捷所述广东公局也十分相似"从《续修南海县志》等方志的人物传记来看，任县以下公局局绅者多为贡、举、生员，出身进士或任过较高官职的高级士绅较少见。"④ 这反映出晚清地方基层社会依然是由精英阶层控制，其实不管是广东，还是在全国各地的局务机构中，大多是这几类人倡设与管理。士绅对于热衷地方局务的参与邱捷也提到些许缘由，其主要是关于广东公局的论述，"在广东的某些地区，士绅人数本来就较多、势力较大，公局为中下层士绅提供了分享权力、扬名桑梓的机会以及收入稳定的职位。维持乡村社会的秩序，首先有利于士绅；加上

① 《申报》，《七襄焕采》，第六千七百十六号，光绪十七年十一月三十日，1891 年 12 月 30 日
② ［清］朱寿朋：《东华续录（光绪朝）》一百七，宣统元年，上海集成图书公司本，2843 页
③ ［清］魏纶先：《蚕桑织务纪要》，《代理祥符县饶拜飏开局禀》，河南蚕桑织务局编刊，光绪七年，36 页
④ 邱捷：《晚清民国初年广东的士绅与商人》，广西师范大学出版社，2012 年 4 月，80 页

入局办事对局绅的家庭、宗族和个人都有益处；因此，公局这种非法定的权力机构也获得士绅的广泛支持。"① 在其论述中公局多归于地方秩序与行政上的控制，与蚕桑局主要参与地方实业的性质有些许差异，此外，蚕桑局内局绅多没有局务工作收入。其中，在籍官员有技术知识和声望，例如丹徒课桑局陆献亦为在籍知县。阳江县蚕桑局参与者姜自驹，身为在籍官员，领局事及主讲濂溪书院，"邑土宜蚕，与杨司马荫廷筹设蚕桑局，并辑《蚕桑考实》一书，劝人饲蚕种桑。"② 蚕桑局日常事务是由绅士组成的绅董负责，对其来源有严格要求，"须城厢附近者，以便常川到局经理，有大事商议"③；"宜由地方公举公正殷实，明白耐劳绅士，并且尽心竭力，皆明大义，为桑梓求永远利益的士绅。"④ 瑞州为地方性州府，但也要求在城乡结合带的绅士负责事务。而省级蚕桑局远离乡村，就需要更多层次绅士共同参与、协作、互动、交流。如河南蚕桑局"于省城对堵庙袁公祠内设局，一面邀集在城绅士，并各社绅耆，谕饬分社劝办，实心经理。"⑤ 而祥符县监生万联道自有肥地百亩，情愿划出一百五十亩，请领四万株；生员陈邱园邀同戚友，凑款购地九十余亩，请领三万株。可见不仅包括了城绅、乡绅、绅耆，还有监生等阶层的参与。赣州不光有蚕桑总局，各地还出现了乡局。"总局与各乡局，虽一气相通，而银钱及经手事件，宜各责其成，勿得互相牵制，致多未便，即使偶通有无，抑或代购什物，亦宜随时交割，以清界限，惟于桑叶蚕丝等价及每造收成究有盈余若干，抑有新理新法，凡能有裨于蚕桑，及一切饲育者，宜随时关照，以冀消息灵通，而资他山之助。"⑥ 由于区域与时间的差异，各地蚕桑局绅士参与构成不尽相同，一些州县蚕桑局参与绅士构成较为单一。绅士称呼上也不尽相同，湖北分守安

---

① 邱捷：《晚清民国初年广东的士绅与商人》，广西师范大学出版社，2012 年 4 月，79—80 页

② 《民国阳江志》，卷三十，民国十四年刊本，1461 页

③ ［清］江毓昌：《蚕桑说》，《章程》，瑞州府刻本，3A 页

④ ［清］江毓昌：《蚕桑说》，《章程》，瑞州府刻本，3A 页

⑤ ［清］魏纶先：《蚕桑织务纪要》，《代理祥符县饶拜飏开局禀》，河南蚕桑织务局编刊，光绪辛巳，36 页

⑥ 《农学报》，第二册十五，十一月上，《章程录要：赣州蚕桑总局拟章续上册》

襄郧荆兵备道方大湜提及总首士与各地方散首士称呼;① 江毓昌瑞州设立蚕桑局中的都畕长负责承领桑秧。② 不管名称与地区差异，晚清蚕桑局作为劝课机构，有着深深的绅士群体烙印，这也是晚清劝课所独有的特点。而使用"局绅"一词蚕桑局数量并不多见，仅有 1905 年邻水县劝办之时出现"奉到通饬之后，即将《广蚕桑说》暨《裨农最要》两书刊刷多发，以期普及，复就县城旧有潾山书院设立蚕桑公局，委绅经理，定立章程，仍筹款预购桑秧，运回试植，以为民倡，并撰浅近白话告示，到处张贴，俾众易知办理尚属尽心，该令应即督饬局绅始终认真劝办，勿得有名无实。"③

蚕桑局绅士的中枢作用主要表现在：首先，绅士具有组织执行与示范作用，是沟通官员与小民的桥梁，在承领与分发桑秧中扮演着重要角色。江西蚕桑局文告中提到"至于绅士，身为民望，表率一乡，尤宜苦口良言，使百姓家喻户晓，作桑梓之矜式，贻美利于子孙。"④各地成立蚕桑局栽桑是首务，只有桑树可摘叶后养蚕缫丝等后续工作才能开展。天台设劝桑局使台民领秧分种的同时，还"分送于乡之绅士家，使为之倡。"⑤ 南汇课桑局"散发桑秧，应先令殷富倡率也。查种桑之利息固厚，而初种二三年内，非特无息可采，更须壅肥培植，加添工本。但贫户领桑株数过多，必致乏本，壅培不能畅茂，反怪地土非宜，半途而废。即有能设法壅种，而限于力量未得其利，先去其本，亦必畏难苟安，各生懈怠，因而中辍，遂致事不能行，故凡创始之初，必先求见效，庶几相率而成，有不期然而然者，今酌定分给贫弱之户桑秧，不必过多，当量其培壅，工本之力，就数给发，其余准给乡有力之户，承领分种，并劝令下年出资购买分散，如此，则有力之家工本裕，如培植必能得法，一家行而一乡效焉，从此逐年推

---

① 《中国农业史资料第 259 册》蚕 3 页；［清］方大湜：《桑蚕提要》，光绪壬午夏月都门重刊

② ［清］江毓昌：《蚕桑说》，《章程》，瑞州府刻本，4B 页

③ 《四川官报》，《公牍：督宪批邻水县设立蚕桑公局订立章程并劝办各情形禀》，1905 年，第 26 期，23 页

④ 《申报》，《蚕桑文告》，第一万零四百九十五号，光绪二十八年六月初四日，1902 年 7 月 8 日

⑤ 《中国农业史资料第 85 册》185 页；［清］吕桂芬：《劝种桑说》

广，贫民知种桑之利，亦得遂其生计矣。"① 可见殷富之家的示范作用，比起贫家更受重视。其次，除官员捐款外，绅士也是蚕桑局所需资金重要的来源。地方绅士大多掌握土地、财富，晚清随着绅权扩张，更多倚重绅士们兴办地方事宜。早在道光二十二年（1842 年）丹徒蚕桑局规四条便有钱款"由绅士分单，各向亲友写捐，无论多少若干，均由局中给与收票，俟三年成熟，按每年一分起息，统共加三，连本归清。"② 此外，河南蚕桑局章程十条中说道"由地方官捐廉为倡，或旧有闲款可筹，或会同公正绅士，酌量劝捐。"③ 尹绍烈清河蚕桑局规条同样也倡导绅士捐款。沈秉成镇江蚕桑局提到了绅富"集资"。最后，绅董管理日常运转，董司局务，绅士住局，与各乡绅士联络劝导。比如丹徒县劝课蚕桑局"公请董事管理出入账目，照料一切。"④（表 2-4）太仓蚕务局由绅士王世熙主持局务。各地蚕桑局由局绅管理出入账目、照料局中桑秧数株、开具领种人姓名与住址，编写愿领花名清册等日常工作。瑞州蚕桑局董事有事务时"六人皆到，平时分为两班，每年一班，轮流经管，若将来事务过忙，随时酌添，总期无冗人。"⑤ 而光绪六年（1880 年）方大湜襄阳置局"局员浙江宋学庄，董绅徐廷楠、徐家成、杨开炳、黄中行"⑥，蚕桑局绅董基本维持四至六人管理日常运转。冯峰还将局内人员进行了细化，将局的内部组成大体分为两个部分，即管理局务者和一般的办事人员。"以湖北蚕桑局为例，有督办、总办、帮办各一人以外，其他还包括司事七人、文案报销一人、收发一人、催督工作者、查看桑园者、监工、书办以及工人杂役等若干。其中，各种'办委'即为局务管理者，所以局的兴办模式主要在于这些局务管理者的来源和职能

① 《光绪南汇县志》卷三建置志八，《附章程》，《中国地方志集成》，上海书店出版社，1991 年 6 月，607 页

② ［清］何石安：《蚕桑合编一卷附图说一卷》，《丹徒蚕桑局规四条》，道光二十四年，1 页

③ 《蚕桑辑要合编》不分卷，附补遗，光绪庚辰春月，河南蚕桑局编刊

④ ［清］何石安：《蚕桑合编一卷附图说一卷》，《丹徒蚕桑局规四条》，道光二十四年，1 页

⑤ ［清］江毓昌：《蚕桑说》，《章程》，瑞州府刻本，3A 页

⑥ 《中国农业史资料第 259 册》11 页；［清］方大湜：《桑蚕提要》，《桑蚕局记》，光绪壬午夏月都门重刊

的变化。大体上，它经历了'军幕'制度、'委绅设局'和'科层管理'等几个阶段。"[1] 但湖北蚕桑局办事人员已经工厂化，并不能代表绅士阶层，并且从时间段上划分，此时湖北蚕桑局更多的属于向"科层管理"过渡阶段，绅士参与管理并没有代表性。

月份	所办事宜
正月	一刷印告示，蚕桑书本易知由单，以备付给绅民过客。一雇定桑匠，春分砍接桑株。一收买木柴以备晒干煮茧。一管发园丁每月工食
二月	一粘贴告示，并易知由单。一禁止偷砍桑株牲畜践踏。一修理添办园内应用家伙
三月	一发给蚕种桑秧，听民领取，记其乡镇地名姓氏，散出多寡，以便考察，一年共散出数若干。一砍接桑株，移栽桑树成做封堆，浇灌桑树。一收买小民零星小桑叶。一修理养蚕器具缫丝车辆。一如法育蚕种，浸泡片时
四月	一养蚕蚁。一缫丝，一收买小民送局茧果。一买备做茧草枝。一往各乡镇访查，出茧多寡报局考查。一祀蚕神
五月	一收买桑葚一石洗净晾干，可得籽二斤一一买撒种，一浇灌桑树
六月	一修剪桑枝令其开拳
七月	一往湖州采买蚕种，一收藏蚕种
八九月	一移栽桑株成做封堆，压桑枝下做盆式，以便浇灌，一照前给发民间桑秧，一浇肥用豆饼捶碎泡透，离树根尺许，浇后盖土，不生虫
十月	一收藏桑叶，一寻除桑树虫蚁
十一月	一如前浇肥
十二月	一买定仙女庙接过湖桑备用

资料来源：[清] 尹绍烈：《蚕桑辑要合编》，同治元年

二、蚕桑局章程的制定

晚清劝课蚕桑局区别于以往传统劝课农桑的标志就是蚕桑局章程，这也是判定蚕桑局出现的重要依据。晚清林林总总的局务机构大都有自己的规章。而蚕桑局规章源于绅士与官员妥议。章程与规条是蚕桑局事务规范的标杆，其形成和发展有自己的脉络。目前于地方志

---

① 冯峰：《"局"与晚清的近代化》，《安徽史学》，2007 年第 2 期，52 页

中仅见于同治十二年（1873 年）南汇知县罗嘉杰设立种桑局附章程四条。① 而 1879 年《申报》中记录宁波蚕桑局《宁郡蚕桑局条规》共十条，《农学报》中记载赣州蚕桑局章程。其余章程多依附于劝课用的蚕桑农书，比如最早的陆献蚕桑规条首先被文柱所引用。《山左蚕桑考》与《光绪高唐州志》中《山左蚕桑考》"节录"② 并无课桑规章内容，但可以肯定南京图书馆藏光绪二十四年（1898 年）刊刻的《蚕桑合编》，其中撰刊了陆献的《丹徒蚕桑局章程》，具体包括"丹徒蚕桑局规四条"与"蚕桑局事宜十二条"，这与序言中文柱所言辑录陆献"上年丹徒在籍知县陆献刊行"③ 相印证。以此证明，近代蚕桑局规条首创于江苏丹徒人陆献，此后尹绍烈清江浦、江毓昌瑞州等地皆引用陆献章程为模板进行辑录，内容变化不大。此外，章程并不仅见于蚕桑局，未成立蚕桑局的地方劝课蚕桑也出现了各类章程。比如"公议禁窃桑章程"与"公议劝种桑章程"④、道光"建平绅耆公拟蚕桑规条"⑤、光绪二十一年（1895 年）曹倜《蚕桑速效编》中"劝谕种桑章程"等。诸多规章的出现说明其维护了地方劝课蚕桑秩序，是劝桑制度规章的保障。章程中还蕴含各类丰富的信息，包括劝课群体结构、技术传播、社会面貌等。可见章程与蚕书序言、告示文书、地方志构成了研究晚清蚕桑局的重要史料（表 2-5）。

附湖北蚕桑局章程："谨将鄂省设局创办蚕桑，兼雇苏杭织匠，教徒剪接桑株，养蚕缫丝织绸，以及一切章程，并先后奏章，理合遂一开具清折，恭呈宪鉴。"

---

① 《南汇县志》卷三，建置志九，《中国地方志集成》，江苏古籍出版社，1991 年 6 月，607 页

② 《光绪高唐州志》卷三，物产一附录二十九，《中国地方志集成》，江苏古籍出版社，2004 年 9 月，337 页

③ ［清］何石安：《蚕桑合编·附图说》，道光二十四年，3 页

④ ［清］吴烜：《蚕桑捷效书》，江阴宝文堂，光绪二十二年

⑤ ［清］邹祖堂：《蚕桑事宜》，板存安省城内马王庙，栅口左集文唐刻字店，道光丙午

表 2-5　厘定章程二十六条

序号	内容
一	桑株自光绪十六年冬,派员赴浙采办,回鄂时设局散发,由各州县具领转给民间,次年夏复购桑子,给民自种,并于江夏两县租买隙地,广栽桑株,播种桑子,以为发给乡民,并局中养蚕之用,嗣后每年采买一次,循以为常
二	桑株散发,由州县请领外,并准各乡民随时赴局报明请领,按数登记,统限于正月半前后赴局具领,惟不准稍有轻弃
三	局中种桑地段,每逢春初,派匠带徒,将桑株未接者,均行接过一次,冬初复派匠至各处修剪桑条,并教导乡民剪接之法
四	各州县中,所发桑株,有须剪接者,准其具文申请派匠前往剪接,并以其法教导乡民,俾其周知,以期推广
五	每年采办浙桑时,即兼购蚕种,除局中留养外,悉分给乡民,令其如法饲养
六	局中除养蚕取丝外,即广收民丝,凡持赴局求售者,必为收买,不得推拒,庶乡民知养蚕有利,人乐争趋
七	各州县中,如有偏僻地方,民人养蚕取丝,无处售卖者,准该管州县垫款收买,解缴省局,由局查照垫卖之数,补还州县
八	所收各丝,于本地招雇络匠,由局给以伙食,每络粗丝一两,额支工钱二十文,细丝一两,额支工钱四十文,至每日络工,粗丝限四两以上,细丝限二两以上,不得过形短少
九	络丝除男工外,并另招民女,由局中苏妇,教以络法,其已熟者,给丝领归自络,工钱亦照男工按两发给,俾广生计
十	生熟各机,定以功课,每熟机一乘,除牵经接头外,每日限织三尺,生机一乘,除牵经接头外,每日限织四尺,学徒则熟机每日限织二尺,生机每月限织三疋,按月于发给工价时,通行考较一次,有不及者,查照亏短数目,扣罚工资,多则于扣罚项下提赏
十一	织成之绸,责令司事随时编号登薄,无有遗漏,除每月造报收数若干外,必俟其绸卖去,原号方准开除
十二	绸疋由浙绍招雇染匠,采买苏靛,仿照苏杭练染成法,颜色鲜明,设柜销售,并开列名目,酌定价银,出示各市镇,俾商买居民人等,随时赴局采买,照价付银,以昭公允
十三	售绸银两,随时交存钱店,专备买丝支用,无论何项,不得开支,以便周转
十四	局中每日五点钟,发梆一次,匠徒齐起,六点钟上工,十点钟早饭,十一点钟上工,五点钟收工晚饭,所有上工下工开饭,均以发梆为度,如有不听梆响,辄行下工者,由监工人斥责
十五	局中匠徒上工后,不准擅出机房,如有事故,应需请假者,必向经管司事言明,方准给假
十六	局中出入丝绸,以及发售绸疋,均责成司事经理,随时登薄,按月将各项数目,并同局用收支,逐项开报一次,以便稽查

（续表）

序号	内容
十七	局中督办候补道一员，每月薪水银五十两，驻局总办一员，每月薪水银四十两，帮办一员，每月薪水钱十六串文，司事经管报销文案一人，经管买丝卖绸，以及收发丝绸，催督工匠，查看桑园，计四人，监工书办各一人，每月辛工或洋十二元，或钱十二串八串六串不等，伙食均由局另备
十八	生熟各机，开织者五十架，计宁匠二人，专织缎疋，苏匠四人，专织荆锦宁绸，苏妇一人，专教导民女养蚕络丝，杭匠二人，专织花衣，湖匠四人，专织湖绉，浙匠四人，分织花罗线春官纱纺绸等项，除由局给与伙食外，每名每月，各给工洋十元
十九	学织挪花各徒，合计八十余人，分派各匠学习，伙食则每名每日额定钱五十文，由局备办，其租晓绸织者，月给零用四百文，至手艺精熟，可以专织一机，则逐渐加给工资
二十	学徒准随时收录，其有手艺已成，情愿出局自行开机者，毋得留难，并准将织成之绸送局，代为练染，仍交该徒自售，俾广利益
二十一	局中每月额支，合计委员司事薪水伙食，并织匠学徒染匠纺匠打线络丝以及杂役人等，所有工食，共约钱六百数十串文，加以灯油纸张杂用，每月应额支钱七百余串文
二十二	局中各织匠，本系由苏浙等处招雇来局，教导本省子弟，因不惜重资工资，须俟各学徒手艺精熟，可以转相传授时，即行资遣回籍，以省局费
二十三	雇来织匠，既派有学徒，自应悉心教导，务使该徒手艺有成，则将来遣令回籍时，更必优其奖赏，以酬勤劳
二十四	局中内外一切，悉由驻局总办委员督率经理，以一事权
二十五	局中清晨启门，二更锁门，凡有闲杂人等，往来出入，均责令把门，严为查禁，以肃局规
二十六	是局本为开民风气而设，自应推广，方征利益，所有领桑各州县，如有禀请设立分局者，当即派令手艺精熟学徒，前往教导，以徒授徒，其势甚便，而苏浙良法，亦可推而弥广，是又当深以厚望

资料来源：《农学报》第一册六，六月下，《湖北蚕桑局章程厘定章程二十六条》

　　蚕桑局由绅董制定专门蚕桑章程与告示，借以维护地方劝课蚕桑秩序。形式上主要是地方乡约和官府法规的结合体，可以充分反映当时蚕桑局活动和遇到的问题，如盗桑行为可由绅董禀报，最后处罚由官府执行，将官府和绅士的权力进行捆绑，体现半官半民特点。1905年邻水县蚕桑公局"章程内家有隙地宜桑屡劝勿种，准团保首人禀官查拏究治，及民间不讲蚕桑诸法，罪坐家长等条，虽所以儆惰游，昭画一然，必须严禁团首人等，借端讹索之弊，方不致以惠民者厉民。”① 福州蚕桑局“何碧鎏观察自总办福州蚕桑局以来，事事认真局务整饬。日前有林品玉私采官园桑叶，立被园丁拿获，禀明观察片送候署训办，林讬医馆某姑娘为之转圜，苏次珊大令婉却之，随即提林笞责，交差管带。”② 较早蚕桑局章程为道光二十四年（1844 年）文柱采纳陆献的“丹徒蚕桑局规章程”四条：种桑、养蚕、租地、筹款；“蚕桑局事宜”十二条：编篱、立牌、开塘、窖类、接果、蓄菜、采药、取料、养竹、喂羊、分局、睦邻。③ 内容涉及局内蚕桑技术、款项来源、日常管理等方面。同治元年（1862 年）“清河蚕桑局规条”公议事宜十条出现之后，各地蚕桑局条规逐渐增多。晚清河南蚕桑局章程最为完整与充实，光绪七年（1881 年）河南蚕桑织务局编刊《蚕桑织务纪要》是各地章程最为丰富翔实的一部古籍，其中“谕浙匠豫徒各条规”，④ 而“雇觅管理工匠条规”比较稀见。规章见于地方志有同治十二年（1873 年）南汇种桑局⑤；见于《农学报》有光绪二十二年（1897 年）湖北蚕桑局章程，⑥ 光绪二十三年（1897 年）赣州蚕桑总局。⑦ 此外，蚕桑局刊刻蚕书中还包括大量告示、檄文、札等。沈秉成《蚕桑辑要》中告示反映了当时社会经济背景、设局过程、采用蚕桑技术、劝谕乡民等很多内容，这些都是研究当时地方社会官民活动的重要史料。

晚清各地蚕桑局章程大同小异，地方创办者称呼上略有不同，瑞州蚕桑局章程出现“都啚长”称谓，“本府定于秋后，派人赴湖州买接好桑树，约明年正二月间运到，每县酌发若干株，令各都啚长均匀

① 《四川官报》，《公牍：督宪批邻水县设立蚕桑公局订立章程并劝办各情形禀》，1905 年，第 26 期，23 页

② 《鹭江报》，《闽峤近闻：福州蚕桑局之认真》，1904 年，第 69 期，2 页

③ ［清］何石安：《蚕桑合编·附图说》，道光二十四年，1-3 页

④ ［清］魏纶先：《蚕桑织务纪要》，光绪七年，河南蚕桑织务局编刊

⑤ 《南汇县志》卷三，《建置志》九，附章程，《中国地方志集成》，江苏古籍出版社，1991 年 6 月，607 页

⑥ 《农学报》第一册六，六月下，《湖北蚕桑局章程厘定章程二十六条》

⑦ 《农学报》第二册十四，十月下，《赣州蚕桑总局拟章》与《赣州蚕桑总局拟章续上册》

领。"① "如原领桑母，系都啚长所领，种在该都啚公众承领，种在公地，即将桑母归公，每年卖桑叶以充该都啚善举公用，如都啚长无地，无力承领，该都啚中又无公地可种，则无论该都啚何人，或总领，或分领，均照都啚长章程办理。"② 晚清章程内容、形式、特点延续至民国时期，蚕桑机构章程基本没有本质变化，仅仅在机构、人员、技术内容上有了些许不同，比如民国之际，各地已经开始应用会长等新式称谓。章程和告示等内容始终代表的是统治者的利益，其中包括了很多较为残酷的刑罚，河南蚕桑局章程中《河南试办蚕桑局章程十条》其一，"桑叶即可易钱，在种桑之家，自能保护，第恐无业游民，窃取偷伐，应由地方官出示晓谕，乡城咸使闻知，如有前弊，一经查出，从严究办，营勇赴乡采樵，难免不伤桑树，当随时移行各营，严禁勇夫，如有误伤，加价赔偿。"③ 《蚕桑捷效书》中《公议禁窃桑章程》最为全面（表2-6）。

表2-6　《公议禁窃桑章程》四条

序号	内容
一	劝种桑，宜先禁窝窃，窃桑之贼，必先串约蚕多桑少之家，方有销路，日以窃为生计，养蚕无桑者，巧于窝受，以致种桑养蚕之户，叶不敷食，遂致蚕病，若不严禁，种桑视为畏途，自禁之后，再有串约情事，察出送官惩治
二	各牙行代客买桑，应同客到园估剪，或径行过称，如有棍徒窃取到行私售者，拿获随时送局议办，行主人不先声明，私相授受，一并重惩
三	野桑各有地主，从前私行争取，遂致日出事生，今吾乡广劝蚕桑，议有严禁条约，宜报明地主，估值两愿买卖，即亲友之野桑，或买或送，亦必说明，听桑主自便，若有小儿负包私行自取，损人利己，以妨蚕事，即作窃桑，向其家主理论
四	禁小儿作践，牧童樵竖，出必成群，损树攀篱，以为儿戏，见有桑园茂盛，或折枝为羊鞭，或采叶供羊食，或窃叶私藏筐底，被人获住，则曰小儿无知为解，自此议禁后，凡为家长者，各宜禁小儿，不许在桑间樵牧，以免事非

资料来源：吴烜：《蚕桑捷效书》，江阴宝文堂，光绪二十二年（1896年），南京图书馆藏。吴烜成立机构是否称之为蚕桑局还有待详细考证，尚未将其归纳为未设立蚕桑局之列，但章程第二条中有涉及"局"的称谓，即"送局议办"，推测其为蚕桑局，不管是否设局，《公议禁窃桑章程》都可以称之为晚清重要并且稀有的一部章程

---

① ［清］江毓昌：《蚕桑说》，《章程》，瑞州府刻本，4A 页
② ［清］江毓昌：《蚕桑说》，《章程》，瑞州府刻本，4B 页
③ 《蚕桑辑要合编》不分卷，《河南试办蚕桑局章程十条》，河南蚕桑局编刊，光绪庚辰春月

三、绅商的崛起

绅商主要形成于清末，早在绅商形成之前，商人是参与蚕桑局经营的阶层。蚕桑局生产出的各类丝茧需要售卖到需求量大的市场，比如上海等，所以商人起初只是从蚕桑局收买终端产生影响。蚕桑局代卖或丝商前去收买较为普遍，新疆左宗棠设立蚕桑局"爵相已著带丝样六七种至上海估价。"① 江西全省蚕桑局也"饬局收买各处成茧，开民间乐利之先。"② 这种蚕桑局代为买卖形式，依然有很浓重的官办色彩。只是此时市场中商人的需求并不是官员所预想的一样，以致各地普遍出现商贾难销的现象。商人在湖北蚕桑局承办与行销过程中起到至关重要的作用，其创办蚕桑局甚至因出货日多，由督抚两院委员运办货物至湘督销，"凡士商来局拣买各项绸缎，本局照码批发，价值一律，特示布知。"③ 张之洞在鄂省设蚕桑局也有"丝质既逊，成本又昂，市面不能行销，局用经费每年亏折款项甚巨，前经本部堂饬令该局招商承办，借资补救。乃两月以来多方劝导，武汉、江浙各商均无人愿承办。"④ 可见商人作用日益重要，其承办与否决定蚕桑局成败。厦门桑棉局出现商人经理的情况，"厦门一带，从前未知种桑之法，自刘璞堂观察为汀漳龙道时始，在漳郡设立桑棉局，遴派干员分赴杭嘉湖等处，采办桑秧，在书院公地栽种，并招浙省之善种桑者，教导乡民，至去秋，已有成效。迨许观察莅任，悉照旧章办理，慨捐鹤俸，派人采买桑秧数万株，分栽义仓园地各处，又购外清保石姓房屋为桑棉局，大加修葺，派富商陈联科为司事总理银钱，委书院绅士王陈诸君董其事，待明岁春融，即将桑秧栽种，俾厦地得兴蚕桑之利，观察之功不诚足衣被苍生欤。"⑤ 1892年刘璞堂派干员购桑秧，而1893年新任许观察任富商为司事经理银钱，委任绅士董其事，二者合作经营的情况较为少见。

① 《农史资料续编动物编第83册》218页；《西行琐录》
② 《农学报》第四册三十，闰三月下，《劝蚕告谕》
③ 《农学报》第五册三十七，六月上，《官绸销售》
④ 《张文襄公牍》卷十三，《湖北停止推广蚕桑》
⑤ 《申报》，《厦地种桑》，第七千一百号，光绪十八年十二月初七日，1893年1月24日

甲午战争后，清政府愈发重视工商业发展，光绪二十七年（1901年）颁布上谕，宣称要将"通商惠工"作为基本国策，将工商业置经国之要政，并痛省以往视工商为末务，方使国计民生日益贫弱，决意"亟就变通尽利，加意讲求。"① 光绪二十九年（1903 年）七月，清廷成立了商部，又参照英国公司法和日本商法，制定了中国第一部具有商法性质的《商律》，规定民间可自由经商和集资创办各种与官办、官商合办企业地位平等的公司，并享有国家一体保护的权益。此外，还陆续颁发了商标注册、商标等级、保护商人专利、公司注册、破产、私人试办银行等一系列的法律。为提高商人的社会地位，清廷还明谕根据商人出资办实业的情况给予相应的官衔，不少富商大贾因而获居显贵。"国人耳目""崭然一新，凡朝野上下之所以视农工商，与农工商之所以自视，位置较重。"② 即出现了一个人人争之若鹜的民间投资狂潮，"1905 年至 1910 年期间，国内新设厂矿万元以上资本的就有 209 家，总资本约 7525万元，绅商阶层由此壮大。"③

绅商的形成并不是一蹴而就的，早在清政府政策刺激之前，这种社会阶层已经开始慢慢形成的过程。有学者研究晚清南浔绅商形成，从而探析出其细微的变化轨迹，清末绅商发展壮大"反映了清末民初南浔所处的传统社会从重农抑商、崇士贱商的等级社会向一个价值多元化、职业复杂化、社会流动空前剧烈的近代社会过渡，太平天国战乱为绅商群体走向地方公共事务打开了社会空间。"④"从南浔同光重建来看，绅商第一世代所具有的传统与近代并存的特质，说明了绅商的阶层属性的'多维性'。正是依靠这些'多维性'，这一阶层才能构成社会转型中新旧社会群体、阶层之间交接嬗变的枢纽和中介。绅商第一、第二世代保留传统士绅、商人两个阶层的部分价值观念，在传统和近代因素的平衡中找到了一条非革命的渐变的道路，从而借

90

---

① 朱寿朋：《光绪朝东华录（五）》，5013 页。转自胡成：《困窘的年代——近代中国的政治变革和道德重建》，上海三联书店，1997 年 12 月，163 页
② 《中国政治通览》，《东方杂志》第 9 卷，第 7 期；转自周积明：《"清末新政"新论》，《求索》，1996 年第 6 期，113 页
③ 胡成：《困窘的年代——近代中国的政治变革和道德重建》，上海三联书店，1997 年 12 月，163-164 页
④ 郑卫荣：《绅商与近代区域社会的变迁——以清末民初南浔绅商群体为例》，上海师范大学硕士学位论文，2005 年 4 月，64 页

助传统的力量实现了自身的近代转型。清末民初，南浔绅商群体通过以下几种途径实现了近代的转型：通过投资近代的新式工业、商业领域而转型为新式的工业资本家、商业资本家。南浔绅商群体近代转型的主体形式给了我们启示，典型的是职商群体。通过日益向外延伸的绅商团体组织，近代新式的工业、商业领域继续不断地吸纳着绅商阶层中的商界人士。绅商成为了传统绅士、旧式商人向近代工业、商业资本家转化的中介。"①

清末，随着市场经济与海外贸易的发展，蚕桑局劝课蚕桑不再适应市场要求，清末逐渐没落，被取代、裁汰、荒废是一种常态。光绪二十九年（1903 年）南阳县知事潘守廉成立蚕桑局于东关驿站路旁。光绪三十一年（1905 年）方城奉文设立蚕桑局。光绪三十四年（1908 年）南阳宛绅杨君翰亭、张君忠将原官绅蚕桑局改为阜豫蚕桑有限公司，联合同乡经官呈请商部注册。② 南阳蚕桑局的变迁也有戏剧性的一幕，光绪二十九年（1903 年）潘成立蚕桑局"是年，丝绸'行帮'为对抗医务界和社会文人的居高自傲，他们集资于南关大寨门内也建起一座壮观的'三皇庙'。庙前为飞角重梁的戏楼，正殿为五开间前檐歇山式大屋顶，后面为半封闭走廊与拜殿相联，檐下正中竖立青石大柱两根，右柱上刻着'创草昧经纶，天地人立三不朽'；左柱上刻着'簿云生乐利，士农工统一皆尊'。殿中自左而右供奉着天（伏羲）、地（神农）、人（公孙轩辕）的三皇塑像。这座三皇庙的建立，使医务界和文人在东关所建的三皇庙逊色好多。"③ 这部分资料能够说明，丝绸商人已经在社会地位和财富领域对士人形成了冲击，这也是绅商不断崛起，取代传统绅士在蚕桑领域影响力的直接证据。

光绪末期与宣统年间，绅商参与了创办大量的蚕桑公社和蚕桑公司，尽管实业之初官员一直是倡设公司与公社的主力。但随着时间推移，1906 年后，地方绅士自办蚕桑公社与公司明显增多，④ 并且这些

---

① 郑卫荣：《绅商与近代区域社会的变迁——以清末民初南浔绅商群体为例》，上海师范大学硕士学位论文，2005 年 4 月，64 页

② 梁振中：《清朝南阳的蚕丝业》，《中国蚕业》，2004 年 5 月，25 卷 2 期，75 页

③ 梁振中：《清朝南阳的蚕丝业》，《中国蚕业》，2004 年 5 月，25 卷 2 期，75 页

④ 参见《东方杂志》，1906 年第 3 卷各期杂志《实业：各省农桑汇志》

地方绅士在劝课地方的同时具备了很强的商业经营色彩，不仅仅是以传统绅士身份出现，兼具了商人的特点，崛起的绅商也部分地承载了蚕桑局蚕桑生产经营的职能。马敏称绅商"狭隘地讲，就是'职商'，即上文所说的有职衔和功名的商人；广义地讲，无非是由官僚、绅士、商人相互趋近、结合而形成的一个独特社会群体或阶层。"① 甲午战争后，各地注重实业发展，尤其新政兴起后，绅士与商人合流迹象明显，绅商群体开始在蚕桑实业领域登上历史舞台，涉足近代企业与地方实业。绅商群体改变了以往传统商人经营丝绸商铺与收买丝茧的形象，开始关注蚕丝生产上游，倡设了大量蚕桑公社、蚕桑公司等近代企业。传统官员与绅士造福乡民的劝课蚕桑，开始转变为绅商主办的公社与公司，开始具备近代企业经营的特点，绅商的参与是传统官员劝课蚕桑理念与模式的历史性转折。甲午战败刺激下的地方官员、崛起后的绅商、有志之士开始承担地方上蚕桑发展职能，蚕桑学堂、试验场、公司、公社、蚕桑会雨后春笋般出现，《农学报》中有大量各地发展蚕桑成立新式机构的内容，这些机构带有浓厚的学习日本色彩。

蚕桑公司：安徽巡抚请奏于安庆"议创日新蚕桑公司，约同有志员绅，筹集股分，增购附近田地，广植桑株，逐渐建造屋庐，力兴桑事，每岁采购湖州桑秧，兼为乡民代办。"② 此外还有"邵伯颖茂才现纠集同志，集款六千金于杭州立种桑公司，请新昌石君麟总其事。"③"宣统元年（1909年）铁岭县农会总理音德恒额联合同志，招集股本，创设蚕桑公司。"④ 张謇"约同人请于厅同知，谕劝兴办，民无应者。于是议仿西法，集资办公司。"⑤ 由经理通海蚕桑公司刘桂馨述《蚕桑浅说》。蚕桑公司是为了实业救国而发展起来的，其在集资、股本等形式上基本具备了近代公司的雏形。蚕桑公社：上海农学会会员朱君阆樨等在如皋结农桑公社。湖南"长沙北门外马厂，

---

① 马敏：《"绅商"词义及其内涵的几点讨论》，《历史研究》，2001年2期，137页
② 《农学报》第六册，四十九，十月上，《安徽巡抚奏报种植情形折》
③ 《农学报》第八册，八十三，九月中，《集款植桑》
④ 《民国奉天通志》，转自章楷：《清代农业经济与科技资料长编蚕桑卷》，中华农业文明研究院，未出版
⑤ 《农学报》第一册，六，六月下，《张殿撰论海通蚕桑书》

上年新立蚕桑公社，由绅商集股而成。"① "四川蚕桑公社社长合州举人张森楷等呈移，举人等于光绪二十六年（1900年），议以民款试办四川蚕桑公社。"② 巴县"一二有志之士，又复远游日本，近历嘉湖，勤求蚕术，学成返里，各欲出其所得以期倍获，或独立经营，或集资兴办，一县之内，蚕社林立。"③ 广东"岑制军拟于顺德县属之西樵设立蚕桑社，派员研究种桑养蚕焙茧缫丝之法。"④ 蚕桑公社的兴办采用集资、股本、独立经营等形式。

　　绅商主办的公社与公司。蚕桑公社"中国传统小农经济都是以单独的农户为单位进行，呈一盘散沙之状。用新的合作方式进行蚕桑生产，要求共同催青、共育稚蚕、共同烘茧、共同运销，离不开一个共字，这就提出了一个通过合作经营改革分散经营的任务，可以说是在社会结构上从传统向现代化演进的启动点。采用改良蚕种育蚕，从自行缫丝变为用新式茧灶烘茧，从自己织绸出售到纯粹为工厂生产原料，最后出口，都使蚕桑业从单纯的农家副业变为与机器工业联为一体，并主要出口的农工贸一体化生产的一个环节。"⑤ 具备了近代企业经营的特点，绅商的参与是传统官员劝课蚕桑理念与模式历史性的转折。总体看来，绅商群体在蚕桑公司与蚕桑公社领域人员主要由地方绅士、商人、农学会员、地方志士等混合杂糅的群体组成，反映出晚清蚕桑局的经营生产功能被公司与公社取代，逐渐剥离了官办色彩。多种迹象表明蚕桑局官府功能嬗变与分化成教育、试验场等。

　　蚕桑局兴衰变革与晚清官督商办等实业内容的发展规律是相吻合的，近代转型中很多实业是经历了官办，其后发展遇到了瓶颈而逐渐废弃，转为商办，这种形式在工业等领域体现尤为明显。蚕桑局根本出发点来源于传统官员的劝课农桑，具有中国传统士人济世救民的特

---

　　① 《农学报》第八册，七十七，七月中，《湘中蚕政》
　　② 《农学报》第十七册，二百五十四，四月中，《管学大臣咨川督允准蚕桑学社立案并饬查推广公文》
　　③ 《民国巴县志》，《清末巴县蚕社林立》，《中国地方志集成》，巴蜀书社，1992年
　　④ 《东方杂志》第2卷第5期，《实业》，《各省农桑汇志》，1907年5月，89页
　　⑤ 林刚：《关于中国经济的二元结构和三元结构问题》，《中国经济史研究》，2000年第3期，57页

点，这种特点与近代局务机构的形式相融合，进而产生了蚕桑局的机构形式。蚕桑局兼具了官与民的双重色彩。日益融入世界市场与中国近代经济日益发展之际，官民合办形式的蚕桑局经营形式已经不再适应发展，蚕桑局的经营在光绪末期遇到了各种困难，"官督商办与官督绅办的企业是由传统向近代企业制度演进的过渡性组织形态，并且官督商办企业越往后发展，就带来越来越多的弊窦，以至于让越来越多的人所厌闻。甲午战争后，尚存的官督商办企业或收归国有或改归商办，从而为这种曾为许多人带来希望又深深失望的企业组织形式划上了句号。"[①] 甲午战争后，借着实业救国的浪潮，蚕桑局的传统混合功能被演化与分割成多个部分：经营上逐渐被绅商成立的蚕桑公司与蚕桑公社取代；官方机构上逐渐转化为农工商部下设机构农务局等负责；蚕桑教育上自杭州蚕学馆后，蚕桑学堂逐渐兴起，很多地方还建成了蚕桑试验场，开展了近代实验科学研究。所以说蚕桑局也是晚清近代化变革的一个缩影。

第三节　匠徒与小民

匠徒与小民是晚清蚕桑局重要的参与者，就目前掌握资料来看，匠徒史料较为丰富，作为技术传播与推广的重要参与群体，匠徒是技术传播直接参与者。晚清涉及基层小民资料不多，各地蚕桑局官员蚕书中提到的多半是地方小型地主和绅士，劝课对象也多为这些人，例如没有土地的佃农很少参与。

一、匠徒的技术传播

工匠是晚清蚕桑局技术传播人员，其来源地区主要集中于杭嘉湖地区，都是具备蚕桑技术的人员，肩负着蚕桑技术的传播任务。而蚕桑局教育职能嬗变为蚕桑学堂与试验场等形式后，传统的工匠传授技术模式发生根本性的改变，同时其传授内容也为近代技术。官员劝课蚕桑经常论及小民，造福小民是官员与绅士成立蚕桑局的初衷。由于

---

① 胡勇华：《官督商办企业：由传统向近代企业制度演进的过渡性组织形态》，《江汉论坛》，2006 年 6 期，80 页

晚清社会与经济背景下蚕桑局自身弊端，也有市场、人员、组织、资金、运营等多方面困境，小民很难在蚕桑局组织下顺利经营。其他涉及群体还包括被传授技术的妇女与幼徒，只是很少详细记录于史料。对于小民来说，雇觅工匠对于普通小民教授知识也是一种奢望，工匠有限、下乡指导次数不多，而学徒数量、聪慧程度、年龄的限制，这些都阻碍了蚕桑知识的直接推广。一些推广效果比较好的地区往往是雇用工匠直接深入田间地头亲自指导，"在浙雇得熟悉种桑之人十二名，下乡教育，沈公不惮烦劳，谆谆劝谕，并刊蚕示谕，遍贴各乡。"① 1890 年东莞县设蚕桑局，也采用下乡亲自指导此类方式，效果颇佳。

晚清以前，蚕桑工匠主要来源地区有陈文恭聘山东工匠赴遵义；遵义工匠被雇到黔桂地区；杭嘉湖工匠被雇觅外地去教授技术，但数量不是很多。随着很多地区兴起劝课蚕桑，杭嘉湖工匠被雇觅现象变得非常普遍，杭嘉湖工匠成为蚕桑局雇觅的首选，偶有顺德、遵义、瑞州、河南、山东等地工匠被雇觅。此外蚕桑局嬗变为农务局与蚕桑学堂后，还有部分国外技术人员，湖北蚕桑局被"张制军将局裁撤，并归农务学堂，聘请日本蚕师，教习饲蚕之术。"② 其主要构成形式有桑匠、蚕匠、织匠，作为蚕桑技术直接传播群体，晚清这些工匠肩负了更多的技术任务，比如桑树栽接、器具制作、织机使用、纺织绸缎、缫丝煮茧等。各类工匠分工明确，东莞县设蚕桑局，聘请蚕师下乡指导；清河蚕桑局邀请桑匠赴乡代接；河南蚕桑常驻局中桑匠一名，每年照料桑树、雇用浙匠仿制丝车、雇用杭匠购买蚕种、雇定机匠五名，料房匠一名，牵经匠一名，理线匠一名，大红染匠一名，经纬染匠一名，绸绉染匠二名，并置机三张，经纬三对。

随着诸多地区兴起劝课蚕桑后，工匠承担了更多的技术传播责任。晚清各地劝课官员并不都具备蚕桑技术能力，晚清官员更多的是倡率，并非直接传播；或是对蚕桑农书的辑录；或是跟风其他劝课官员；或是上级分发蚕书告示而执行劝课。而晚清以前传统劝课蚕桑官

---

① 《申报》，《论上海举办蚕桑已种》，大清同治癸酉四月十三日，第三百十五号，1 页

② 《农学报》，第七册，七十四，六月中，《鄂兴蚕政》

员大多直接教授技术，比如"乾隆中叶，茂林吴公学濂来为宰，始教民植湖桑，其夫人又娴蚕事，招妇女之明慧者，至后堂授以机要，自是递相传习，渐推渐广，数十年后桑阴遍野。"① 安徽绩溪县事牛腱亭请沈练"种桑饲蚕，使邑之男妇收蚕时，分刚柔，曰人署观之，观者如堵墙，公知其利之也，为之口讲手画。"② 晚清工匠数量上供应也比较紧张，如"左宗棠于关外雇桑蚕工匠织匠六十余名"，③ 这里更有工匠水土不服等原因使其不愿意外出教授，或有工匠基本生活风气恶化等。"浙民向专蚕桑之利，家食为乐，素惮远游，因年前新疆，在此雇去多工，道途遥远，水土不合，音信难通，从视为畏途，四月间新疆又复来浙，添募工匠，到处人心惶惶，益怀疑惧，且各匠习气不好，相沿日久，即在本地做工，遂意则做，否则住手，往往受其钳制，二十余年来，吹吸鸦片烟者十有八九。"④ 而工匠待遇上都比较优厚，比如河南蚕桑局规定：料房匠二名，每人每月工价英洋十元，各先付安家洋六十元；"谕浙匠豫徒各条规"中规定教出学徒水平高低，工匠还有不等的银两奖励。湖北蚕桑局对各类工匠与学徒的日常管理，可以看出已经接近于近代工厂人员管理，以下是其章程（表 2-7）。

表 2-7　湖北蚕桑局厘定章程

序号	内容
一	局中每日五点钟，发梆一次，匠徒齐起，六点钟上工，十点钟早饭，十一点钟上工，五点钟收工晚饭，所有上工下工开饭，均以发梆为度，如有不听梆响，辄行下工者，由监工人斥责
二	局中匠徒上工后，不准擅出机房，如有事故，应需请假者，必向经管司事言明，方准给假
三	局中出入丝绸，以及发售绸绋，均责成司事经理，随时登薄，按月将各项数目，并同局用收支，逐项开报一次，以便稽查

---

① ［清］沈练：《广蚕桑说辑补·蚕桑说》，《广蚕桑说辑补原序》，浙西村舍本，光绪丁酉九月重刊，1 页
② ［清］沈练：《蚕桑说》，《原序》，溧阳沈氏板刻于光绪十四年岁在戊子归安县署，1B 页
③ ［清］魏纶先：《蚕桑织务纪要》，河南蚕桑织务局编刊，光绪辛巳，28 页
④ ［清］魏纶先：《蚕桑织务纪要》，《采办蚕桑织县姚传偶禀》，河南蚕桑织务局编刊，光绪辛巳，63 页

序号	内容
四	局中督办候补道一员，每月薪水银五十两，驻局总办一员，每月薪水银四十两，帮办一员，每月薪水钱十六串文，司事经管报销文案一人，经管买丝卖绸，以及收发丝绸，催督工匠，查看桑园，计四人，监工书办各一人，每月辛工或洋十二元，或钱十二串六串八串六串不等，伙食均由局另备
五	生熟各机，开织者五十架，计宁匠二人，专织缎定，苏匠四人，专织荆锦宁绸，苏妇一人，专教导民女养蚕络丝，杭匠二人，专织花衣，湖匠四人，专织湖绉，浙匠四人，分织花罗线春官纱纺绸等项，除由局给与伙食外，每名每月，各给工洋十元
六	学织挪花各徒，合计八十余人，分派各匠学习，伙食则每名每日额定钱五十文，由局备办，其租晓绸织者，月给零用四百文，至手艺精熟，可以专织一机，则逐渐加给工资
七	学徒准随时收录，其有手艺已成，情愿出局自行开机者，毋得留难，并准将织成之绸送局，代为练染，仍交该徒自售，俾广利益
八	局中每月额支，合计委员司事薪水伙食，并织匠学徒染匠纺匠打线络丝以及杂役人等，所有工资，共约钱六百数十串文，加以灯油纸张杂用，每月应额支钱七百余串文
九	局中各织匠，本系由苏浙等处招雇来局，教导本省子弟，因不惜重给工资，须俟各学徒手艺精熟，可以转相传授时，即行资遣回籍，以省局费
十	雇来织匠，既派有学徒，自应悉心教导，务使该徒手艺有成，则将来遣令回籍时，更必优其奖赏，以酬勤劳
十一	局中内外一切，悉由驻局总办委员督率经理，以一事权
十二	局中清晨启门，二更锁门，凡有闲杂人等，往来出入，均责令把门，严为查禁，以肃局规
十三	是局本为开民风气而设，自应推广，方征利益，所有领桑各州县，如有禀请设立分局者，当即派令手艺精熟学徒，前往教导，以徒授徒，其势甚便，而苏浙良法，亦可推而弥广，是又当深以厚望

资料来源：《农学报》第一册六，六月下，《湖北蚕桑局厘定章程二十六条》

光宣交替之际，蚕桑局传授技术职能裂变为各地蚕桑学堂、杭州蚕学馆等机构，各地发展蚕桑机构中还有来自日本的蚕桑技术工匠，宣统元年（1909年）满城"设蚕桑局，选派蚕桑学堂优等毕业之人经理一切，并充教员，附设蚕桑学堂。"[1] 传统雇觅杭嘉湖工匠方式已经发生了变化，学堂成为蚕桑局等劝课蚕桑机构中技术人员的主要

——————————

[1] 《申报》，《道员文焕上江督条陈（筹划旗丁生计）（续）》，第一万三千零二十五号，宣统元年己酉三月二十一日，1909年5月10号

来源地。湖北"张制军将局裁撤，并归农务学堂，聘请日本蚕师，教习饲蚕之术，计聘日本教习正副二人，均东京蚕业讲习所卒业生，正教习为峰村喜藏，卒业后为山形县官立蚕业学校长。"① 杭州蚕学馆中教习为前日本宫城县农学校教谕鹿儿岛县轰木长。这也是传统蚕桑技术改良的一种方式与征兆。传统蚕桑技术工匠以杭嘉湖为主的局面开始改变，取而代之的是国外技术人员、各地蚕桑学堂与杭州蚕学馆出身的毕业生。这说明蚕桑局中传统的工匠职能逐渐被蚕桑学校与近代蚕桑技术人员所逐渐取代。

二、小民的参与

小民多数指的地方上的农民，可以说是中国古代社会官员眼中最典型的普通民众。② 而蚕桑局劝课过程中基本涉及地方有田地的地主和绅士，他们特点是占有土地，具备进行蚕桑业发展的生产资料土地等。而嘉湖地区普通小民家家户户皆以蚕桑为业，但各地兴起的蚕桑局并没有达到这个地步，多数牵扯到地方绅士和地主便已经很有效果了，并且地方绅士和地主都有自己的顾虑，但处于官员和地方维系的中枢地位，同时也是地方发展的表率，不得不去尝试着栽桑养蚕。比如《祥符县监生万联道等请领湖桑禀批文》言："据祥符县监生万联道，生员陈邱园等，为遵示请领湖桑，认真培养事，窃生等生长北方，上年见宪局创兴蚕桑，诚恐地土未宜，徒劳无益，良由乡民浅见，并恐种桑不活，责令赔罚，即使培养蕃茂，又恐另加地税，是以未敢多领，本年春间，监生联道仅领四百株，现已种活三百余株，生员邱园仅领三十株，现已活二十五株，悉皆枝荣叶茂，可见易地皆可种桑，经此一番阅历，鲜不知为美利，无如请领较少，未遂所愿，诚如近奉宪示，仅领数株，或数十株，断难期其认真培养，此真洞彻下情之论，今生等既信此事为利甚大，联道自有肥地百亩，情愿划出一百五十亩，以备种桑，兹拟请领四万株，邱园邀同戚友，凑款购地，九十余亩，拟请领三万株，生等均愿尽力灌粪浇水，培土锄草，删去

① 《农学报》第七册七十四，六月中，《鄂兴蚕政》
② 由于各部劝课蚕书中皆用"小民"称谓，此处不做改动，第五章依照学术界普遍使用"小农"惯例，并作进一步的解释和对比

繁枝，认真培养，期尽成活，断不敢辜负大人爱民之至意，为此出具领状。伏乞。"① 这是河南祥符县监生对栽桑的顾虑，包括：地土不宜、种桑不活、责令赔罚、加收地税等多重原因。但等到种桑取得效果之后，便请求多栽桑秧九十亩，可见地方监生明显占有土地，便于扩大栽桑面积。直隶卫杰言："今年蚕桑局已于清苑、满城、易州、博野、赞皇、元氏、束鹿、深州、安平、饶阳、任丘各村庄，劝民就桑养蚕，获利甚倍，自此以后种桑者以蚕利为主，益以诸利而利愈溥矣。"② 蚕桑局劝课明显深入村庄，涉及了小民。

　　小民参与蚕桑局中技术学习的机会较为普遍，给蚕桑局劝课过程中都要通过工匠指导小民学习，涉及妇女、老叟、子弟、黄童等，这是技术传播过程中，最为直接的传授过程，江西藩司翁小山方伯创设蚕桑局，购办桑秧，招雇蚕师，称"如有子弟想学种桑接桑养蚕缫丝者，准其父兄到局报名听候，预为选择，留饭宿局，教导一切。俟学成后，量其材能，或推升工师，或酌给工食，合函出示晓谕，为此示仰阖省诸色人等知悉，尔等须知教养学生为地方兴利起见，切勿怀疑观望，自弃恒业。"蚕桑局直接指导小民从事蚕桑技术传授，早在1896 年南昌沈兆祎就说过"蚕桑局内必须设立蚕桑学堂，延一精于蚕桑之人为总教习，出示考取学生，及择年轻聪颖子弟，竭力考究。……学生习有成效即由局中给与优奖，并予以凭据，准其往各处教习，如将来各府州县广设蚕桑局时，即派该学生为教习为司事。"③ 这种说法于清末民初蚕桑学堂、蚕桑讲习所等各类技术推广机构的出现得到印证，现今各类农业技术推广手段中，集中学习指导的形式也非常普遍。

　　然而，蚕桑局史料中涉及小民的内容并非都少，毕竟晚清中国依然处于小农经营生产型社会，各地蚕桑局劝课蚕书中存在大量的小民需要掌握的蚕桑技术，劝课蚕书中大多撰写内容是面对小民的生产技术与经营环节。小民与小农关联与差别以及小民生产经营活动于第五章详细论述，此处仅对各地蚕桑局劝课蚕书中涉及小民的技术内容做

　　① ［清］魏纶先：《蚕桑织务纪要》，河南蚕桑织务局编刊，光绪辛巳，41 页
　　② ［清］卫杰：《蚕桑浅说》，《桑益》，10-11 页
　　③ 《申报》，《江西宜兴蚕桑说上》，第八千三百十九号，光绪二十二年五月初六日，1896 年 6 月 16 日

进一步介绍。各部蚕书中内容丰富，每一项技术都是为了便于小民掌握，指导意义重大，这也是劝课蚕书刊刻分发的根本意图与宗旨。

三、小民的困境

小民是技术传播的最基层受益者，小民是蚕桑局劝课蚕桑致富救国、造福一方的落脚点。官员认为小民存在破坏蚕桑，樵牧毁伤、急功近利的现象。总体来说蚕桑局在小民中主要遇到以下几个问题。

首先，道光时劝课官员就论述到"惟是小民可与乐成，难于谋始。"① 晚清蚕桑局官员中这样的观点很普遍，比如河南蚕桑局说道"其兴非得贤有司董率之不足以成其政，况小民可与图成，难于谋始，积习相沿一时难化，势必诱导于无形，相安于无事，数年之后得利较厚，则必愈推愈广，不劝而兴起矣，此所谓欲贤有司也。"② 急功近利也是重要问题，蚕桑发展是需要恒心的长久之计。"一植桑救穷，亦要三年方有微利，所谓有恒心而有恒产，小民无恒心者多，每育蚕之后不理桑植，不尽心培养，次年叶稀，遂谓桑无多利。"③ 泰兴蚕桑局设立时谈到前任多次劝课没有成功原因时说"一则由于领桑的时候不曾花费分文，所以不甚爱惜；一则由于培植不得法，所以渐渐坏了；又有一种人并不种桑，单靠偷叶养蚕，种桑的人家嫌它生事，并且平时费力栽培，到了有桑叶的时候，别人到占便宜，所以灰心懒得经营。"④ "李少荃《爵相答魏温云书》：汴土宜桑，春间所栽，通计已活共十三四万株，至为欣佩，外州县认真则活多，玩忽则活少，可知民生凋敝，不尽地荒，亦由人荒。"⑤ 这些都充分体现晚清小民在官员眼中的形象。尹绍烈"窃查江北数郡向不种桑，更不知治蚕，妇女强者织屦拣柴，弱者日事游惰，以致生计日促，国税日逋，坐守困穷而叹生财无术，以无教之所以至此耳，自同治二年（1863年）漕督吴宪委（烈），在于清江荒废官地，创设蚕局，教民

① ［清］徐栋：《牧令书》卷十，《农桑下》，杨名飏：《蚕桑简编》，道光戊申秋镌，48B 页

② 《蚕桑辑要合编》，《赵伯寅都转复书》，河南蚕桑局编刊，光绪庚辰春月，49 页

③ ［清］沈秉成：《蚕桑辑要》，《杂说》，光绪九年季春金陵书局刊行，10A 页

④ ［清］龙璋：《蚕桑浅说》，《告示》，光绪二十八年，1902 年石印本

⑤ ［清］魏纶先：《蚕桑织务纪要》，河南蚕桑织务局编刊，光绪辛巳

务本，而蚩蚩之氓，安之久者难创，习之惯者难改，约以法而民不信，施以教而民不从甚者，畏而避之，几疑树养，终不可就，因思善教之方，惟以身亲先劳，予民矜式，引而近之，方可由此入手。"①江西蚕桑局出现因争地而擅拔桑秧，畜猪牛而纵其残踏现象，翁方伯出示颁发执照，分发领桑各户裱挂门前，严禁砍折桑秧。

其次，小民没有掌握树桑养蚕技术与合理经营方法。比如安庆"民或树桑而不谙养蚕，则购其叶，或养蚕而不能缫丝，则买其茧；或缫丝而难以出售，亦均给价收买。"② 而鄂省"原设蚕桑局，种桑育蚕兼织各绸缎，原为开风气而利民生起见。无如民间领去之桑多不加意培植修理，滋荣者甚少，育蚕又不得其法。所出之丝，织成绸缎终难与江浙、四川等省争胜。以致该局织成各件，丝质既逊，成本又昂，市面不能行销。"③ 东乡县"二十三四年间，购湖桑数十万株，散给各乡栽种，乡民不知培壅修剪之法，目下仅有存者县署后园有桑十余株"。④ 蚕桑生产是一种对技术要求很高，并且兼具农业与手工业双重要求的生产门类，对人员素质和技能要求很高。晚清小民不仅对于蚕桑技术不很熟悉，而且还"狃于便安，于种植之法，未能深求。"⑤ 也不免各地很多会出现"以从未接过从未修剪浇灌之桑，归罪于土性"⑥ 的情况。《重劝添种湖桑示》言："查栽植湖桑，尤为蚕织之先务。桑成则诸务并兴，近据各属禀报，情形不一，其认真讲求，加意培养者，成活分数，与本总局桑园无异，其视为具文，任听小民分领，或数株或数十株，自栽之后，既不压粪浇水，除草培土，又不剪去原本，抹去余芽，或栽于沙咸之间，或植于荒芜之地，致多枯死，即偶有成活，亦不过条小叶黄，安望有济，乃不归咎于人事之不及，专借口于土地之非宜，何不思之甚耶。"⑦ 这也说明蚕桑技术

① ［清］尹绍烈：《蚕桑辑要合编》，《作兴教民栽桑养蚕缫丝大有成效记》，同治元年

② 《农学报》第六册，四十九，十月上，《安徽巡抚奏报种植情形折》

③ 《张文襄公牍》卷十三，《湖北停止推广蚕桑》

④ 《清朝续文献通考》卷379，傅春官：《江西农务纪略》，清末江西部分州县推广蚕桑

⑤ 《农学报》第十六册二百二十，五六月下，《闽督许奏设农桑局折稿》

⑥ ［清］江毓昌：《蚕桑说》，《告示》，瑞州府刻本，1A 页

⑦ ［清］魏纶先：《蚕桑织务纪要》，河南蚕桑织务局编刊，光绪辛巳，19 页

传统与风俗要改变是很难的事情。宣统年间，王上达总结购桑栽植效果不佳原因，其言："蚕桑利溥，尽人皆知，各处绅富，欲兴地方之利，筹备巨资，远赴产桑之处，购办粗大桑秧，给予乡民试种，得时之秧，起发者固多，而种未见效者，亦复不少，皆因所办桑秧，间多殭老失时，又兼不善培植，虽活不茂，既无成效之可言，诿之地土不宜而中止，冤哉，不知桑秧粗大根盘已老，迁栽多次，戕失元神，若细如棒香者，即上年用子排种，失于培壅之故。"① 1904 年 "豫抚创办蚕桑，桑秧由湖州采购来豫，分布种植，因经理失人数，入夏以来，十陨八九。"② 以上情况说明古代传统农业 "三才论" 中 "人" 的作用至关重要。

再次，小农种植粮食作物风俗习惯很难改变。在饥荒频发的年代为了解决温饱，很多地方粮食种植是首位的。江西蚕桑局翁曾桂出示晓谕言："每年蚕事之兴，正值农忙之候，江右民风质朴，向来专勤稼穑，未免漠视蚕桑，即有养蚕之家，亦于做丝之法，不解烘缲，出茧之时，转多废弃。"③ "河南全省，无有过之者，民间除种粟麦粱黍麻豆，而外别无生计。"④ 光绪二十三年（1897 年）上谕蚕政湖南辰溪县令 "查卑县境多山岭，乡民除耕田外，只知栽种杂粮，以及种树为生涯，大户妇女，与城厢居民，有以育蚕为事者，惜饲缲丝多不如法，采桑亦不合宜，出丝粗而不洁，仅能织造土绢，不堪他用。"⑤ 这种现象在晚清很普遍，由于传统种植、灾害、战乱等原因，小民食不果腹，多以粮食种植满足生存需要。而且小民土地本来就不多，劝课蚕桑多被绅士控制，桑秧种植作用没有被充分发挥。

最后，蚕桑农书内容对小民来说很难读懂。同光劝课普遍借助地方绅士董理其事，绅者为民讲解，以求广传，小农根本没有获得劝桑农书的机会。只能借助一些老农来进行讲解，士人撰写的蚕书在推广

---

① ［清］王上达：《农务实业新编》上编，《论桑秧》，浙杭万春农务局雕，宣统二年，3-4 页

② 《东方杂志》第 1 卷第 8 期，《实业》，《各省农桑汇志》，1904 年 8 月，124 页

③ 《农学报》第四册三十，闰三月下，《劝蚕告谕》

④ ［清］魏纶先：《蚕桑织务纪要》，《转详归德府李廷萧报捐湖桑禀批文》，河南蚕桑织务局编刊，光绪辛巳，30 页

⑤ 《农学报》第七册六十一，二月上，《湖南辰谿县王大令举办蚕桑禀》

过程中作用与效果并不明显。而刊刻数量与识字率等因素也限制了底层小民技术的普及，农书印刷的数量也局限了普及到小民手里的数量。而蚕桑农书流传并没有分散到民间，其主要在官员和士绅之间流转，原因主要是数量有限与小民不能识字。农史学界也有此类观点，曾雄生《农业文化视角下的亚洲可持续发展（四）》提到"几千年来中国的种田劳动大军几乎不识字或识字很少，他们完全依靠实践经验的长期积累，世代相传，充实丰富，但始终停留在感性认识阶段。读书识字的士人，很少直接从事农业。即所谓学者不农，农者不学。"林绍年汴省农工商务局"滇刻浅要，亦即寄到，正苦于不敷分赠"。① 目前史料中见过最多一次刊刻，即为光绪二十二年（1896年）"取新昌吕广文所著《蚕桑要言》删节之，刊布民间"，并且"委以聚珍版排印《蚕桑要言》千部"。② 光绪末年"芜湖蚕桑局，刊刻《齐民要术》《蚕桑辑要》及《种树书》《广蚕桑说辑补》《蚕桑说》等书，经道宪札发各县，每县二十部，令分给绅董农耆，讲求考验云。"③ 此时每县二十本也算不少。

总之，劝课参与群体验证了蚕桑发展对技术要求很高，并不是官员倡率、请来工匠就能发展起来。蚕桑业从购买桑秧开始，需要精心的陪护桑秧，之后是嫁接、移栽、施肥、采叶等各项田间管理；另外养蚕也需要很严格的技术要求，包括气候、室内、人员素质等。例如大足蚕桑局发生蚕病，请局董罗珊医治，"邑令王德嘉创办蚕桑局，延珊董理局务，值霪雨，蚕皆黄肿，珊撮药煎浓汤，沥桑叶上饲之，蚕皆起，于是以良医闻传，其方载于《蚕桑须知》。"④ 而此蚕病并不是很要紧的情况，治愈后便成为良医，足见蚕桑局蚕桑技术的匮乏。江南地区蚕桑技术是"经过长期的生产实践，江南农民掌握了从整地施肥、截枝埋枝、发芽培土、防雨施肥、灌溉除草，追肥修剪以及病虫害防治等一整套技术，使蚕桑业的经营效益大增，从而吸引

---

① ［清］林绍年：《蚕桑白话》，汴省农工商务局藏板，光绪丁未冬重镌

② 《中国农业历史资料》第 262 册 82 页；［清］吕广文：《蚕桑要言》序，求志斋本，光绪二十二年

③ 《农学报》第五册四十四，八月中，《颁发农书》

④ 《大足县志》卷五，民国三十四年铅印本，434 页

了更多的农民植桑养蚕，使蚕桑种植迅速推广。"① 蚕桑局发展并没有大范围兴起是由其本身技术复杂程度决定的。

蚕桑局的官绅的角色比重差异。蚕桑局作为一种官员发起，绅士董率的劝课蚕桑机构，其具有半官半民的性质。总体上官民在蚕桑局事务中扮演角色的差异不大，基本以官倡民办形式为主。首先，绅士参与地方性事务，这凸显了绅士对于蚕桑局的作用，将蚕桑局作为一种造福地方的民间机构。比如光绪二十一年（1895 年）太仓蚕桑局由绅士王世熙来主持事务，民间属性很强。其次，蚕桑局官民属性的细微差异取决于时间、区域和层级的差异，不同的社会经济背景导致了官民属性的细微差异，主要是由蚕桑局劝课参与群体起到的作用大小多寡、地方绅士社会运转完善程度、官员倡导力度与权力大小等因素造成的。由于区域和时间上的差异，全国范围内蚕桑局官民属性很难区分，这就要求在研究晚清中国区域社会经济史时，必须要注意到差异性的存在。最后，蚕桑局属于半官半民的局务机构，其并没有完全脱离中国传统劝课的本质。各地蚕桑局皆由地方官员发起并积极倡导，依然以传统官员济世救民、造福地方为初衷，这使得蚕桑局相比较其他实业类局务机构更具有官方特点。比如江西松鹤龄中丞莅任后，将省垣蚕桑总局益加整顿，委董司马允斌提调局务，凡买桑缫丝织绸等事，悉切实稽查。② 从江西蚕桑局机构人员，可以判断其官局色彩很浓。然而江西蚕桑局"江西访事人云，省垣蚕桑局向归官办，开办数年，因糜费太多，亏折不下数万金，现改章程，官绅合办，不知果能扫除积习，实事求是否也。"③ 最终走向官绅合办，放弃官办的思路。甲午战争与戊戌变法之后，蚕桑局在近代化浪潮的冲击下，官办经营性机构弊端丛生，蚕桑局逐渐转型与分化。清末，中国近代化过程开始加快，蚕桑业逐渐走上了职能细化与相互协作的近代发展模式。

蚕桑局官府机构与慈善机构的差异。蚕桑局多被撰于地方志"公

---

① 段本洛，单强：《近代江南农村》，江苏人民出版社，1994 年 5 月，8 页
② ［清］沈秉成，沈练：《蚕桑辑要·广蚕桑说》合一册，《序》，江西书局开雕，光绪丙申仲春，3 页
③ 《申报》，《局务改章》，第一万零四百五十号，光绪二十八年四月十七日，1902 年 5 月 20 日

署""建置""营建""义举""实业"等部分，机构属性兼具官府机构与民间慈善两个部分。蚕桑局的官府机构属性，尤其体现在官员的倡率作用之中。光绪二十一年（1895年）直隶蚕桑局衔道言："余奉署理直隶总制之命甫视事，而蚕桑局衔道以所撰《蚕桑图说》寄呈问序。"① 光绪二十二年（1896年）江西松鹤龄中丞莅任后，将省垣蚕桑总局益加整顿，委董司马允斌提调局务，凡买桑缫丝织绸等事，悉切实稽查，如此委派官员管理局务现象繁多。而光绪丙申翁曾桂江西建立"蚕桑官局"② 的称呼并不多见，据可见其具有很强官方机构性质。光绪二十三年（1897年）光绪蚕政谕旨之后，各地官员主办的政府机构的组织严密性特点逐渐增强。蚕桑局在蚕政之后逐步被清政府重视起来，其正规化越来越强，甚至打算将其视为"公院"③ 以作兴办蚕政的常设机构。蚕桑局曾尝试由体制外机构逐步嬗变为官署，但皆未成行，没有根本上改变官倡绅办的官民属性。慈善机构属性方面，比如将光绪元年寿州课桑局置于营建志之善堂部分④，同治十二年（1873年）沈秉成于上海任苏松太道时设立蚕桑局，此蚕桑局主要借助上海的善堂来组织运营，"兹来上海，据候选训导唐锡荣等禀请，一律劝谕种桑，准经将《蚕桑辑要》移送上海绅董竹鸥王君，会同各善堂董事，集请遵行，现由同仁辅元堂董议……一面由同仁、辅元、果育、普育等各善堂筹拨公款一千串，往浙路买秧，先就善堂义冢余地，及商船会馆公地试种矣。"⑤ 东莞蚕桑局与光绪十六年（1890年）邑人设立的普善堂关系密切，"时邑中蚕桑之利未兴，复竭力提倡，禀由邑令沈麟书给发普善堂，蚕桑局戳记，设局试办，辑有《蚕桑格式》一卷，沿乡劝谕。"⑥ 江都县汤大令"拟筹款派人赴嘉湖一带先购桑秧十万株，分给布种，俟桑条茂盛。再令人至绍郡新

① ［清］卫杰：《蚕桑萃编》卷十一叙，浙江书局刊刻，光绪二十六年，1页
② ［清］沈秉成，沈练：《蚕桑辑要·广蚕桑说》，《序》，江西书局开雕，光绪丙申仲春，3页
③ ［清］饶敦秩：《蚕桑简要录》，南溪官舍刻本，光绪壬寅二十八年，23页
④ 《光绪寿州志》卷四营建志，善堂二十六，《中国地方志集成》，江苏古籍出版社，1998年，66页
⑤ 《申报》，《论道宪劝谕上海习种蚕桑事》，大清同治癸酉正月二十七日，第二百一十一号，1页
⑥ 《民国东莞县志》，卷十九，民国十年铅印本，572-573页

昌嵊县一带购买蚕子，次第施行，不数年即可获利桑秧，约明春可到，到时即储四乡善堂。俾尔等向住某乡，即在某乡善堂领取以期简便。刻已择定城内北河下栖流所为蚕桑总局"①善堂与栖流所在劝课中枢环节发挥着重要作用。晚清地方局务机构众多，互相依附现象普遍，并不能充分说明晚清蚕桑局就属于慈善机构，仅可知传统地方官员劝课蚕桑具有公益色彩，皆以教化与富民为宗旨。蚕桑局只是偶尔由慈善机构人员进行办理而已，与慈善机构的性质还有本质上的差异。

晚清蚕桑局是传统劝课与近代社会相结合的机构形态。劝课参与群体之间密切联系组成了蚕桑技术传播秩序，这种秩序在晚清的效果不尽如人意。晚清劝课参与群体较以前其群体结构已经发生变迁，导致蚕桑局具备了近代机构转型普遍的半官半民属性，这区别与以往官员主导，没有机构的劝课形式。所以说这种蚕桑局机构出现，是群体结构变迁与近代社会转型的必然结果。以群体的分类角度切入就是为了更好地辨别蚕桑局官民属性。唐力行将明清江南社会基层组织系统分为："官方基层组织、民间基层组织以及官民共建的半官方基层组织等三个子系统，每个子系统之下又各有不同的具体组织，其功能前后变化，互动互补，共同构成基层社会的管理、控制网络。在这个基层管理网络的变化过程中，士绅阶层无疑居于重要角色。"②士绅阶层在基层组织中起着重要的角色，而这种组织所分类型看也是蚕桑局所属的官民共建的半官方基层组织一类。不光如此，进一步分析后，蚕桑局也可以进行细化分类。唐力行目前只是从宏观视角划分，按图索骥，笔者再将蚕桑局分为三类，即完全官府参与的机构，此类多属于洋务派进行的发展地方蚕桑业，进行劝课；官民合办的劝课机构，此类较为多见，官倡绅办形式为主，二者通力合作，造福乡民；纯粹绅办，此类多属于地方绅士单独发展蚕桑业，鼓励地方民众领种致富，地方民间组织性质更强，此类较为少见。总体"以往推行某项作物时，如种桑，或由官府推动，劝民种之，或由士绅推动，设立董

---

① 《申报》，《贤令课桑》，第九千六百号，光绪二十五年十二月初三日，1900年1月3日

② 徐茂名：《江南士绅与江南社会（1368—1911年）》，商务印书馆，2004年12月，105页

事会，或为官绅合作而行之，但只止于种植主要作物而已。"① 符合蚕桑局在机构组织人员参与上的特点，但与近代改良机构比较，所做内容远远不够。

概言之，从群体衍变视角来分析晚清蚕桑局功能的逐渐嬗变与裂变，探究其机构、经营、教育等职能的分化，即走向诸如劝业道、农务局等机构之路；蚕桑学堂、试验场等教育之路；蚕桑公司、蚕桑公社等商业经营之路，这充分体现了晚清蚕桑局的近代化变革的历程，这也是群体职能与群体衍变作为视角来研究蚕桑局变迁的重要手段，这样更能清晰的透析出群体职能和群体衍变与蚕桑局的嬗变、裂变之间的必然联系。由此得出结论，蚕桑局是由晚清劝课参与群体的结构变化而产生的，而随着蚕桑局不能适应近代转型的经济与社会要求，在政府机构变迁、绅商群体崛起、工匠来源转变之后，蚕桑局就开始嬗变与裂变，而蚕桑局职能也被分化。所以说晚清局务机构的兴衰是随着社会群体变迁、近代社会经济转型等多种因素综合作用的结果。此外，从蚕桑技术推广角度来说，传统官绅的劝课、晚清蚕桑局的兴起、近代新式蚕桑技术改良、各式机构的成立等，其目的和意义都是为了发展地方蚕桑经济，造福乡民，这种技术推广与发展经济的初衷至今仍然没有改变。

① 王树槐：《中国现代化的区域研究江苏省 1860—1916》，《"中央研究院近代史研究所"专刊》（48），1984 年 6 月，408 页

第三章　劝课蚕书的撰刊与流传

　　蚕桑古籍（又称古蚕书）是传统农书的一个重要门类，其宝贵的科技史和文化遗产价值一直受到学界的重视。同光之际蚕桑专著的撰述与刊刻数量惊人、体例多样，既包括传统蚕桑技术，也有少量近代蚕桑技术专书，这在中国传统农业古籍研究中一直是困惑农史学界的特殊现象。正是由于这些特性，历来不乏学者关注，如王毓瑚、王达、章楷、闵宗殿、肖克之、王翔、惠富平、曾雄生、周匡明、天野元之助、田尻利等。① 鸦片战争后中国社会开始近代转型，受广开利源、济世救民、致富救国等经世致用理念的影响，地方官员劝课蚕桑者增多。太平天国后，为修复战争破坏，江苏官员兴起劝课蚕桑，光绪初期这种趋势开始在全国范围内扩散。甲午战争与戊戌变法双重影响下，光绪皇帝发起蚕政，官员劝课蚕桑活动达到高潮，之后不断延续，直至清末近代蚕桑改良普遍兴起。不可否认，同光之际蚕书数量繁多与大规模劝课兴起之间存在着很大的关联性。笔者梳理约百部同光蚕桑农书，② 发现除《湖蚕述》《裨农最要》《蚕桑谱》等几部蚕

　　① ［日］田尻利：《清代农业商业化の研究》，汲古书院，1999 年，阐释《蚕桑辑要》等几部江苏蚕书的源流问题。闵宗殿、李三谋：《明清农书概述》，《古今农业》，2004 年第 2 期，农书众多和晚清大力提倡种桑养蚕和蚕桑业空前发展有密切关系。王翔：《近代中国传统丝绸业转型研究》，南开大学出版社，2005 年 10 月，晚清各地劝课蚕桑兴起的特殊现象。肖克之：《农业古籍版本论丛》，中国农业出版社，2007 年 12 月，农书众多要从著作内容和社会经济中去找原因。袁宣萍，徐铮：《浙江丝绸文化史》，杭州出版社，2008 年 1 月，分蚕书为汇编性及增补类、科普作品、技术总结等。曾雄生：《中国农学史》，福建人民出版社，2012 年 1 月第 2 版，1880 年开始一些官员撰刻散发蚕书，内容多为根据浙西先进蚕桑经验酌加增删而成
　　② 约百部同光蚕书收集于：中国国家图书馆、南京图书馆、浙江省图书馆、南京农业大学、西北农林科技大学、华南农业大学、南京大学、复旦大学、浙江大学、山东大学、四库全书、续修四库、四库未收书辑刊、地方志、《农学报》等。共计同光蚕书单行刊刻本 100 部，非单行本如檄文奏疏等 20 余部，此外大量非单行本翻译类蚕书不计在内。数量上与章楷的《我国的古蚕书》，《中国农史》，1982 年第 2 期，据《中国古农书联合目录》所载，同光宣期间出版的蚕书有 96 种，再加上柞蚕书 14 种，共计 110 种，在数量上相接近。与张芳、王思明所著《中国农业古籍目录》书中同光单行刊刻本蚕书目录还差约 30 部，能力有限力所不及，但笔者据其书名与年代推测，这 30 部中大多为同光官绅劝课的重复辑补与翻刻之作

书外，其余皆为官员劝课之用。本章对同光蚕书进行纵向历史撰刊与横向社会流传进行透析，以求揭示晚清官员的劝课行为与繁多蚕书之间的内在联系。

同光之际诸多社会经济因素错综交织，很多地方兴起劝课蚕桑，蚕桑农书是传统蚕桑技术重要的传承载体，也是地方劝课官员大规模引进与推广蚕桑技术的重要工具。由于不能脱离所有劝课蚕书整体特点，单独研究其部分蚕书不能完全说明问题，所以从整体性视角切入进行把握，这样更能全面的阐释晚清一百五十多部蚕书的面貌。因此本章前两节以纵向历史阶段与横向群体网络为视角，梳理了同光劝课蚕桑农书的内容来源、技术来源地区与官绅间流传。充分剖析同光之际劝课蚕桑农书撰述、刊刻与流传的整体面貌，阐释同光蚕桑农书数量繁多的历史现象，揭示了技术官员劝课行为的知识来源与文化驱动。而晚清七十多所蚕桑局所选取与刊刻蚕桑农书是晚清蚕桑农书最具代表性专著，都包含在晚清一百五十多部蚕桑农书之中，因此本章第三节将具体梳理蚕桑局蚕书内容与特点。

第一节　蚕书内容来源

中国古代蚕桑农书历史悠久，撰写蚕桑内容的书籍数量繁多，较早时期的专书有《秦观蚕书》，南宋时期以来专门蚕书逐渐增多。蚕桑技术内容常见于以下多部蚕桑书籍，"考古人于蚕桑一道，本极讲求，其散见诸家者，如《荀子》《韩非子》《淮南子》《古今注》《方言》《说文》《埤雅》《尔雅》《翼种树书》《群芳》、诸博物齐物类，《相感志》《唐本草》《救荒本草》《本草图经》《本草衍义》《本草拾遗》《本草纲目》及《毛诗》《戴记》《尔雅各注疏》，其著有专集者，如《淮南》《蚕经》，宋元明之《蚕书》《桑蚕直说》《桑事图谱》《艺桑总论》《养蚕总论》、国朝之《蚕桑宝要》《蚕桑辑要》《备览》等书浩如渊海，未易一览而知。"① 然而中国古代农书有历代传承的特点，陈开沚总结同光蚕书撰述方式："采辑诸书会萃成

---

① 《申报》，《论江西兴办蚕桑》，第七千三百九十九号，光绪十九年十月十七日，1893 年 12 月 24 日，第一版

编，全录原文；摘数句数字而变其文；用其法而稍变换；绎具义而深发明；有得之传闻，屡经阅应历，而不妨参入"，① 得出类似蚕书撰述与传承特点的人不在少数。笔者对同光劝课蚕书的内容进行梳理后，发现其内容主要源自：历代知名农书的辑录；乾嘉道咸蚕书的辑补；同光新创蚕书及其重复摘录。基本上呈现出螺旋向前重复辑录为主与新创蚕书为辅的传承模式，采用这种历史阶段性的蚕书内容分析方式，更能清晰的梳理同光时期繁多蚕书的来龙去脉，充分反映中国古代蚕书纵向历史传承的脉络。

一、历代知名农书的采辑

同光劝课蚕书内容源于历代知名农书辑录的仅有几部，而所辑历代知名农书以综合性农书与个人撰写农书为主，官员劝课蚕桑专书并不多见。同治壬申（1872年）曹笙南为修复太平天国战争对家乡安徽青阳的破坏发展蚕桑业，所撰《五亩居蚕桑清课》内容源于"桑蚕事惟王盘《农书》，贾思勰《齐民要术》，黄省曾《蚕经》《陈旉农书》，秦观《蚕书》，李时珍《本草纲目》及《农桑直说》《农桑通诀》《务本直言》《三才图会》等书，言之最详，故是编多所采取。"② 直隶劝课者卫杰《蚕桑萃编》引用了《齐民要术》《氾胜之书》《韩氏直说》等内容。③ 古籍的参考摘录对于撰述者来说是一个缓慢的过程，需要严密的考证，内容多、耗时长，往往是古代创作蚕桑总结性农书所必需的。同治十三年（1874）汪日桢撰《湖蚕述》引用《湧幢小品》等历代知名农书与《湖州府志》等各类嘉湖方志，总共多达几十部。④ 相比图文并茂、篇幅较小、实用性强的劝课蚕书，此类蚕书多未参与官员劝课。中国古代传统蚕桑技术历代改变并不大，但嘉道以来蚕书多因"《齐民要术》及《农桑辑要》所载饲蚕栽桑多幽岐齐鲁遗法，或宜于古而不宜于今，宜北而不宜南，天时地

---

① 《中国农业史资料第263册》；陈开沚：《禆农最要》，《例言》，光绪丁酉潼川文明堂刊本

② 《中国农业史资料第257册》，129页；曹笙南：《五亩居蚕桑清课》，同治壬申

③ ［清］卫杰：《蚕桑萃编》卷二，《论耕》，浙江书局刊刻，光绪二十六年

④ 《中国农业史资料第258册》；汪日桢：《湖蚕述》，同治甲戌六月望，自序

利稍有区分，近时丝利趋重苏湖，故编内采辑不多。"① 撰写杭嘉湖技术的蚕书成为撰刊者参考与辑录的首选。

二、乾嘉道咸蚕书的辑录

乾嘉道咸时期劝课风气较为盛行，"近世陈文恭公抚陕，宋仁圃廉访治黔，周芸皋太守治襄阳，均以劝兴桑蚕著绩"，② 而常被后世劝课官员称道。嘉道时期经世致用理念已经渗入官员劝课蚕桑领域，嘉庆陈斌于合肥劝课蚕桑并著《蚕桑杂记》，其人"凡农家琐屑事均为之，诗古文靡不研究，尤潜心经世之学"③；道光贺长龄于贵州劝桑棉，将蚕桑劝课文札附入《皇朝经世文编》；道光二十五年（1845年）魏源知高邮，与何石安合著《蚕桑合编·附蚕桑说略》，④ 地方官员将劝课蚕桑与撰写劝课蚕书视作经世致用思想重要的实践形式，以致乾嘉道咸时期劝课蚕桑专著逐渐增多，⑤ 尤其嘉道几部劝课蚕书成为同光绝大多数蚕书辑录的范本，多被同光劝课官员采用，见表

① ［清］俞塽：《蚕桑述要》，《凡例》，约光绪间刊，南农藏，1 页
② ［清］何石安：《蚕桑合编·附图说》，《序》，道光二十四年
③ 《民国德清县新志》卷八，《人物》十九，916 页，《中国地方志集成》，上海书店出版社，2000 年
④ ［清］何石安，魏默深：《蚕桑图说合编·附蚕桑说略》，常郡公善堂藏板，同治己巳仲春重镌，收录于《四库未收书辑刊》第四辑二十三册。笔者推测道光二十四年（1844 年）江苏藩司文柱辑补何石安《蚕桑切要》，成书《蚕桑合编·附图说》，于江苏地区流传，而魏源经世致用理念著称于世，并且撰述颇多，道光二十五年被高邮知州魏源重新辑补为《蚕桑合编·附蚕桑说略》的可能性很大。而华德公《中国蚕桑书录》现存1845 年刊行《蚕桑合编》，陕西图书馆有藏版本，并且是何石安在 1843 年曾与魏默深共同编写。目前何石安与魏源二者生活与学业交集仅仅是"魏源字默深，湖南邵阳县人，道光甲辰（1844 年）进士，以知州分发江苏，二十九年（1849 年）署兴化县视事。"笔者查阅陕西图书馆版本，1845 年《蚕桑合编》重刊本。镌"道光乙巳季夏，丹徒县正堂沈重镌板存县库"，正堂沈应为沈则可。华德公《中国农学书录》提到《蚕桑切要续编》。而潘法连《〈中国农学书录〉拾遗续篇谈》，《中国农史》，1993 年第 12 卷第 3 期，96 页，认为清人曹笙南《五亩居桑蚕清课·凡例》中说："惟何石安所著《蚕桑切要》，继增《续编》"，并未单行刊刻。笔者目前也尚未发现此书
⑤ 乾嘉时期单行本蚕书并不是很多，而非单行本檄文告示约有三十多份，可能与当时刊刻条件困难等因素有关。这种局面于道光时期逐渐转变，单行本蚕书开始增多。据张芳，王思明《中国农业古籍目录》列举道光蚕书目录统计，此际单行刊刻蚕书共计 20 多部。"清代中叶太湖地区蚕书仍只有几种，直到清代后期大批蚕书问世"的观点得到了章楷、曾雄生、肖克之、周匡明等学者的普遍认同

（表 3-1）。

表 3-1　乾嘉道咸流传较广的劝课蚕书

主要流传地区	撰写时间	撰者	劝课地点	著作
多被北方劝课官员辑录的蚕书	乾隆庚申（1740 年）	杨双山	陕西	撰《豳风广义》
	嘉庆十四年（1809 年）①	叶世倬	陕西兴安	辑《蚕桑须知》
	嘉庆	杨名飏	陕西	辑《蚕桑简编》
	嘉庆中期	陈　斌	合肥	撰《蚕桑杂记》
多被南方劝课官员辑录的蚕书	嘉庆二十三年（1818 年）	周春溶	荣昌	撰《蚕桑宝要》
	道光二十年（1840 年）	沈　练	绩溪	撰《蚕桑说》
	道光二十四年（1844 年）	文　柱	江苏	辑《蚕桑合编·附图说》
	道光二十六年（1846 年）	邹祖堂	建平	撰《蚕桑事宜》

　　由表分析，乾嘉记载北方家蚕技术的蚕书依然不少，但嘉道以来撰写杭嘉湖技术内容的劝课蚕书明显增多。道光年间北方与西南地区技术内容蚕书开始侧重于山、柞、橡、樗、椿等，而涉及家蚕技术的蚕书已不多见，这与此时南北方的蚕桑业兴衰交替有密切联系。而咸丰时期由于战乱影响，蚕书撰刊数量稀少。嘉道以来官员劝课蚕桑逐渐增多，蚕书内容多被同光劝课官员辑补刊刻，以致同光时期嘉道蚕书版本众多、内容频现。以下两部道光时期著名蚕书，同光之际其版本与内容广泛流传。

　　道光二十年（1840 年）绩溪司铎沈练劝课蚕桑，所撰《蚕桑说》流传甚广，曾被多次辑补与按语。《蚕桑说》中一段内容介绍丝车技术："丝车制度，不可差以分毫，差以分毫，则必有窒碍虑矣，有木匠曾在嘉湖等处年久者，其胸中必有成竹，可使制之。"②出现于道光二十六年（1846 年）邹祖堂著述《蚕桑事宜》，说明道光后期《蚕桑说》已经开始流传刊刻。同光时期官绅之间拜写序跋是蚕

____

① 《叶键庵自订年谱》卷下十一，《北京图书馆藏珍本年谱丛刻》，第 119 册，北京图书馆出版社，1998 年 8 月，21 页

② ［清］沈秉成，沈练：《蚕桑辑要·广蚕桑说》，江西书局开雕，光绪丙申仲春，18 页

书横向流传的一种有效途径。目前收集的各类蚕书序跋中皆有撰序人对蚕书内容或技术的溢美之词，据此说明拜序过程中蚕书也被送至撰序人之手，其对蚕书也作了详细阅读，借此蚕桑农书及其技术知识便于官绅之间不断流传。同治元年（1862 年）重刻《蚕桑说》时"既刻于梁安，复于退居海阳时，推广其说，思续刻以行世，于是季美仰承先志，问序于予。"① 光绪十四年（1888 年）沈练子沈宝青重刻《蚕桑说》"先王父清渠公所著，道光庚子（1840 年）公官梁安学博，始付梓焉，咸丰辛亥（1851 年）再刊于海阳，同治壬申（1872 年）又刊于章门，近悦远慕，不胫而走，黔江台峤索书者，岁无虚月，不十数年，板又滤灭，光绪丙戌（1886 年）宝青令浙之归安，爰重锓之，以广其传。"② 光绪二十五年（1899 年）金华劝桑时刊刻《续蚕桑说》源于沈君剑芙，即为沈练之子孙。金华县事黄秉钧《续蚕桑说》也是《蚕桑说》内容的延续"适沈君剑芙昆仲以乃祖清渠先生所著《蚕桑说》见寄，雒诵至再诚哉，简明而易行也，小增损之重付手民，亦因地制宜耳"，③ 官绅之家后世子孙多以读书科举为业，为官者不在少数，将自己祖辈著作加以刊刻，既可劝课富民增加治绩、又能光宗耀祖青史留名，客观上也促进了传统社会蚕桑农书的传承。

直至光绪二十八年（1902 年）清江薄利公司刊印《蚕桑录要》，也仅仅对这部分内容略加改动而辑录。沈练晚年又参考当时新出的《蚕桑辑要》，将《蚕桑说》作了增订，并改名《广蚕桑说》，被多次合刊与辑补按语，光绪三年（1877 年）严州府知府宗源瀚设立蚕局，将《广蚕桑说辑补·蚕桑说》合一册刊刻，是为浙西村舍本。1879 年宗源瀚又于宁波刻《蚕桑辑要》来指导依法培补桑树。光绪丙申（1896 年）翁筱山方伯设立江西蚕桑总局，于江西书局重刻沈秉成《蚕桑辑要》、沈练《广蚕桑说》、沈炳震《乐府二十首》合一册刊刻。翁曾桂常熟人，早于湖南衡州已经刊刻过沈秉成《蚕桑辑

---

① ［清］沈练：《广蚕桑说辑补·蚕桑说》，原序，浙西村舍本，光绪三年九月重刊，2 页

② ［清］沈练：《蚕桑说》，溧阳沈氏板刻于归安县署，光绪十四年

③ 《中国农业史资料第 263 册》78 页；［清］黄秉钧：《续蚕桑说》序，双桐主人刊，光绪二十五年

要》，"衡州府翁先在衡郡举行前大著成效，刊有《蚕桑辑要》一书，法良意美，昨已觅得，是书查阅所载养蚕各条，多与卑县相宜，又查有浙人艺桑之法十有二，一曰种葚、二曰压条、三曰接枝、四曰移栽、五曰壅灌、六曰采摘、七曰去初桑、八曰伐边条、九曰禁再采、十曰收霜叶，十一曰剔枯叶、十二曰兼种柘。所论诸法言简易行，现经照录，并将辑要内养蚕各节摘出恭录，谕旨出示晓谕。"① 光绪二十四年（1898 年）郑文同"旋得郑君品瑚携赠《广蚕桑说》刻本一书，系溧阳沈清渠先生练前在绩溪司铎时所撰，详审精密"。② 官员携带赴任，并刊刻蚕书劝课的方式，促进了同光之际蚕书的大范围长时段的流传。1905 年邻水县劝办之时"奉到通饬之后，即将《广蚕桑说》暨《裨农最要》两书刊刷多发，以期普及。"③ 光绪三十三年（1907 年）章震福《广蚕桑说辑补校订》，现存同光时期《广蚕桑说》被辑补刊刻的版本共计有十七种之多。④ 此外，《蚕桑辑要》同名不同内容著作较多，例如光绪二十四年（1898 年）皖南苏锦霞"因通饬阖属兴办蚕桑，而邑学广文郑君文同，乃录《蚕桑辑要》一书，近公嘉纳之，适余来宰斯邑，奉饬喜甚，谨议举行，又得学博邵君庆辰襄助之，爰捐廉购秧分种以教民，复刊布其书，他说有可采者，间亦掺入焉，以期广其传。"⑤ 这部内容与沈秉成所著有很大差异，需要针对内容进行有效区分。

何石安于道光癸卯（1843 年）撰《蚕桑切要》，目前查阅方志与家谱皆无其具体生平信息。据其曾"劝人种桑养蚕，但多未见信"，便于"丁酉（1837 年）邀友人赵邦彦筑南山草堂"，"率内人躬操其事，一切饲养之经，明切指示"，⑥ 推测何石安大概为地方耕读士人。田尻利言何石安应为沙石庵更为符合史实，其为医士，籍贯

① 《湘报》，第一百五十七号，《藩辕牌示：辰谿县王大令道生举办蚕桑事宜并批》，3 页

② 《续修四库全书》，子部农家类 978 册 541 页；［清］郑文同：《蚕桑辑要》序

③ 《四川官报》，《公牍：督宪批邻水县设立蚕桑公局订立章程并劝办各情形禀》，1905 年，第 26 期，22 页

④ 张芳、王思明：《中国农业古籍目录》，北京图书馆出版社，2002 年 2 月，138 页

⑤ 《续修四库全书》，子部农家类 978 册 539 页；［清］郑文同：《蚕桑辑要》序

⑥ ［清］何石安、魏默深：《蚕桑图说合编·附蚕桑说略》原序，常郡公善堂藏板，同治己巳仲春重镌

武进，活跃于大港镇。后世曹笙南评价"惟何石安所著《蚕桑切要》，继增续编，瑞昌文柱藩苏时，加以图说，总曰合编，于法少备，桑蚕近刻，允推善本。"① 道光二十四年（1844年）《蚕桑切要》全部内容被文柱辑为《蚕桑合编·附图说》，开启其被多次辑录之路。田尻利指出，文柱《蚕桑合编·附图说》中"蚕桑技术十三条、缫丝法十二条、袁克昌绘图说"，与同治元年（1862年）尹绍烈《蚕桑辑要合编》和同治辛未（1871年）沈秉成《蚕桑辑要》相吻合，② 二者皆翻刻与辑录文柱《蚕桑合编·附图说》而成。赠阅与寄呈蚕桑农书是同光官绅间常见的交流方式，促进了蚕桑技术知识的交流与沟通。尹绍烈《蚕桑辑要合编》源于谒选来京的陆献，"烈供职比部，适同年丹徒陆伊湄大令谒选来京，得所刊《桑蚕事宜》一册，种桑之法无一不备。"③ 祖传与收藏也是蚕桑劝课农书的流传方式，同光之际蚕桑农书被其后世子孙刊刻的现象很普遍，这也是传统蚕桑技术纵向历史流传的重要手段。同治十年（1871年）常镇通海道沈秉成在文柱《蚕桑合编·附图说》基础上附录了其先父沈炳震《蚕桑乐府》，"出其先大夫东甫鸿博所著《蚕桑乐府》二十首，言简意赅，亟请付刊，以广流传。"④ 合刊而成《蚕桑辑要》。沈秉成由常镇通海道调任苏松太道"刊有携来任所之《蚕桑辑要》一书，绘有图形，极为明晰"。⑤ 从而成为晚清流传最广的一部蚕书，被多地劝课者翻刻，例如光绪三年（1877年）恽祖祁"出尊人畹香先生所辑《蚕桑备览》见示"，⑥ 之后便亟为校刊，颁行阖属，用于零陵劝课之用，其书中内容皆源于《蚕桑辑要》。清光绪七年（1881年）仲冬遵义县署翻刻同名《蚕桑备览》，藏于北大，内容不得而见。《蚕桑辑要》有同治辛未（1871年）夏六月常镇通海道署刊；光绪九年（1883年）季春金陵书局刊行等八个同光时期翻刻的版本，这还不包括其书籍名字和内容略见删减辑补而衍生的蚕书。直至清末仍有地方

① 《中国农业史资料第257册》129页；曹笙南：《五亩居蚕桑清课》，同治壬申
② ［日］田尻利：《清代农业商业化の研究》，汲古书院，1999年，120页
③ ［清］尹绍烈：《蚕桑辑要合编》，《倡种桑树说》，同治元年，1页
④ ［清］沈秉成：《蚕桑辑要》后序，常镇通海道署刊，同治辛未夏六月
⑤ ［清］《申报》，大清同治癸酉四月十三日，第三百十五号，1页
⑥ ［清］恽畹香：《蚕桑备览》序，恽祖祁刻本，光绪三年

官员劝课时延用其书。这主要得益于其"自种桑至收丝，条条分晰，又取诸器具，物物为图，其详备殆"，① 更适合劝课之用。此外沈秉成官至巡抚，名声显赫，为循吏榜样，也是其书广为流传的原因。例如同治八年（1869年）董开荣《育蚕要旨》序云"侯相以秉成首倡课桑之举，檄令选举熟习蚕桑之员，秉成以张司马亦贤，王贰尹良玉，荐侯相，胥任之，两君度地垦田，购桑雇工，克勤其事，邮寄《育蚕要旨》一编，请序，秉成受而读之。"② 可见董开荣请序沈秉成，从而得到了一些《蚕桑辑要》中的技术内容，对其劝课蚕桑与撰写《育蚕要旨》有一定帮助。《蚕桑辑要》多次翻刻与《蚕桑说》多次辑补按语在传承方式上虽然略有区别，但目的都是用于官员劝课。

三、新技术内容蚕书的创作

同光时期不仅仅辑录嘉道以来的劝课蚕书，本时期新技术内容蚕书也被创作和辑录。同治九年（1870年）吴烜撰《蚕桑捷效书》更加实用、贴近生活，著者根据自己的经历写成，"以数年中，耳闻目见，躬亲试验，复博采蚕桑诸书，择其可以取法者，汇著于编，以公同志，俾得广为劝导。"③ 由于时效性和应用性的增强，迎合了各地劝桑官员的需要。光绪八年（1882年）黄世本劝课时刊《蚕桑简明辑说》，"适见澄江吴君孔彰所著《蚕桑捷效书》，一再披览，说甚周详，因复广事咨询，旁加搜采，区分门类，汇为成编，倥偬授梓，未遑润色，而栽种之法，哺养之程，无不备焉"④；光绪二十七年（1901年）朱祖荣《蚕桑答问》对"澄江吴氏烜《蚕桑捷效法》一书，爰取为蓝本，略为删节，以归简明，间参他说，以补罅漏，演为《畲问》二卷"⑤；光绪二十八年（1902年）南溪劝课的饶敦秩撰述《蚕桑简要录》过程中，对"归安姚氏之易知录，澄江吴氏之捷效，钱塘黄

① ［清］董开荣：《育蚕要旨》序一，同治辛未，抄本
② ［清］董开荣：《育蚕要旨》序二，抄本，同治辛未，2页
③ ［清］吴烜：《蚕桑捷效书》自序，同治九年
④ ［清］黄世本：《蚕桑简明辑说·附补遗诸图》，光绪十四年，《四库未收书辑刊》四辑二十三册，北京出版社，1997年12月
⑤ ［清］朱祖荣：《蚕桑答问》，光绪二十七年刻本，20页

氏之简明辑说，及蜀中卫氏之萃编等书，详加选择，分类汇录，语删枝叶，义取浅近"。① 吴烜《蚕桑捷效书》自身也有同治九年（1870年）版本和光绪二十二年（1896年）江阴宝文堂等多个版本。《蚕桑捷效书》序跋数量很大，非作者序言就有同治九年（1870年）岁在庚午同学何栻拜序；同治九年（1870年）庚午初秋渔垞汪坤厚识；同治庚午（1870年）季夏守庭郑经序于沙洲旅馆；光绪丙申（1896年）孟春城西老圃苏道然拜序，加之著者同治九年（1870年）岁次上章敦牂仲夏吴烜自序，总计多达五篇不同时期的序跋。

光绪六年（1880年）方大湜的《桑蚕提要》"法极详备，惟文义稍深，篇幅较长，恐非妇孺所尽解，师其意作桑蚕说"② 有十个版本之多。1906年四川中江县蚕桑局选用《蚕桑提要》劝课蚕桑，据推测与《桑蚕提要》为同一部书，"潼川府属三台县自经劝课蚕桑，成效渐著，中江县赵大令因仿其法，在邑城创设蚕桑局，并刊行《蚕桑提要》全书，广为传播，更指拨邑南关外地势平阔之区，辟作桑园，布种桑秧数千株，以资实验而兴利源。"③ 同光之际新创作蚕书中涉及杭嘉湖技术内容的，数量上并不太多，④ 杭嘉湖蚕桑技术随着乾嘉道咸以来多次被撰写，尤其嘉道时期其技术精华不断被挖掘，多部经典杭嘉湖蚕桑技术蚕书问世。同光之际数量繁多的蚕书不断流传刊刻，主要通过辑补与通俗化等手段进行撰写，其技术很难再创新，基本固化不前，当然这其中也有受西方近代技术冲击、蚕种恶化、蚕利渐衰等诸多因素的影响。与此同时，同光时期传统杭嘉湖蚕桑技术却在异地引进与实践领域有了较大突破。

---

① ［清］饶敦秩：《蚕桑简要录》序，南溪官舍刻本，光绪壬寅二十八年，1页

② ［清］江毓昌：《蚕桑说》，瑞州府刻本，光绪末年，1页

③ 《东方杂志》第3卷第10期，《实业》，《各省农桑汇志》，1906年9月，193页

④ 章楷与曾雄生皆述"晚清大量蚕书主要集中于十九世纪八十年代后所撰刊"这一观点需要进一步澄清，笔者认为，乾嘉道咸是蚕桑农书杭嘉湖新技术内容主要创作时期，而之后虽偶有新撰刊蚕书出现，但大部分为官员劝课辑补刊刻之作。石声汉认为"十九世纪五十年代前蚕桑专书出现多种，但之后新出专业蚕书不值得提及，辗转抄录为主。"《石声汉农史论文集》，中华书局，2008年1月，405页，这充分说明同光蚕桑专书中技术创新之作并不多的事实

第二节　技术来源地区

　　中国古代蚕桑农书所撰技术的来源地区不断改变。宋代以前《齐民要术》等农书主要撰述北方蚕桑技术，经济重心南移之后，《蚕经》《补农书》等介绍南方蚕桑技术的农书开始出现。乾嘉道咸时期仍然有一些劝课蚕书介绍陕西与山东的蚕桑技术，如《豳风广义》《山左蚕桑考》，例如早在道光十九年（1839 年）贵州玉屏知县王存成在方伯庆《蚕桑简编》与道光十五年（1835 年）陆献《山左蚕桑考》的基础上，辑刊而成《玉屏蚕书》。① 但此际蚕书多以未单行刊刻的檄文告示为主，如《再示兴郡绅民急宜树桑养蚕示》《广行山蚕檄》《劝种橡养蚕示》等数量繁多。嘉道时期杭嘉湖技术更多的出现在蚕桑专书之中，同光之际这种现象更加普遍，撰写杭嘉湖蚕桑技术的蚕书在数量上占有绝对优势，而少量撰写广东顺德、贵州遵义、河南、山东、四川等地技术。蚕桑技术来源地区与当地蚕桑业繁荣与否有密切关系，明清以来全国传统蚕区"衰废不举"，惟杭嘉湖蚕桑业繁荣发展。乾嘉道咸时期北方等传统蚕区受棉业推广、蚕利减弱、低端蚕丝需求降低等因素影响，蚕桑业已经衰落；杭嘉湖则由于自然条件适宜、蚕丝质量优异、市场需求增大等原因，蚕桑业益发繁盛。② 例如在市场需求上"广东是江南以外中国最重要的丝织业地区，但直到清末，广东的上层阶级仍然穿着苏、杭的丝织品，因为本地丝织品质量逊于江南产品。""在清代，随着各地经济的发展和人口的增加，对于像丝绸这类相对而言的高级消费品的总需求也颇大增长。"③ 曾雄生认为："现存蚕书大多清代，特别是鸦片战争后至清朝覆亡前的。这些蚕桑书的内容大多反映南方，尤其是江浙地区的蚕桑

---

　　① 肖克之：《农业古籍版本丛谈》，中国农业出版社，2007 年 12 月，119 页。《玉屏蚕书》书中所言辑录方伯庆《蚕桑简编》，有两种可能：其一，由于杨名飐《蚕桑简编》嘉庆已经流传，被方伯庆收藏，于劝课之际拿出刊刻；其二，方伯庆自己撰写的《蚕桑简编》确实存在，目前不见存世，很难考证

　　② 中国农业遗产研究室：《太湖地区农业史稿》，农业出版社，1990 年 10 月，182 页

　　③ 李伯重：《江南的早期工业化（1550—1850）》，中国人民大学出版社，2010 年 5 月，296 页

生产技术。"① 同光之际杭嘉湖已经完全取代北方等传统蚕区成为蚕书技术来源的主要地区，同光劝课蚕书中80%②撰述的是杭嘉湖蚕桑技术。北方蚕桑业衰落仅以河南为例，吴海涛提到清朝中期"河南产木棉，而商贾贩于江南，民家有机杼者百不得一"，③ 并且总结了淮北纺织业衰退的诸多混合因素，包括：黄河泛淮并致的灾害多发、战乱、人口迁徙、惰性习俗等四个方面，这些都导致了北方蚕桑业逐渐衰落。晚清陕西河南灾害频发、食不果腹；安徽、山东等地区捻军起义的破坏；而惰性与习俗导致了长期农作物单一，北方蚕桑技术传统逐渐丧失。此外马俊亚观点中④以及河南蚕桑总局编写《蚕桑织务纪要》中皆能看出晚清淮北、河南等地的土壤长期受黄河与淮河水害、灾荒影响，已经很难发展蚕桑业。

一、杭嘉湖地区蚕桑技术

杭嘉湖地区是以湖州为中心，杭州和嘉兴为辅的嘉湖平原，自经济重心南移后，蚕桑技术逐渐领先全国。嘉道之后很多地方官员已闻杭嘉湖蚕桑甲于天下，同光时期全国范围内逐渐形成了引进杭嘉湖蚕桑技术的高潮，江浙、河南、直隶、山东、山西、新疆、甘肃、湖北、安徽、湖南、江西、福建、粤桂、滇黔等很多地区，都通过撰有杭嘉湖蚕桑技术的蚕桑农书进行劝课。杭嘉湖蚕桑技术在当时被奉为圭臬，四处传刻辑录最为普遍。

蚕书随着官员地区间迁任而横向流传，蚕桑农书是各地蚕桑局成立的书本理论来源之一，涉及蚕桑局机构设置理念的蚕书被四处传看，很大程度上影响了各地蚕桑局的成立。"东西部官员的交流，包括岗位的轮换促成了这些农书与知识的沟通"，⑤ 尤其太平天国后官

① 曾雄生：《中国农学史》修订本，福建人民出版社，2012年1月第2版，22页
② 据目前掌握约百部同光蚕桑农书中，80部主要撰写杭嘉湖蚕桑技术，其余则为其他地区家蚕技术、山柞橡椿樗等蚕桑技术或国外近代蚕桑技术
③ 《清史稿》，卷308《尹会一传》；转自吴海涛《试述古代淮北地区纺织业的盛衰变迁》，《中国农史》，2013年第2期，50页
④ 马俊亚：《从沃土到瘠壤：淮北经济史几个基本问题的再审视》，《清华大学学报（哲学社会科学版）》，2011年第1期（第26卷）
⑤ 张力仁，张明国：《古代外官本地回避制与东西部技术转移》，《科学技术与辩证法》，2005年4期，104页

员地区之间任职非常频繁，基层地方官不能久任"已为人们所公认"，① 这使得蚕桑农书被官员们带到异地的速度增快、范围扩大。如同治四年（1865 年）江宁府涂宗瀛"石城门内设桑棉局散发桑秧，刊有《种桑条规》"，② 又于抚粤西时刊刻《蚕桑辑要合编》和《简明易知单》，随后被分刊二种，附补遗及檄文。沈秉成曾于镇江和上海两次刊刻《蚕桑辑要》，抚粤西之际又再次设官蚕局刊刻，"恰值归安沈宪来抚是邦，下车之始，兴美利，怀永图，缘昔年备兵常镇设局课桑，著有《蚕桑辑要》一书，言简意明，成规具在，民间至今食德同一善政也。即可恩被南徐，何难惠敷西粤，今拟举办，凡在僚属，莫不鼓舞。……兹于试办之初，将辑要一编重刊。"③ 鸦片战争与太平天国后，官员之间交流更加频繁，加之晚清战事频发、电报等近代通信方式的发展、洋务运动地方蚕桑实业兴起等因素的影响，官绅间出现大量文书、书札、公牍，其中涉及很多赠阅寄呈蚕桑农书的内容，值得详细挖掘。如马丕瑶于广西发展蚕桑事业，卓有成效，其"上涂朗轩帅"④ 书牍中写到呈送河南巡抚涂宗瀛《蚕桑简易》一书。而且书牍与公牍本身也是重要的蚕桑技术知识交流途径，这些社会网络的建立也促进了蚕桑技术传播。晚清蚕书在地方官绅群体内部的流动性很大，这也是晚清大量蚕桑类农书作品面世的重要原因。光绪七年（1881 年）河南蚕桑织务局编刊《蚕桑织务纪要》中，豫山提到带着尹莲溪的两册蚕书《蚕桑辑要略编》秉臬中州旋摄藩篆，颁示分刊，与魏温云观察共相讨论。⑤ 河南蚕桑局刊刻尹绍烈赠送豫山的《蚕桑辑要合编》，"适署藩司本任臬司豫山自东省携来自刊

---

① 章开沅：《辛亥革命前后的官绅商学》，华中师范大学出版社，2011 年 7 月，143 页

② 《续纂江宁府志》卷之六，《实政》四，《中国地方志集成》，江苏古籍出版社 1991 年 6 月，51 页

③ ［清］沈秉成：《蚕桑辑要》，《跋》，广西省城重刊，光绪十四年春，1 页

④ 马吉樟，马吉森：《马中丞遗集·马中丞书牍》，光绪二十五年春马氏家庙，《书牍》卷一，《近代中国史料丛刊》第五十八辑，文海出版社，765 页

⑤ 《蚕桑辑要合编·附补遗》，《序》，河南蚕桑局编刊，光绪庚辰春月

《蚕桑辑要》一册，颇为精备，当经檄饬在省司道"。① 光绪六年（1880 年）颁发魏纶先《蚕桑辑要略编》与《蚕桑织务纪要》，主要在辑录尹绍烈《蚕桑辑要合编》基础上，撰写了杭嘉湖技术传播中"购桑、分桑、栽桑、规章、文书、批札、捐款、费用"② 等详细的过程，而《蚕桑织务纪要》中"阎丹初侍郎致豫东屏书：客岁承寄《蚕桑辑要》四部，极纫尽力民事，务本厚生"，③ 官员赠阅寄呈使得蚕桑农书横向流传起来，流传范围更广。

　　陕西光绪二十年（1894 年）西安贡生叶向荣刊《蚕桑说》印送同志、教导愚民，其书源自"长与异方人士交游，间有籍隶嘉湖者，谈及蚕桑之务，井井有条，荣欣然聆之，即为叩其成法，因得见规条杂说与夫图说乐府，荣借录其书，遵法树桑养蚕，颇著成效，阅历有年，于旧法外别有心得。"④ 笔者推测此部嘉湖蚕书为沈秉成《蚕桑辑要》，可见同光之际官绅群体间依然有结社、集会、交游等传统活动方式，群体组织网络上同僚、同科、同门、同乡都发挥交流的作用。广东地区蚕书也吸纳了杭嘉湖蚕桑技术，陈启沅《广东蚕桑谱》提到"吾粤土丝之美，不及湖丝，栽桑饲蚕之法，亦不若湖之周且备，近则详求博考，略得其法矣。"⑤ 羊复礼光绪十六年（1890 年）于广西泗城劝课时纂《蚕桑摘要》二十余则，补纂缫丝十则，并加绘图说，且以浙西蚕簇缫车较粤东价廉功倍，进而制作浙西的缫车。总之，各地劝课蚕书中出现杭嘉湖蚕桑技术是一个普遍现象，不胜枚举。同光之际蚕桑农书涉及杭嘉湖蚕桑技术内容并非主要源自于新创，多数为辑录刊刻撰有杭嘉湖技术的蚕书而成，这也正反映了劝课官员急于求成的心态，以致此类劝课蚕桑农书的数量骤增。

---

　　① ［清］《蚕桑织务纪要》，《奏创兴蚕桑织务折》，河南蚕桑织务局编刊，光绪七年，13 页；［清］葛士浚：《清经世文续编》卷三十六，户政十三，《试办蚕桑渐著成效疏（涂宗瀛）》，光绪石印本，697 页

　　② ［清］魏纶先：《蚕桑织务纪要》，河南蚕桑织务局编刊，光绪七年

　　③ ［清］魏纶先：《蚕桑织务纪要》，河南蚕桑织务局编刊，光绪七年，9 页

　　④ ［清］叶向荣：《蚕桑说》序，光绪丙申年刊，板存西安东乡十八都麻车叶垂裕堂

　　⑤ ［清］陈启沅：《蚕桑谱》序，光绪二十九年，3 页

同光劝课蚕书中有杭嘉湖蚕桑技术为间接来源地区。早在道光年间溧阳引进的杭嘉湖技术就传到了山东，陆献《山左蚕桑考》摘录德清人陈斌《蚕桑杂记》与溧阳人狄继善《课桑事宜》。[1] 同治时期江苏一些地方劝课蚕桑效果较好，比如镇江、扬州等地，当时流传很广，鼓舞了后期官员劝课蚕桑。光绪六年（1880年）河南蚕桑总局劝课时向扬州赵伯寅请教过蚕桑事宜，《蚕桑织务纪要》撰有《赵伯寅复书》："扬州方子箴都转法其政，亦于扬郡集资设立课桑局，并且赴镇在沈观察处领得桑秧五千株，复又在湖郡添购桑秧万余。"[2] 后者将扬州方浚颐劝课时如何购桑，雇觅工匠、栽桑嫁接、运输桑秧、蚕种饲养、董绅作用等详实告知魏纶先。光绪二十一年（1895年）曹偁在山东潍县劝课时撰写《蚕桑速效编》，其技术来源于江阴吴烜《蚕桑捷效书》，"偁因推广吴君所著论说，考证东省土性之宜，并附列潍县陈绅所著《劝兴蚕桑说》，汇为一编，名曰《蚕桑速效编》。"[3] 以上这类间接引用杭嘉湖蚕桑技术内容的地区不是很多，但其反映了杭嘉湖蚕桑技术传播过程中有些地区确实取得了良好的效果，并且通过这种间接引进技术方式扩大了杭嘉湖蚕桑技术的传播范围，也增加了杭嘉湖蚕桑技术农书创作数量。尽管蚕桑农书在内容上辑补为主，但这也是中国古代蚕桑农书的重要传承方式，这对蚕桑古籍保护与传统蚕桑技术继承都有积极意义。

二、其他地区蚕桑技术

同光之际撰刊其他地区技术的蚕书数量不多，约有十多部，其技术在小地域范围内被官员引进和推广，主要涉及杭嘉湖技术之外的家蚕与山柞橡椿樗等技术。如在粤桂传播的广东顺德技术，光绪十六年（1890年）羊复礼《蚕桑摘要》撰广西所植皆粤桑，所育皆粤蚕，到粤东顺德等处采买桑苗；光绪十五年（1889年）黄仁济《教民种桑养蚕缫丝织绸四法》撰有购买广东顺德桑秧和雇觅粤匠；光绪丁

---

① ［清］陆献：《山左蚕桑考》，附狄继善《蚕桑问答》，《课桑事宜》，道光十五年
② ［清］《蚕桑辑要合编·附补遗》，河南蚕桑局编刊，光绪六年，48 页
③ ［清］曹偁：《蚕桑速效编》，光绪二十一年辛丑，1 页

西（1897 年）蒋斧《粤东饲八蚕法》用连平州与顺德治地法相比较。① 主要在川滇黔传播的遵义技术，光绪二十年（1894 年）四川宜宾江国璋劝课时遣人赴遵义雇觅蚕师四人，购蚕种二万，同时将遵义郑珍著《樗茧谱》，"付局中就原本推明衍绎，杂以方言，校刊付梓"，② 而道光十七年（1837 年）郑珍的《樗茧谱》仅光绪时期就有十二种版本之多。③ 刊刻地点分布于山西、河南、泸州、宜宾、西安、孝感。光绪丙午（1906 年）遵义夏与赓于太息邑刻《山蚕图说》，"遣人赴黔，雇聘蚕师购买蚕种"，"由黔雇来工匠十余人"。④ 在鄂豫交界地带传播的河南技术，光绪十年（1884 年）茹朝政《山蚕易简》认为安陆县与河南接壤，购种聘匠甚近，往河南请蚕师。在直隶与川渝传播的四川技术，卫杰《蚕桑萃编》"今直隶候补道卫观察杰，辑古今成法，及蜀中诸法。"⑤ 同光之际蚕桑农书于上下级、同僚、挚友、同科之间拜序很普遍。光绪二十一年（1895 年）直隶总督王文韶说"余奉署理直隶总制之命甫视事，而蚕桑局衙道以所撰《蚕桑图说》寄呈问序。"⑥ 而总督李鸿章写到"今春衙道以所述蚕桑图说浅说问序于余，戎机之暇，批阅是书。"⑦ 官绅间撰写序跋，互相学习，能够促进本地区的蚕桑劝课。此外，还有山东、陕西等传统蚕区技术被劝桑者重新采用的现象。

上述引进和推广附近以及传统蚕区技术的状况，呈现出区域块状分布特点。之所以如此，首先与当地气候有关，官员要因地制宜，注意地形地貌，水质土壤，就近学习。其次与官员籍贯有很大关系，很

---

① 吴建新提出岭南几部蚕书参与地方劝课的内容并不明显，晚清岭南蚕书大概有《蚕桑谱》《粤东饲八蚕法》《粤中蚕桑刍议》《岭南蚕桑要则》，主要是专门撰写顺德地区蚕桑技术为主的专著，同时吸收杭嘉湖与国外技术内容。这几部著作的作者并非地方劝课官员，主要是本着著书立说，有益于本地蚕桑技术发展，记录本地区蚕桑技术内容，究其原因，顺德与杭嘉湖地区一样，蚕桑技术发达，而两地蚕桑业无需官员劝课，便能得到良好地发展

② ［清］江国璋：《教种山蚕谱·樗茧谱》序，宜宾官署，光绪甲午夏刊，2 页

③ 张芳，王思明：《中国农业古籍目录》，北京图书馆出版社，2002 年 2 月，136 页

④ ［清］夏与赓：《山蚕图说·劝放山蚕图说》序，版存合江农务局，光绪丙午孟秋刊

⑤ ［清］卫杰：《蚕政辑要》序，光绪二十五年刻本，1 页

⑥ ［清］卫杰：《蚕桑萃编》卷十一叙，浙江书局刊刻，光绪二十六年，1 页

⑦ ［清］卫杰：《蚕桑萃编》卷十二叙，浙江书局刊刻，光绪二十六年，1 页

多官员没有游历过杭嘉湖或者并非出生于江浙，对其技术并不了解。而这些引进和推广其他技术的地区，其往往是传统蚕区，尽管已经败落或是发展规模很小，但其名气和经验仍是官员再次劝课的充分理由。再次，劝课地区附近是否有蚕桑发展很好的实例与采用何地技术也有关系，如滇黔距离杭嘉湖很远，而附近遵义富庶皆因养蚕之效。最后，光绪末期近代技术开始应用于育种和缫丝领域，其对于地域性来说依赖减少，产量提升很快，广东顺德陈启沅《蚕桑谱》中提到引进缫丝机器①；吉林和奉天也开始发展蚕桑，光绪三十四年（1908年）吉林成立蚕桑局和山蚕局，许鹏翊撰写《橡蚕新编》，进行蚕桑改良和试验场发展。

三、西方近代科学技术

光绪末年融入西方近代科学技术内容的蚕书逐渐增多，多被用于官员劝课。而鼓励学习西方技术，发展本国蚕桑业为初衷的翻译类蚕书也大量出现，两类蚕书单行刊刻本约十几部。技术主要来源于日本、法国、德国、意大利、美国，撰者包括外国人、开明官绅或近代科技杂志与教育工作者。如光绪九年（1883年）洋商白尔辣《摘刊蚕瘟说略》②；光绪十五年（1889年）浙海关税务司英国人康发达《蚕务说略》；江志伊《种桑法》中"日本压条和栽桑新法"③；福州蚕桑公学《饲蚕浅说》撰有"东西洋蚕书"④；光绪二十六年（1900年）卫杰《蚕桑萃编》收录"英人康发达的拟整顿蚕务法、讲求蚕务法、查看蚕病法、法国蚕子收成数目及蚕病情形、法国蚕务英人江金往学情形""日本蚕务"⑤；光绪二十九年（1903年）杭州蚕学馆李向庭辑《蚕桑述要》言"是编所载多系蚕事，而蚕学新理间亦附入。"⑥并技术上参考《喝茫蚕书》，注重新法。光绪三十年（1904年）林绍年的《种桑浅要》介绍了很多西方工具和技术，如华氏温

① ［清］陈启沅：《蚕桑谱》，光绪二十九年
② 张芳，王思明：《中国农业古籍目录》，北京图书馆出版社，2002年2月，133页
③ ［清］江志伊：《种桑法》
④ ［清］《饲蚕浅说》，福州试办蚕桑公学刊行，光绪二十七年
⑤ ［清］卫杰：《蚕桑萃编》卷十四与卷十五，《外记》，浙江书局刊刻
⑥ ［清］李向庭：《蚕桑述要》光绪癸卯，凡例

度计的使用。大量翻译类蚕书主要附录于杭州蚕学馆《农学》，上海农学会《农学报》与各类《经世文编》之中。比如《农学》里："日本的秋蚕秘书、生丝茧种审查法、简易缫丝法、实验蚕病成绩报告一二三、蚕体解剖讲义等；法国的喝茫蚕书序列、饲育野蚕识略；奥国饲蚕法。"① 同光之际单行本翻刻蚕书在数量上并不多，仅有光绪二十四年（1898 年）张坤德译《泰西育蚕新法》、光绪三十四年（1908 年）傅莨猷编译《蚕体病理》、光绪二十八年（1902 年）浙江官书局刊法国巴士德《论养蚕新法》、光绪二十四年江南制造局刊英国傅兰雅口译《意大利蚕书》、1904 年浙江官书局刊针塚长太郎《最新养蚕学》。同光时期蚕书仍然是以传统杭嘉湖蚕桑技术为主流，而近代蚕桑技术的传入仅仅是一种过渡形态。比如山东宁海州设立农桑支会会所，于会中议事厅置备《蚕桑辑要略编》《农学报》及长山、青州等地种桑诸书，通过传统与近代技术蚕书混合搭配，是一种过渡的体现。宣统以后，随着蚕业学校大量兴办与蚕业改良普遍开展，单行本译书不多的局面才彻底改观（表 3-2）。

表 3-2　民国时期的蚕桑丝绸专著摘要

书名	作（译）者	籍贯	出版单位	时间
最新养蚕法	关维震	浙江宁波	商务印书馆	1920
蚕卵稀盐酸人工孵化法	朱新予译	浙江萧山	新学会社	1924
古今合纂殖桑法	金步瀛	浙江嘉兴	浙江省立图书馆	1930
蚕种学	求良儒	浙江嵊州	新亚书局	1933
蚕业要览	顾青虹	江苏无锡	浙大蚕桑系同学会出版委员会	1933
中国实业志（浙江省）	中央实业部		中央实业部	1933
桑树栽培学	戴礼澄	浙江奉化	商务印书馆	1934
蚕种学	梅谷与七郎著，汪协如译	著者日本译者安徽	商务印书馆	1934
中国蚕丝	乐嗣炳	浙江镇海	上海世界书局	1935

① ［清］《杭州蚕学馆章程》一卷，石印本，收录于《农学》

（续表）

书名	作（译）者	籍贯	出版单位	时间
嘉氏提花机及综线穿吊法	王芸轩译	浙江嘉兴	商务印书馆	1935
栽桑学	朱美予	浙江湖州	中华书局	1935
原蚕品种之性状	浙江省蚕丝统制委员会		浙江正楷印书局	1936
实用织物组合学	蒋乃镛	浙江长兴	商务印书馆	1937
绍兴之丝绸	王廷凤			1937
蚕丝业泛论	戴礼澄	浙江奉化	商务印书馆	1938
杭州的绢织物业	小野忍	日本		1943
中国纺织染业概论	蒋乃镛	浙江长兴	中华书局	1944
英华纺织染辞典	蒋乃镛	浙江长兴	世界书局	1944
纺织染工程手册	蒋乃镛	浙江长兴	中国文化事业社	1944

资料来源：袁宣萍，徐铮：《浙江丝绸文化史》，杭州出版社，2008年1月，229—230页

126

通过以上材料可以看出，民国时期传统蚕桑技术内容的书籍已经少见，近代西方蚕桑技术内容的翻译与撰写之作骤增。"进入民国，浙江的丝绸业初步实现了工业近代化，蚕桑丝绸的各项先进技术进一步被引进，并由于印刷及出版业的发展，民国丝绸著作也大量出现，内容涵盖桑树栽培、蚕种养殖、制丝、织造、印染及纺织机械等各个方面并出现了大量的针对一地的丝绸业各方面开展的实地调查报告。此外，浙江籍的蚕桑丝绸专家还在《纺织周刊》《科学》等杂志发表了为数众多的专业论文。"[1] 据肖克之所言，民国时期蚕病专书在数量上也不少，有待于梳理。王俊强编写的《民国时期农业论文索引（1935—1949）》将民国时期农业期刊杂志内容进行整理，此处仅将书中涉及蚕桑技术内容的期刊杂志进行梳理，包括《蚕丝杂志》《中国蚕丝》《中农月刊》《中华农学会报》《农报》《新农林》《安徽农业》《浙江农业》《琼农》《农林新报》《中央大学农学丛刊》《农声》《农业周报》《农村建设》《农村月刊》《农铎》《中蚕通讯》

———————

① 袁宣萍，徐铮：《浙江丝绸文化史》，杭州出版社，2008年1月，229页

《新农村》《广东蚕声》《新农通讯》《河南农讯》《女蚕》《浙江省蚕种制造技术改进会月刊》《广东农业战时通讯》《中国农村创刊》《江西农讯》《镇蚕》《蜀农》《建设周讯》《农村经济》。

第三节　蚕桑局刊刻的蚕书

　　晚清蚕桑局最为根本的作用是劝课蚕桑，而蚕桑农书则是劝课蚕桑的重要工具，在晚清社会技术知识传播的手段有限，而书籍无疑成为一个重要方式，因此，各地蚕桑局普遍选用撰刊蚕桑农书的方式进行劝课。晚清蚕桑局刊刻大量蚕桑农书，种类繁多，在以上整个晚清历史阶段所撰刻蚕桑农书研究的基础之上，本节单独将蚕桑局劝课蚕桑过程中选取和刊刻的蚕桑农书作为研究对象。目前整理晚清蚕桑局数量为七十多所，将这七十多所蚕桑局选取和撰刊蚕桑农书进行梳理后，发现其主要是晚清一百五十多部蚕桑专著中非常具有代表性的著作，可以说蚕桑局所用劝课蚕书，其在内容和特点上、技术和来源地区以及社会经济背景、劝课人物特点都与以上两节所撰述晚清蚕桑农书整体面貌相契合。

表3-3　晚清蚕桑局刊刻和使用蚕书统计表

时间	地名	倡设者	书名与藏板
道光二十二年（1842年）	丹徒城东	陆 献	《课桑事宜》；合肥刊《山左蚕桑考》，陈斌《蚕桑杂记》
道光二十四年	丹徒城南郊鹤林寺	文 柱	《蚕桑合编一卷附图说一卷》，道光二十四年内附《丹徒蚕桑局规章程》，南京图书馆藏
同治元年（1862年）	淮安清江浦	尹绍烈	《蚕桑辑要合编》尹绍烈，同治元年
同治四年	江宁桑棉局	涂宗瀛	《种桑条规》
同治六年	广西容县	陈师舜	《蚕桑事宜》《蚕桑简编》
同治九年	太仓州	吴承潞	《蚕桑图说》王世熙，光绪乙未，太仓蚕桑局藏板
同治十年	金坛县	曾绍勋	沈青渠《广蚕桑说》附学使彭久余广蚕桑序
同治十一年	扬州课桑局	方浚颐	《淮南课桑备要》方浚颐，同治十一年，钞本，南京图书馆藏

（续表）

时间	地名	倡设者	书名与藏板
同治辛未	镇江	沈秉成	《蚕桑辑要》，同治辛未夏六月常镇通海道署刊
同治十二年	上海	沈秉成	《蚕桑辑要》，光绪九年季春金陵书局刊行
同治十二年	南汇县	罗嘉杰	附《种桑法》与《章程》
光绪元年（1875年）	寿州课桑局	任兰生	《蚕桑摘要》吴江任兰生撰，光绪元年
光绪三年	浙江严州	宗源瀚	《广蚕桑辑要》
光绪六年	襄阳置局	方大湜	《桑蚕提要》方大湜，光绪壬午夏月都门重刊
光绪六年	河南蚕桑总局	涂宗瀛、魏纶先	《蚕桑织务纪要》，附《蚕桑辑要略编》，清·豫山编，光绪六年，南京图书馆藏。《蚕桑要合编》二册，附补遗，光绪庚辰春月，河南蚕桑局编刊，南京图书馆藏
光绪十一年	天台劝桑局	石康侯	《劝种桑说》吕桂芬，王莲舫学师辑《蚕桑须知》一卷
光绪十五年	桂林府蚕桑局	黄仁济	《教民种桑养蚕缫丝织绸四法》黄仁济，光绪十五年《蚕桑简易法》马丕瑶，光绪丁未河东道署重印
光绪十六年	东莞设蚕桑局		辑《蚕桑格式》一书沿乡散发宣统《东莞县志》
光绪十六年	广西来宾	张师厚	刊布《蚕桑实济》《蚕桑宝要》
光绪十六年	崇善	李世椿	劝民蚕桑歌实际
	瑞州	江毓昌	《蚕桑说》江毓昌，瑞州府刻本
光绪十八年	直隶	卫杰	《蚕政辑要》卫杰序，光绪二十五年，《蚕桑萃编》浙江书局刊刻，光绪二十六年，《蚕桑浅说》卫杰
光绪十八年	泾阳县	涂宜俊	宣统《泾阳县志》，刊《豳风广义》
光绪二十一年	陕西		清杨屾撰《蚕桑备要图说》三卷
光绪二十二年	江西蚕桑官局	翁曾桂	《蚕桑辑要》沈秉成、《广蚕桑说》沈练，光绪丙申仲春，江西书局开雕，合一册
光绪二十三年	武康县设局	吕桂芬	《蚕桑要言》吕广文，求志斋本，光绪二十二年
光绪二十三年	芜湖课桑局	袁昶	《齐民要术》《蚕桑辑要》《广蚕桑说辑补》《蚕桑说》

128

时间	地名	倡设者	书名与藏板
光绪二十三年	湖北蚕桑局	张之洞	《农学报六六月下》第一册辑刊《蚕桑简编》
光绪二十三年	奉新县课桑局	钟大令	《农学报》第二册四月下，附《蚕桑事宜六条》
光绪二十三年	赣州蚕桑总局	贾韵珊	第二册农学报十四十月下章程录要
光绪二十四年	直隶	王夔帅	《蚕桑图说》卫杰，光绪二十年
光绪二十四年	常昭蚕桑局		朱祖荣：《蚕桑问答》二卷
光绪二十四年	直隶蚕桑局	王夔帅	《种桑养蚕简明捷要法》，第二册农学报十七十二月上
光绪二十五年	金华捐资设局	黄秉钧	《续蚕桑说》，光绪己亥二十五年，双桐主人刊
光绪二十七年	福建桑棉局与蚕桑局	左宗棠	《栽桑浅说》；《饲蚕浅说》不著撰者，福州试办蚕桑公学刊行，光绪二十七年，浙江图书馆藏
光绪二十八年	泰兴	龙璋	《蚕桑浅说》龙璋，光绪二十八年，1902年石印本
光绪三十年	南阳县	潘守廉	《养蚕要述》《栽桑问答》《蚕病辨微》《椿蚕浅说》，王戴中编《椿蚕说》、周锡纶编《蚕桑辑说略编》。
光绪三十一年	古北口蚕桑局	冯树铭	《禀准创办古北蚕桑织布章程节略》，又名《蚕桑广荫》
光绪三十二年	中江县	赵大令	《蚕桑提要》
光绪三十三年	吉林设山蚕局	许鹏翮	《橡蚕新编》，光绪三十四年，南洋印刷官厂印

表 3-3 反映出晚清蚕桑农书中，一些极具代表性的蚕桑专著都参与了蚕桑局劝课活动，这些著作代表了晚清传统蚕桑技术的发展状况。此外，江阴劝课蚕书《蚕桑捷效书》流传较广，其参与蚕桑局与否仅从其"公议禁窃桑章程：各牙行代客买桑，应同客到园估剪，或送行过称，如有棍徒窃取到行私售者，拿获随时送局议办，行主人不先声明，私相授受，一并重惩。"[1] 此处出现了"送局议办"，具其序言中提到撰写时间情形大概为：同治六年（1867 年）汪渔垞

---

① ［清］吴烜：《蚕桑捷效书》，江阴宝文堂，光绪丙申孟春

"自丁卯秋奉檄权篆蓉江，周历四境，地广人稀，盖兵燹之后，元气犹未复焉。"与善士吴孔彰购买桑秧给民试种。同治八年（1869年）己巳调任京江后仍与善士吴孔彰联系密切，如《蚕桑捷效书》一段序为其所撰。① 目前仅能推测其为太平天国战后所设立的保甲局或者蚕桑局，这是一部重要的江南地方官绅劝课之用的蚕桑专著，笔者撰述时也将其列入其中。总体来讲，晚清历史阶段内蚕桑局所选用与刊刻蚕桑农书，在整个晚清一百五十多部蚕桑农书中已经非常具有代表性。

一、蚕书的体例与结构

晚清蚕桑专书数量骤增与蚕桑局有很大关系。"清一代约占96%，而清代本身分布情况也是前少后多，前期只占7.8%，中期占14.2%，而后期占77%"。② 晚清兴起蚕政，大规模劝桑，蚕桑局刊刻蚕书也是必要一环。章楷《中国栽桑技术史料研究》《中国古代养蚕技术史料选编》主要对重要蚕桑农书只是进行摘录，按照蚕桑技术内容分类，对于了解传统蚕桑技术内容有很大帮助。王毓瑚《中国农学书录》与华德公《中国蚕桑书录》撰述的方式与内容较为相似，前者涉及较广，不仅仅局限蚕桑专书，而后者仅对蚕桑著作进行梳理，可谓研究传统蚕桑技术必不可少的目录书籍，华德公先生对中国蚕桑史研究作了重要铺垫性工作，发现、检寻出汉朝到清末蚕桑古籍二百七十余种，并一一进行了成书背景、作者生平、内容特点及版本的研究，书中评述颇为详实。而对晚清蚕书内容介绍不少，具体到内容特点与目录体例。《中国农业古籍目录》也是研究蚕桑农书的一部重要工具书，相比细致的记载每部蚕书内容来说，此书主要介绍蚕桑农书的馆藏和版本。总之，上述研究内容并未整体与直观地呈现出蚕桑农书面貌，历来出版的古代著名蚕桑农书数量有限，若更进一步了解蚕桑农书内容，就要介绍得更加细致与具体。以下将各部蚕书分为单行本与非单行本两大类。详细整理出主要内容，将就蚕书详细内

---

① ［清］吴烜：《蚕桑捷效书》，《序言》，同治九年庚午初秋渔坨汪坤厚识，同治九年

② 肖克之：《农业古籍版本丛谈》，中国农业出版社，2007年12月，187页

容做更直观的介绍。

单行本蚕书。即已经刊刻出来的蚕书，大量存在。单行本蚕书是比较完善、系统的传统农业专书。现存古籍来看包括三大类：封皮信息、序跋内容；桑蚕缫丝技术内容；劝课各项事宜、管理、纪要、奏疏、章程、告示、易知单。

陈光熙《蚕桑实济》：树桑捷验卷一包括：水深土厚高寒之处宜树桑说、地卑水浅处甚宜树桑说、河决水淹之地急宜树桑说、家宅坟园树桑说、种桑秧、接桑种、修桑条、培桑土、去桑虫、种桑子法、盘桑条法、压条分桑法、栽树桑法、栽地桑法、散种地桑法、移栽小桑法、修科树法、又科树法、接桑法；育蚕预备卷二包括：预收蚕食、预收簇科、预收蓁草、预收火料、预置火具、预织藁荐、预制桑剪、预制叶刀、预编叶筐、预编蚕筐、预织叶筛、预织蚕筛、预造蚕架、预织箔曲、预造蚕槌、预造蚕椽、预编蚕盘、预造蚕杓、预造蚕匙、预织蚕网、预养蚕猫、预制蒸笼、预造丝车、预造丝轩；育蚕切忌卷三包括：忌寒冷、忌骤寒骤热、忌西南风、忌仓卒开门、忌食湿叶及干枯叶、忌食雾叶、忌食气水叶、忌食黄沙叶、忌食肥叶、忌喂叶失时、忌沙燠不除、忌高抛远掷、忌秽气、忌香气、忌灯油、忌面生人；育蚕急务卷四包括：立蚕母、祭先蚕、论蚕、择种下子法、养种蚕、沥蚕种、育蚕种法、醮种、养蚕总要、初蚕下蚁法、劈蚁法、裹种、窝种、子转、报头、收蚕、馁蚕、体蚕、头眠饲法、停眠饲法、大眠饲法、上簇法、饲四起四眠蚕、摘茧法、蒸茧法、剥茧、分茧、缫丝法、缫水丝法、缫火丝法、谢蚕神说；蚕桑杂附卷五包括：绵茧蒸法纺丝、脚踏纺车、种柘法、养热蚕法、养㯷蚕法、种木绵法；蚕桑补遗卷六包括：蚁叶核计、按时捕虫、编篓贮叶、糁叶除湿、造制折架、购买抬网、体刮须知、对时饲叶、临眠取齐、量蚁备簇、择茧防误、火炕收茧。

沈练《蚕桑说》：蚕桑说序、树桑法二十一条、饲蚕法七十条。

何石安《蚕桑图说合编》：道光癸卯岁嘉平月朔日何石安序，道光二十四年（1844 年）岁在甲辰仲冬月吉苏藩使者瑞昌文柱，图说，合编包括：辨桑法、接桑法、移栽剪桑法、科斫桑条法、蚕性总说、浴种生蚁法、下蚁法、饲蚕法、断饲眠法、饲蚕起底法、上簇法、原蚕法、收种法、缫丝法十二条补辑；蚕桑说略包括：说桑五条、说蚕十条、蚕桑续编、广蚕桑说。

沈秉成《蚕桑辑要》：同治辛未（1871年）仲秋之月丹徒吴学堦谨识，图说，诸家杂说包括：辨桑法、接桑法、移栽剪桑法、科斫桑条法、蚕性总说、浴种生蚁法、下蚁法、饲蚕法、断饲眠法、饲蚕起底法、上簇法、原蚕法、收种法、缫丝法十二条；蚕桑杂记：桑树有三种、培桑有十法、种橡树饲野蚕法、养蚕法、养野蚕法、纺野茧法、乐府二十首、计开九项。

方浚颐《淮南课桑备要》：扬州课桑局记、上两江总督禀、计开九项；诸家杂说：辨桑法、接桑法、移栽剪桑法、科斫桑条法、蚕性总说、浴种生蚁法、下蚁法、饲蚕法、断饲眠法、饲蚕起底法、上簇法、原蚕法、收种法、缫丝法十二条；蚕桑杂说：桑树有三种、培桑有十法、养蚕法。

王世熙《蚕桑图说》：光绪二十一年（1895年）岁次乙未三月国子监典簿衔太仓州学正茔泽黄元芝谨序、光绪二十一年旃蒙协洽之寎月宜兴任光奇书、自序；金编蚕桑总论包括：土布衣桑辨、蚕桑木棉不相妨而相益论、蚕桑论、桑种说、种桑葚法、接桑法、种桑秧法、压桑条法、缚接桑法、阉野桑法、紥绊接科法、绊养桑法、拦桑枝法、假拦桑法、剪桑叶法、耘二叶法、移桑法、修桑法、治桑虫法、壅桑法、垦地锄草法、原性治病法、捋羊叶法；石编桑种图说包括：桑葚图、荆桑图、鲁桑图、荆桑接鲁桑图、盘桑图、压桑图；丝编植桑图说包括：一乂图、双乂图、四乂图、八乂图、十六乂图、桑剪图、桑锯图、接桑剪图、刮桑钯图、喷筒图、凿钉图；竹编采叶图说包括：桑钩图、叶棓图、桑梯图、担桑凳图；匏编育蚕图说包括：切桑砧图、叶筛图、蚕筐图、蚕网图、大蚕植图、小蚕植图、担蚕毛图、蚕箸图、稻草簾图、草疏图、饲蚕凳图、地蚕凳图、山棚芦簾草帚图、茧篮图；土编选茧图说包括：生蛾捉对图、蚕连布子图、浸种图；革编缫丝图说包括：车状图、车轴图、牌坊图、丝称图、牡孃镫绳图、做丝手图、踏脚板图、火盆图、丝竃烟筒图；木编织纴图说包括：丝籰图、络车图、经架图、纬车图、织机图、梭图、绵豁图、拓绵乂坠梗图、枯杵图。

江毓昌《蚕桑说》：计开章程十一条、种桑说包括治土、种桑秧、移栽、压枝、接桑、浇灌、壅培、修剪、采叶、除害、余利；养蚕说包括：喜忌、煖子、上山、摘茧、蒸茧、留种、预计数目；缲丝做绵抽丝说包括：缲丝、做绵、抽线（以后残缺）。

方大湜《桑蚕提要》：蚕桑说、桑蚕局记、桑蚕提要凡例、桑政二十三条包括：桑种九则、桑地二则、桑具十三则、种葚三则、移栽十则、压条二则、插枝二则、接桑十五则、浇水四则、浇粪七则、培壅四则、耘锄四则、修剪六则、除害五则、采叶四则、桑间种植二则、蚕外余利六则、柘二则、橡二则、栎二则、槲二则、青㭎二则、臭椿二则；蚕事四十条包括：蚕种四则、蚕性二则、蚕屋七则、蚕食三则、蚕料八则、蚕具三十则、蚕母四则、采桑五则、饲叶七则、易器六则、留种七则、浴种三则、生蚁五则、收蚁五则、育蚁五则、头眠三则、头眠起后二则、二眠三则、二眠起后二则、三眠三则、三眠起后二则、大眠三则、大眠起后二则、地蚕五则、老蚕二则、䌷山八则、上山七则、摘茧六则、杀茧三则、缲丝十八则、做绵四则、抽丝三则、夏蚕四则、养夏蚕法九则、秋蚕四则、养秋蚕法四则、柘蚕三则、养柘蚕法二则、山蚕八则、养山蚕法春季十五则、秋蚕七则。

吕广文《蚕桑要言》：种桑法包括：要言、桑秧、土宜、垦地、种法、壅法、植草桑法、接法、植湖桑法、推广培壅法、收叶迟早、获利之厚；育蚕法包括：要言、选种、备叶、蚕器、蚕室、哺蚕、担蚕、烘火、饲蚕、替蚕、蚕眠、沥食、放食、叶忌、采叶、蚕忌、雷忌、蚕病、做山、上山、护山、接山、朗山、收茧、畜猫、夏蚕、占验。

许鹏翙《柳蚕新编》：柳种类考、蒿柳性质、栽柳地宜、栽柳节气、栽柳方法、修理蚕场、栽柳栽桑难易说、种柳种橡利益说、蒿柳图、野蚕类考、柳蚕性质、柳蚕节气、柳蚕种子、放夏季柳蚕法、放秋季柳蚕法、柳蚕颜色、柳蚕桑蚕之同异、柳蚕橡蚕之同异、柳蚕十利。

卫杰《蚕桑萃编》：卷首包括：纶音目录、诏劝农桑、御制耕织图序并诗、圣谕重农桑、上谕饬各省举行蚕政；卷一稽古包括：历代诏制类、历代劝课类；卷二桑政包括：辨土类、辨水类、论耕类、论粪类、辨桑类、辨叶类、辨畦类、祈雨类、种葚类、辨栽类、移栽类、压插类、接博类、浇灌类、培壅类、耘锄类、修剪类、护桑类、治虫类、兼种；卷三蚕政包括：蚕始类、蚕性类、蚕室类、蚕具类、蚕料类、蚕饲类、采叶类、审候类、易器类、留子类、浴子类、生蚁类、收蚁类、育蚁类、头眠类、二眠类、三眠类、大眠类、上簇类、摘茧类；卷四缫政包括：缫法类、缫具类、制茧类、煮丝类；卷五纺政包括：纺络类、纺器类、水纺类、旱纺类；卷六染政包括：染始类、染涷类、料物类、色泽类；卷七织政包括：机具类、工艺类、经纬类、养樗蚕织粗细附、缎绸类；卷八绵谱包括：茧余类、制绵类；卷九线谱包括：茧绒类、抽丝类；卷十花谱包括：花卉类、花纹类；卷十一图谱包括：桑器图类、蚕器图类、纺织器图类；卷十二图谱包括：桑图咏类、蚕图咏类、缫丝图咏类；卷十三图谱包括：豳风图咏类；卷十四外记包括：泰西蚕事类；卷十五外记包括：东洋蚕子类。

非单行本。即并没有单独刊刻，主要散落在各类报刊、方志、文集之中。主要包括：劝课背景与原因、规定章程、管理运行、桑蚕缫丝技术内容。

陆献《山左蚕桑考》中《蚕桑问答》《课桑事宜》。课桑事宜包括：种葚、压条、移树、接本、采叶、道光十五年（1835 年）乙未八月献既绀课桑事宜呈、治愚弟莱阳荆宇焘跋、道光十五年九月朔日山东候补知县年愚弟李沣顿首拜。

地方志中南汇种桑局：桑局、附种桑法、附章程、存款。《申报》中蚕桑规条：宁郡宗太守创设《蚕桑局条规九条》[①] 分两期刊登。《农学报》中赣州蚕桑总局：《赣州蚕桑总局拟章》《赣州蚕桑总局拟章续上册》。湖北蚕桑局：《湖北蚕桑局章程》《厘定章程二十六条》。福建农桑局：《闽督许奏设农桑局折稿》。

晚清蚕桑局所用蚕书是中国传统蚕桑农书的一个时代缩影，是传统蚕桑农书发展的高峰。传统蚕桑农书的体例特征包括技术内容与篇幅结构都有着很强的历史继承性。至今笔者翻阅蚕桑类专著时，仍然能够发现按照传统技术和结构安排的著作，这些著作多属于技术推广与蚕桑新技术介绍的读物，例如马彩云主编《种桑养蚕新技术》介绍了桑和蚕的品种选择、桑园规划与桑苗繁育、桑树的栽植与桑园管

---

① 《申报》，第二万三千七百九十七号，中华民国二十九年，1940 年 6 月 5 号；《申报》，第二万三千七百九十八号，中华民国二十九年，1940 年 6 月 6 号

理、养蚕技术、桑蚕病虫害的防治技术,① 这与传统蚕桑农书中体例安排一脉相承。邓文、吴恢主编的《桑树优质高产栽培技术》基本结构涉及桑品种与桑苗繁殖、桑树栽植、桑园管理、桑叶收获、桑园复合经营、桑树病虫害防治、桑园农事管理月历。② 其体例、结构、内容都与传统蚕桑农书有很强的继承性。孙敏、李想韵《桑葚的妙用及桑的种植》介绍了桑的种植、桑葚的功效及妙用、经营模式、营销策略等内容,③ 继承了传统蚕桑农书中桑葚综合利用的内容。范涛主编的《桑园复合经营技术——间作套种》介绍了套种蔬菜、套种绿肥、套种中草药、套种牧草、套种食用菌、套种油料作物、套种瓜果类作物、套种大叶黄杨、套种旱稻、桑桑间作等,④ 其中很多技术内容早已在传统蚕桑农书中得到应用,该书说明传统蚕桑技术中的间作套种技术在当今仍有宝贵经济价值。以此证明,晚清蚕桑农书中蕴藏的宝贵技术依然没有过时,这些技术遗产应该得到有效的继承和发扬。尤其是在蚕桑技术基层推广的实践过程中,很多传统技术仍然可以给生产者们带来良好的经济、社会、生态效益。

二、蚕书呈现的新特点

晚清蚕桑局刊刻蚕书也是必要一环。蚕桑农书是各地蚕桑局成立的书本理论来源之一,涉及蚕桑局机构设置理念的蚕书被四处传看,很大程度上影响了各地蚕桑局的成立。随着官员地区间迁任,蚕书也随之而流动。光绪七年（1881年）河南蚕桑织务局编刊《蚕桑织务纪要》中,豫山提到带着尹莲溪的两册蚕书《蚕桑辑要略编》秉臬中州旋摄藩篆,颁示分刊,与魏温云观察共相讨论。⑤ 晚清蚕书在地方官绅群体内部的流动性很大,地方官绅内部的赠阅、寄呈、拜序等方式交流,都是晚清大量蚕桑类农书作品面世的重要原因。此外蚕桑农书作为蚕桑局劝课用书更重要的是蚕桑技术的传播手段,蚕书更加通俗易懂也说明多作于劝课之用,如光绪二十一年（1895年）太仓

---

① 马彩云:《种桑养蚕新技术》,科学普及出版社,2012年2月
② 邓文,吴恢:《桑树优质高产栽培技术》,湖北科学技术出版社,2012年3月
③ 孙敏,李想韵:《桑葚的妙用及桑的种植》,西南师范大学出版社,2009年9月
④ 范涛:《桑园复合经营技术——间作套种》,东南大学出版社,2013年4月
⑤ 《蚕桑辑要合编·附补遗》,《序》,河南蚕桑局编刊,光绪庚辰春月

蚕务局刊刻的《蚕桑图说》等蚕书，其白话内容和图文并茂更容易被小民所接受，更容易达到劝课目的。但官方劝课蚕书主要是内容上四处拼凑；尤其杭嘉湖蚕桑技术在当时被奉为圭臬，四处传刻辑录最为普遍，镇江蚕桑局沈秉成《蚕桑辑要》流传最广，[①] 是多地蚕桑局设立理念来源。蚕桑技术兼有手工业与农业属性，"农学是建立在地域性的基础之上的"，[②] 劝课蚕书全国大范围普遍应用，势必受到传统风土论的限制。尽管如此，同光蚕书仍然流传到全国很多省府州县，分布于江浙、鄂皖、豫鲁、陕川、粤桂、滇黔、湘赣闽、直隶、山西、甘肃、新疆等地。同光劝课蚕书大范围的流传主要集中于官员与士绅群体之间，通过官员迁移、拜写序跋、赠阅传看、祖传与家藏、地方士绅撰写蚕书、上下级分发与示范、官府刊刻等方式，在官绅知识交流的社会网络中不断流传。同光之际蚕书数量繁多的现象与蚕书在官绅间流传的范围扩大和速度加快有直接关系，同时传统蚕桑技术借助蚕桑农书的流传也不断传播。蚕桑局撰刊蚕书大多经过官绅间流传而来，多样化的途径促进蚕桑农书的流动，为蚕桑局提供技术支持，满足官员创设蚕桑局的需要。

同光之际官署组织刊刻的劝课蚕书大量出现。太平天国后地方各项善后事宜繁多，官员劝课蚕桑被视为社会经济修复的重要手段。而地方文教复兴则以官书局大量出现为重要形式，刊刻蚕书是其参与地方发展的内容，以致官书局刻本的蚕书数量增多，如金陵书局、江西书局刊刻沈秉成的《蚕桑辑要》，光绪二十六年（1900 年）浙江书局与兰州官书局刊刻卫杰的《蚕桑萃编》。同光蚕桑劝课者不仅只有底层县级官员，仍然包括大量省府州级官员，其刊刻的蚕桑农书被逐级向下颁发，而下级官吏再用以劝课蚕桑。而省府州县等地方官署刻本最为常见，如常镇通海道、河东道、武昌府、瑞州府、山西解州直隶州、柳州府、德阳县、宜宾、南阳县、归安县、咸宁县、广济县、汾阳县、海宁县、东阳县、孝感县等地皆刊刻过不同类型的劝课蚕书，而数量众多的官署刻本，则是同光之际蚕桑劝课农书繁多的直接

---

① 华德公：《中国蚕桑书录》，农业出版社，1990 年 9 月；王毓瑚：《中国农学书录》，中华书局，2006 年 6 月，两部专著皆有此类观点

② 曾雄生：《中国农学史》，福建人民出版社，2012 年 1 月第 2 版，封皮

原因。同光时期除各级官书局刊刻蚕书外，还包括金陵桑棉局、河南蚕桑局、山西农桑总局、襄阳蚕桑局、太仓蚕桑局、川东保甲局、汴省农工商务局、农工商部印刷科、安徽劝业道、合江农务局、北洋官报局、各地蚕学馆、蚕桑学堂、广仁堂等各级新兴机构。同光很多蚕桑农书是通过上级官府机构下发的方式不断流传。光绪六年（1880年）"河南试办蚕桑局章程十条"之中就有"本局刊刻《蚕桑辑要合编》全部，详而明，发给府厅州县及局绅，可备查考，以资教导，又刊刻《蚕桑辑要略编》及《简明易知单》，简而赅，于领桑秧蚕种时给发乡民，俾易则效，如各府厅州县，有愿印发多部者，自备纸张工价，悉听印刷。"① 光绪十九年（1893年）湖北"饬令各州县来省请领，由臣等辑刊《蚕桑简编》，详列栽桑、养蚕、摘蚕、缫丝诸成法，一并散给"。② 同光劝课蚕书在官员层级体系内部呈现出伞状分散型流传的形式，这种传播形式更能有效地促进蚕书的扩散，从行政机构角度增加了蚕桑农书的数量。而蚕桑局正是体现这种伞状分散性流传的典型代表，蚕桑总局与分局的关系多为省局与地方府州县分局的关系，更有分局设于乡里，可见蚕桑农书借助此类劝课体系增加了扩散的范围。

通俗蚕书的普遍出现。嘉道时期，传统官员劝课蚕桑更注重让小民知悉技术，而通俗易懂成为劝课蚕书普遍的撰述特点。很多历代蚕书"皆文辞博奥，非浅人所能尽知，或时地攸殊，非变通无以尽利"。③ 把深奥的内容变成通俗易懂的应用性技术，成了很多劝课蚕书的选择，沈练《广蚕桑说》"明白如话，绝不引征经史，盖词繁则意晦，不如扫去陈言。"④ 尹绍烈于清江浦蚕桑局刊刻《蚕桑辑要合编》，内容源于道光二十三年（1843年）何石安撰成的《蚕桑切要》，其认为"此书则事悉躬亲，语皆心得，故无支词晦语，便俗宜民，户晓家谕，莫善于此。"⑤ 同光时期，蚕桑劝课农书实用性更加明显，摆脱了以往繁琐难懂的内容，以致有人称为"专门针对当地情况引进与推广

① 《农史资料续编动物编第83册》248页；顾家相：《勬堂读书记》
② 《农学报》第一册六，六月下，光绪二十三年，《张制军谭抚军兴办湖北蚕桑折》
③ ［清］赵敬如：《蚕桑说》序，光绪二十二年，1页
④ ［清］沈练：《广蚕桑说辑补·蚕桑说》，浙西村舍本，光绪丁酉九月重刊，1页
⑤ ［清］尹绍烈：《蚕桑辑要合编》，同治元年，14页

蚕桑生产的科普作品"。① 光绪二十一年（1895 年）太仓蚕务局刊刻的《蚕桑图说》等蚕书被刊刻，由于白话内容和图文并茂更容易被小民所接受，而容易达到劝课目的。山西蚕桑总局编《蚕桑浅说》文蔚阁本；清光绪二十四年（1898 年）常昭蚕桑局辑录并刊刻了如皋朱祖荣《蚕桑问答》二卷。通俗白话与图画版本的蚕书有十多部：林绍年《蚕桑白话》、陈干材《蚕桑白话》、朱祖荣《蚕桑问答》、温忠翰《蚕桑问答》、狄继善《蚕桑问答》、潘守廉《栽桑问答》、叶向荣《蚕桑图说》、王世熙《蚕桑图说》等，还有诸多带有"简"与"浅"等字样的蚕书，此类蚕桑劝课农书也普遍存在重复辑补与摘录的现象，但其劝课效果较好，方便了技术推广与扩散。

三、蚕书的各类价值

晚清各地蚕桑局将蚕书作为技术与理论传播的主要媒介，蚕桑农书的劝课价值体现尤为明显。可谓有蚕桑局必有蚕桑农书撰刊，是劝课蚕桑必需环节。作为农业推广与技术传播的媒介，蚕桑农书撰写内容详细，内容越来越浅显，图片化撰写方式也普遍出现，蚕桑农书在各地蚕桑局劝课活动中发挥着重要作用。同光时期是中国古代传统蚕桑技术的总结阶段，蚕桑农书中蕴藏着丰富的传统技术知识，达到了中国传统蚕桑技术的顶峰。蚕桑农书有很强的历史继承性，蚕桑技术经过历代的传承与发展，很大程度上是依靠蚕桑农书来完成。乾嘉道咸时期蚕桑劝课专著逐渐增多，同光时期大量劝课蚕桑农书被撰刊，对中国古代传统蚕桑技术是重要的保护，也促进了传统蚕桑技术大范围的传播。蚕桑农书作为蚕桑技术传播的载体，在传播过程中发挥着重要的作用，如杭嘉湖蚕桑技术中的栽桑、养蚕、缫丝等传统技术，借助蚕书不断的异地传播，杭嘉湖蚕桑技术理论也不断地实践与发展。

同光之际繁多的蚕桑农书有其独特的时代背景，政治、经济、文化、思想、技术之间的内在联系通过同光官员劝课蚕桑的行为得到了充分地诠释。晚清以前的官员并非是蚕桑农书传承的主要参与者，鸦片战争后，传统社会的历史惯性出现了新的转向，经世致用思想驱动下的地方官员成为蚕桑农书传承的主要载体，蚕书成为技术官员劝课

---

① 袁宣萍，徐铮：《浙江丝绸文化史》，杭州出版社，2008 年 1 月，223 页

行为的知识来源，而技术传承的目的主要是为了劝课蚕桑与济世救民。身处时代变革大潮中的传统官员怀揣古代儒家循吏济世救民思想，选择劝课蚕桑来致富救国，这是一种古代传统官员劝课蚕桑的历史延续。但在洋务运动、甲午战争、戊戌变法、实业救国等近代政治因素，以及海外市场需求影响增大、蚕桑商品化经营思想日益加深、新式劝课蚕桑经营机构不断涌现等经济因素的影响下，彷徨无助的传统官员依然选择传统蚕桑技术作为劝课对象，确实难得。实践证明，在这种社会背景下传统蚕桑技术并没有适应社会经济的需要。清末民初，在制种、缲丝等领域，近代技术逐步替代了中国传统技术，而撰写蚕书的方式逐渐被刊印近代技术的农业类报刊、杂志、教科书、翻译书籍、改良调查报告等技术传播载体所取代。

同光之际劝课蚕书即包含传统技术又有近代技术，是传统技术向近代技术的过渡形态，起到承前启后的历史作用。杨直民认为："我国清末有一个中国传统农学与西方实验农学的重要交汇过程。"① 清末以来，中国传统的古蚕书实用价值逐渐淡化，开始退出历史舞台，更多的被用于古籍资料的研究与保护。数量繁多的蚕桑古籍是宝贵的历史文化遗产，对于研究古代蚕桑技术有很高的参考价值，也是研究晚清地方社会与经济活动重要的历史资料。目前收集与寻找佚失的蚕桑古籍也尤为紧迫，包括单行本与非单行本，史料中透露古籍名称，尽可能去搜寻单行本，也不能错过非单行本的记载，往往一些蚕书并未刊刻，仅被收藏于其他著作之中。值得我们注意的是，此类工作既有利于保护传统蚕桑古籍，又能填补目前蚕书书录的不足，丰富蚕桑史研究的内容。中国传统蚕桑技术蚕书在国外也有很大的影响力，日本明治维新之前很多蚕书内容来自于中国，中国蚕桑技术内容的蚕书被不断出版与传播。明治维新后，日本为发展蚕桑业，也曾多次刊刻和翻译清代蚕桑著作，例如《蚕桑实济》《蚕桑辑要》，这些蚕书已经成为日本宝贵的遗产，是日本蚕桑技术发展史的重要部分。不仅如此，目前散落我国台湾地区以及海外的晚清蚕桑古籍数量众多，《中国农业古籍目录》有所收录。

① 杨直民：《我国传统农学与实验农学的重要交汇》，中国科技史学会第二次代表大会论文，1983 年 10 月

第四章　蚕桑技术的引进与实践

　　明代以来耕读士人创作蚕桑农书较多，而乾嘉道咸时期蚕桑农书主要撰写者成为了经世致用的劝课官员。体现在以往以杭嘉湖地区耕读士人描述本地区蚕桑技术与实践经验为主，至乾嘉道咸时期更多的是劝课官员应用于异地劝课蚕桑。元代以前官员异地引进蚕桑技术的劝课活动已有很多，但异地引进与实践领域的技术发展并不是十分普遍，晚清杭嘉湖蚕桑技术在内的蚕桑技术更多地被应用于异地引进与推广，同光时期这种趋势更加明显，各地官员引进蚕桑技术，而且以杭嘉湖蚕桑技术为主。这使得晚清杭嘉湖等蚕桑技术更多地呈现出异地引进与实践的特点，这也使蚕桑技术进一步发展的空间得以展示。可见晚清蚕桑技术发展的主线已经发生了些许变化，乾嘉道咸传统蚕桑技术本身已经基本发展成熟，同光之际技术发展领域也主要集中在杭嘉湖技术异地实践的突破。

　　晚清蚕桑局在异地引进与实践领域便取得了很大的进步。其中包括异地引进风土论的辩争、植桑技术的异地实践、养蚕缫丝技术的异地实践等。晚清杭嘉湖以蚕桑富庶而名闻天下，蚕桑文化底蕴深厚。官绅群体中杭嘉湖蚕桑富国论尤为盛行，劝课蚕桑者皆奉杭嘉湖蚕桑技术为圭臬。王世熙《蚕桑图说》："世擅其利者，惟浙西之湖郡""惟湖州独甲天下"。[①] 晚清蚕桑局主要引进与推广杭嘉湖蚕桑技术。包括赴嘉湖采买桑秧、蚕种、购买织机、桑蚕器具、雇募织匠等。桑秧运输途中养护、桑秧压接、养蚕技术、缫丝技术被传播到很多地区。杭嘉湖蚕桑技术在全国范围被蚕桑局引用，这对杭嘉湖蚕桑技术的实践和发展有重要意义。蚕桑局技术来源上形成了杭嘉湖技术为主，其他技术成小范围传播的局面。晚清蚕桑局还引进和推广川粤鲁豫等地区技术，光绪末年墨江设蚕桑局，种植川桑，养春夏蚕。[②] 光

---

① ［清］王世熙：《蚕桑图说》，太仓蚕务局，光绪二十一年（1895年）
② 《民国墨江县志》，转自章楷：《清代农业经济与科技资料长编蚕桑卷》，未出版

绪二十三年（1897年）"赣州贾韵珊太守于仓王庙设蚕桑局，仿粤中育八造蚕。"① 光绪十八年（1892年）直隶蚕桑局，川人卫杰刊《蚕桑浅说》，技术采用山东周村、川北、江南蚕桑技术，"由江南齐蜀雇匠运桑，道路远近，孰良孰否，靡不周至"②，如此选择多种技术的做法不多见。以杭嘉湖地区为代表的传统蚕桑技术不断扩散与传播，是传统蚕桑技术最后一次试图建立全国性传统蚕桑技术体系，然而大范围的技术传播与实践并没有确立其最终地位，近代技术的传入将传统蚕桑技术发展的历史惯性打断。清末，传统蚕桑技术逐渐被近代技术取代，西方近代蚕桑技术体系确立了自己在技术、教育、试验等领域的地位。

第一节　蚕桑风土论的实践与发展

　　风土论是传统农学思想之一，其源于作物的异地引种。随着大规模异地引进与推广蚕桑技术，晚清成为蚕桑风土论最为重要的发展与实践阶段。蚕桑局官绅撰写的劝课蚕书皆对蚕桑风土论细致论述，形成了系统与成熟的观点，传统蚕桑风土论逐渐发展与完善。由于各类因素的影响，大范围蚕桑风土论的实践也遇到了诸多困境。清末，随着西方近代蚕桑技术传入，蚕桑领域更少的依赖风土因素，近代科学思想逐渐取代了传统蚕桑风土论。

　　风土论属于传统农学思想"物性论"的研究范畴，与异地引种作物密切相关。风土论中的"风"，指气候；而"土"则指土壤，在异地引种时要注意气候和土壤条件，其论述有力的支撑了元代棉花、苎麻等作物的异地引种。以往学者研究集中于《农桑辑要》《王祯农书》《农政全书》等几部农书，并没有专门对蚕桑风土论进行系统论述。蚕桑自古以来与官员劝课相结合，劝课必然要异地引进蚕桑，劝课者必然关注蚕桑风土论，以此力证本地确实适宜发展蚕桑业。蚕桑专著自清代以来开始逐渐增多，晚清数量繁多，各类蚕桑专著不下一百五十余部，绝大多数作为各地官员劝课之用。蚕书撰写了很多各地

---

① 《农学报》第二册十四，十月下，《赣州蚕事》

② ［清］卫杰：《蚕桑浅说》，《蚕桑总说》，15页

蚕桑风土论的内容，这使得蚕桑风土论研究有了丰富的背景、理论、实践、效果等方面的实例，完善了风土论的内容与概念。蚕桑风土论是中国传统风土论的组成部分，它关注生物与自然生态二者的关系。作为中国朴素的农学思想，它是传统农学系统思维总结农业生产经验的结晶。本节将对中国传统蚕桑风土论的发展与变迁以及晚清各地蚕桑局的风土论观点进行全面梳理。

一、蚕桑风土论源流考

风土论是我国传统农耕社会重要的农业思想，其在元代已趋于完善。作为风土论的组成部分，蚕桑风土论是由风土论发展而来的，是其重要的组成与外延。风土论形成早于蚕桑风土论，明清时期风土论才开始渗入蚕桑领域，蚕桑风土论与蚕桑异地引进相伴相生，晚清全国大规模的蚕桑异地引进与实践促使蚕桑风土论逐渐发展与完善。随着近代技术传入，清末民初开始淡出视野。总体来说，风土论主要发展脉络分为以下几个阶段。

元代以前没有风土论，也没有形成一个系统准确的概念，主要集中于气候、节气与土壤的零散论述，比如出现较早的"土宜论"。风土论的萌芽出现较早，王培华"风土论是指每种作物都有其适宜的气候条件和土壤地理条件如土壤类型和肥力等级，这在《尚书·禹贡》和《周礼·职方氏》中有详尽论述。"[1] 张曦"中国的'风土'意识，从公元一世纪班固的《汉书》到五世纪范晔的《后汉书》中都延续了不同环境对人的行为、习惯、精神形成产生影响的风土论。"[2] 刘克辉"风土论始见于《齐民要术》的种谷篇，认为不同遗传性的植物对环境条件（风土条件）有不同的要求，作物引种必须协调好植物本性与环境的关系，使其适应当地的风土条件。"[3] 曾雄生"风土论是随着异地之间的引种而发展的，异地之间的引种自古

① 王培华：《土地利用与社会持续发展——元代农业与农学的启示》，《北京师范大学学报（社会科学版）》，1997 年第 3 期，61 页

② 张曦：《生态人类学思想述评》，《云南民族大学学报（哲学社会科学版）》，2010 年 3 月第 2 期，21 页

③ 刘克辉：《中国古代植物引种的实践和理论》，《福建农业科技》，1983 年第 5 期，42 页

142

以来在不断地进行，汉代张骞通西域就促进了内地和边疆地区的物产交流，但也许是因为早期的异地引种是在一个比较缓慢的过程中进行的，加上大多是由北方向南方引种，物种对于异地之间的土壤、气候以及技术条件不存在明显的不适应性，所以风土的问题显得不太严重。"[1] 其观点认为"风土论"涉及对外地引种实践的总结，它是古代植物引种理论的发展，证实自张骞通西域开始便是以物产异地引种为出发点。

元代《农桑辑要》等著作将风土论观点解释的更加合理。这一时期主要由于异地和异域引种的作物数量增多，社会和经济需求的背景下使得风土论开始倾向于为异地引种提供理论支持。元代《农桑辑要》重视蚕桑的同时，为了给当时官府大力推广植棉扫除思想障碍，专文批判了唯风土论，提出了有风土论，不唯风土论，重在发挥人的主观能动性的主张，从而推动了异地引种工作的开展。"《论九谷风土及种蒔时月》指出了'谷之为品不一，风土各有所宜'；'种艺之时，早晚又各不同'，第一次系统地将种蒔时月与九谷风土结合起来讨论。"[2] "从理论上阐述向北方推广木棉和苎麻的可能性，从而发展了风土论的思想，把人的因素引进了旧有的风土观念之中，强调发挥人的主观能动性和人的聪明才智，成为农学思想史上的一个里程碑。"[3] 元代《王祯农书》的观点是"九州之内，田各有等，土各有差，山川阻隔，风气不同，凡物之种，各有所宜。故宜于冀兖者，不可以青徐论，宜于荆扬者，不可以雍豫拟。"[4] 风土论理论基本形成于元代，成为农学思想中重要的一部分，其内容也开始结合三才论中的天、地、人相融合。此时蚕桑领域风土论仍然没有太多的论述。

明清时期，风土论进一步完善，而蚕桑风土论的内容开始普遍出现。郭文韬总结徐光启观点，得出"风土论是对时宜和地宜观念的概括，风这个概念代表气候条件，其中包括寒暑、燥湿、风日等条件；土代表土壤、地形、地势等土地条件。按照气候和土壤条件，种植适

① 曾雄生：《中国农学史》，福建人民出版社，2012 年 1 月第 2 版，345 页
② 曾雄生：《中国农学史》，福建人民出版社，2012 年 1 月第 2 版，345 页
③ 曾雄生：《中国农学史》，福建人民出版社，2012 年 1 月第 2 版，344–345 页
④ 刘克辉：《中国古代植物引种的实践和理论》，《福建农业科技》，1983 年第 5 期，42 页

宜作物，采取恰当措施，夺取农业丰收，是风土论的基本内涵。"[1] 这个概念也是目前风土论比较确切的定义。而"徐光启在《农政全书》中批判地吸收了王祯的'风土论'，通过南粮北种、大获丰收，批判了当时认为北方不适合种稻的思想，促进了人们对农业思想的反思，有利于农业技术的进步和农学思想的发展。"[2] 徐光启坚持"有风土论，不唯风土论"，重视发挥人的主观能动性的观点，在当时的条件下，是非常难能可贵的；是他对我国传统农学理论的一大贡献。"徐光启有关风土论问题的理论，对明代末期引种新作物，推广新品种，促进农业增产，起了重大的作用，有着深刻的影响。"[3] 明代《补农书》关于蚕桑技术要注意因地因时等方面的论述开始逐渐关注蚕桑风土论，蚕桑作为《补农书》的重要内容，异地引进风土论内容涉及不多，主要是集中嘉湖地区蚕桑技术的实践，包括因地制宜的思想，比如"土壤不同，事力各异"与"农事随乡"，针对嘉湖地区地形地貌水利等特点，提出种植桑树的技术。

清前期与中期，劝课蚕书撰写数量总体不多，仅沈潜《蚕桑说》、杨双山《豳风广义》、李拔《蚕桑说》、李聿求《桑志》、杨名飏《蚕桑简编》等少量劝课之作，而蚕桑风土论却在逐渐发展。直至晚清，各地引进和推广蚕桑技术普遍，蚕桑风土论开始发展。在鼓励蚕桑异地引进的同时，也考虑到很多风土的内容，蚕桑风土论观点是迎合官员劝课蚕桑的需要。因此，传统农学中风土论与蚕桑技术异地引种开始结合起来，形成了蚕桑风土论发展领域的新突破。晚清是蚕桑风土论成熟与完善的时期，这也暗示着晚清是中国传统风土论实践内容最为丰富的时期。鸦片战争后，社会转型加快，经世致用理念指导下官员劝课开始增多，蚕书也开始大量出现。道光时期也是蚕桑风土论理论形成时期，代表性的几部蚕书撰写完成，传统蚕桑技术达到顶峰。尽管此时风土论涉及蚕桑技术种类多样，包括山、柞、椿、橡等。随着杭嘉湖蚕桑技术蚕书的撰写，著者关于杭嘉湖蚕桑技术异地传播过

---

① 郭文韬：《试论徐光启在农学上的重要贡献》，《中国农史》，1983 年第 3 期，20 页

② 程先强：《三才论视域下〈农政全书〉哲学思想研究》，曲阜师范大学硕士学位论文，2011 年 4 月，13 页

③ 郭文韬：《试论徐光启在农学上的重要贡献》，《中国农史》，1983 年第 3 期，240 页

程中出现的风土论论证尤其突出，并且不断成熟，基本形成了以杭嘉湖蚕桑技术实践为主体的风土论观点。蚕书是传统蚕桑风土论的重要载体，著者以传统循吏的劝课蚕桑为出发点，劝课蚕桑，异地引种，撰刻蚕书。异地引种涉及的风土论范围明显发生了变化，包括引种区域、蚕桑品种、技术内容等。

太平天国战争后，蚕桑风土论的实践区域已经有了突破。同治时期，主要在江苏长江南北两岸，实践效果普遍比较好。江苏出现了大规模劝课蚕桑，几部重要的蚕桑农书，其对风土论论争更加侧重于异地的技术引进，风土论理论的异地劝课之用的初衷更加淋漓尽致地得到体现。光绪时期，风土论实践区域扩大到全国范围，这个时期是传统风土论最为重要的成熟阶段。此时劝课蚕桑大范围的兴起，济世救民的思想更加深入民心，形成了劝课蚕桑的浪潮，各地蚕书涌现，尽管其技术内容皆为辑录嘉道以来的蚕书，但是各地蚕桑风土论内容却是结合自己治所的具体情况进行分析，促进蚕桑风土论的进一步的发展。

甲午战争与戊戌变法后，中国传统蚕桑劝课达到了高峰。光绪皇帝谕饬全国范围内督抚发展蚕桑业，劝课蚕桑层级上涉及省府州县和全国区域范围不断扩张，传统蚕桑风土论得到了更大范围的实践与发展。总体来说，这个时期劝课蚕桑效果并不好，浙江天台士绅甚至对谕饬的盲目劝课提出了异议。除了同纬度与相似地理条件的地区，如四川气候地形也适合，新式机构与官员共同作用下蚕桑开始崛起，取得良好的效果，说明机构与人员对于蚕桑劝课的发展有至关重要的联系，三才论中的"人"是传统风土论重要的补充。此时，中国传统蚕桑风土论发展到了顶峰，而风土论与中国传统蚕桑技术的顶峰有一定的时间差。这是由于杭嘉湖技术蚕书于嘉道期间已经成熟，后期皆为翻刻辑补蚕书。而蚕桑风土论，主要涉及风与土，即地理区域与技术实践上的发展，这就要借助异地劝课的大规模发展才能得以实现。

清末，中国传统蚕桑技术开始衰落，西方蚕桑技术普遍传入，蚕桑风土论也出现了新的转向。首先，西方技术传入也使得很多地区更加忽视蚕桑风土论的存在。传统蚕桑风土论考虑的气候、土壤、水源等因素对发展蚕桑业影响越来越小，比如缫丝工厂的发展更依赖港口与大城市，蚕桑试验场的普及，全国范围内蚕桑学校的设立，这种趋势都是近代技术对自然条件依赖性减小而出现的近代化现象。与此同时，西方肥料科学、农业机械、农机灌溉、育种试验等近代技术，都很大程度对传统蚕桑风土论造成了冲击，直接反映了中国传统农学思想在西方农学思想面前濒于崩溃的境遇。其次，涉及近代蚕桑技术的书籍和报刊增多，民国时期传统蚕桑技术内容的书籍已经看不见踪影，皆为近代西方蚕桑技术内容的翻译与撰写之作。这使得传统蚕桑风土论逐渐淡化，传统蚕桑风土论失去了原有的实用价值。最后，中国传统蚕桑风土论是蚕桑异地引进与推广领域最为重要的理论思想。其伴随着社会经济的需要，通过劝课蚕桑官员撰写蚕书的形式表现出来，说明蚕桑风土论根植于社会经济的背景之中。蚕桑风土论也是传统官员劝课蚕桑的重要思想，以此来论证劝课蚕桑的合理性，蚕桑风土论不光是停留于书本的农学思想，也得到了普遍的应用，在晚清各地劝课蚕桑中发挥了重要作用。蚕桑风土论是传统农学思想的宝贵财富，至今仍有很强的借鉴意义，无论是气候与土壤，还是地貌与水源都是发展蚕桑业重要的基础条件。

总体而言，由于劝课蚕桑行为主要集中于同光之际，蚕桑风土论也于同光之际得到了充足的发展，基本形成了理论内容。出于便于官员劝课的考虑，蚕桑风土论根本观点更倾向于无地不桑，无地不蚕，注重风土之宜，但并不是最关键的，异地引进蚕桑皆可行，在全国很多地区都适合引进各类蚕桑技术。

二、蚕桑局涉及风土论的内容

蚕桑局蚕桑风土论的内容主要集中在两个方面，桑树异地引种与养蚕多注意气候、节气、温度、器具等事宜。桑树异地引种更能反映蚕桑风土论精髓，包括土壤、地貌、水源、气候等内容。晚清各地蚕桑局引进与推广杭嘉湖蚕桑技术之际，蚕书撰写者注意到了自然生态环境的制约，认为环境对蚕桑业发展有着重要影响。明代以来蚕桑区域上形成"浙省蚕桑之利甲天下"的局面，而各地蚕桑局主要以引进杭嘉湖蚕桑技术为主，晚清蚕桑局劝课者基本上都选用的杭嘉湖蚕桑技术的蚕书，劝课蚕书在其序跋内容中皆对风土论进行了阐述，这是各地蚕桑局劝课者首先要解决的理论前提。杭嘉湖的蚕桑被异地引进与推广必须要根据实际情况，做到因地制宜，因时制宜。各地蚕桑局劝课官员皆承认蚕桑风土论的存在，以此在理论上给与各地劝课蚕桑以支持，劝课蚕桑者并不能过多的主观臆造。

区域性差异是蚕桑风土论形成的关键因素。晚清蚕桑局蚕桑风土论主要观点源于各地区之间的差异，各地官绅劝课首先论证其在当地的种植与风土是否相宜，对传统蚕桑区域有了更为新的论述。唐甄"北不逾淞，南不逾浙，西不逾湖，东不至海，不过方千里"的观点在道光二十四年（1844 年）丹徒蚕桑局文柱序言中开始被挑战，其认为"桑则无壤不宜，何以其种南不逾浙，北不逾淞，西不逾湖，仅行于方千里之间，而隔壤即无桑种，谓土之不宜耶"。① 但此种观点认为丹徒风土问题并不存在，不能以丹徒不栽桑树地土不宜为借口不栽桑养蚕，这也代表了晚清很多劝课者的观点。全国范围内的栽桑养蚕按区域纬度与地貌划分区域，而各区域观点相似，很难根据风土领域进行细致划分。

晚清各地蚕桑局区域几乎遍布江浙、鄂皖、陕川、粤桂、湘赣闽、直隶、甘肃、新疆等地区。因此运用划分区域的方式进行研究的原因，更能体现出全国范围内的风土差异，区别于以往农学思想中"三才论""元气论""阴阳五行说""圜道尚中观"等农业哲学思想的划分方式。全国大范围的蚕桑局官绅劝课的同时，蚕桑风土论实践区域范围也不断扩大，要求劝课者考虑不同的风土因素，从而在区域差异上完善蚕桑风土论的内容。蚕桑风土论促进了异地引进蚕桑技术的发展，扫清了各地民众关于风土不宜的疑虑，为大规模的蚕桑异地引进提供理论支持，可见中国传统蚕桑风土论的内容是根植于晚清的自然、政治、经济、社会的土壤之中。以下是各地蚕桑局蚕桑风土论的内容。

首先，江浙地区的蚕桑局。江浙地区是杭嘉湖蚕桑异地引进最为便利的区域，有着天然的地理和气候优势。丹徒课桑局称"无南北风土之隔，是桑利可佐天赋之穷，可行于苏松，并可行于常镇。"② 镇江蚕桑局认为自古以来"文王善养老于西岐，孟子策王政于齐魏，

---

① ［清］何石安：《蚕桑合编·附图说》，《序》，道光二十四年；文柱：《蚕桑辑要合编》不分卷，《集文》，《道光二十四年江苏兴办蚕桑序》，光绪庚辰春月，河南蚕桑局编刊

② ［清］何石安：《蚕桑合编一卷附图说一卷》，《序》，道光二十四年（1844 年）

俱以树桑为首务，未尝虑土性不宜，其明证矣。"① 金坛蚕桑局更是认为"自《夏书》言桑土既蚕，则植桑之视乎土宜也，明矣，金坛北连溧阳，溧阳种桑育蚕，而金坛开如此非厥土之不宜，抑亦人事之废也。"② 镇江、常州等地区也是水网交错，土地较多，种植湖桑皆宜，土壤和水分充足。另外太湖平原再远一点的南部山区，西部溧水、北部扬州、泰州等地区地貌接近杭嘉湖地区，所以种植湖桑也较为适宜。太仓州蚕桑局王世熙"古来止有不可树木之土，卒未有不可树桑之土者，而况浙之杭嘉湖，吴之苏松常镇太，何地无桑，何地无蚕。"③ 江苏劝课地区集中太湖北岸、长江下游南北两岸，地貌与气候接近杭嘉湖地区。浙江天台、金华等蚕桑局也是劝课蚕桑重要地区，浙江天台劝桑局言"有虑及土之不宜者，夫土诚宜讲也，考《禹贡》扬州称桑土，台与新均扬地，其宜桑一，且芬见邑之城厢内外，其草桑均大如斗，其桑子为鸠雀所食，而散遗于间旷之地者，秧且遍生，则地之宜桑可知矣。"④ 金华蚕桑局言"地土合宜者多，不宜者少，其土性肥美，不逊于嘉湖杭绍，较之皖地尤佳。"⑤ 江浙地区蚕桑局在劝课时普遍对异地栽植桑树的风土困境提出质疑，距离杭嘉湖如此近，风土困境很难影响。

其次，鄂豫皖地区的蚕桑局。安徽寿州课桑局任兰生言"即使土性或有不同，而苟得其养，无物不长，天下有土之地皆可，种桑之地即皆可养蚕之地。"⑥ 三个地区河南是传统蚕桑区域，发展蚕桑并没有先天不足，但河南蚕桑总局栽植湖桑时注意因地制宜，认为"汴中地多沙碱，栽桑非宜，不知果木杂树，极为蕃盛，岂宜于果杂树而不宜于桑乎。近因购买种桑之地，亲履陇亩，见民间以桑树为地

① ［清］沈秉成：《蚕桑辑要》，《序》，同治辛未夏六月常镇通海道署刊，1页
② 《民国重修金坛县志》卷四之二十四，《中国地方志集成》，江苏古籍出版社，1991年6月，57页
③ ［清］王世熙：《蚕桑图说》，《金编蚕桑总论·土不宜桑辨》，太仓蚕务局，光绪二十一年（1895年）
④ 《中国农业史资料第85册》184页；［清］吕桂芬：《劝种桑说》
⑤ 《中国农业史资料第263册》79页；［清］黄秉钧：《续蚕桑说》，《树桑法二十一条》，双桐主人刊，光绪己亥
⑥ ［清］任兰生：《蚕桑摘要》，《序》，光绪元年，1页

界，则桑之易栽尤为明证。"① 河南蚕桑局也是晚清各地引进蚕桑最为积极的地区，实践内容丰富，为蚕桑风土论在河南的实践提供了实证。而湖北也是杭嘉湖蚕桑技术引进的积极地区，襄阳桑蚕局方大湜、湖北蚕桑局张之洞都是积极倡导劝课官员，并且在劝课过程中论述湖北风土相宜的问题。鄂皖与河南南部也是距离杭嘉湖较近地区，纬度和气候也较为相似，水量同样充沛。

再次，湘赣闽地区蚕桑局。瑞州蚕桑局认为"其所以养蚕不佳者，由于未接，盖江浙谓接过者为家桑，又勤于修剪浇灌，故叶极肥厚，用以养蚕，蚕大而丝软，谓自生者为野桑，蓄以待接，不以养蚕，嫌其养蚕不大，出丝不软也，今以从未接过从未修剪浇灌之桑，归罪于土性，土性何能任咎，则不宜之说，不必虑。"② 南昌沈兆祎认为"江西界线在地球东北距赤道二十余度，与苏浙气候相若，苏距赤道三十余度，浙距赤道三十度，视他行省尤为合宜，况瑞州蚕桑局近也织成绸匹，虽不及苏浙之佳，异日精益求精，安见不驾而上之哉。"③ 赣州蚕桑总局认为与广东自然条件类似，因地制宜，"气候上虽不能恰似广东之四季温和，而冬寒之季，罕见冰雪，是在五月以前，雨多晴少，骤寒骤热，亦复变易靡常，当兹试办之处，若竟饲育大造，则仅一年一度，设有损挫，实于大局攸关，故经参考之余，而辄以输造为宜者，良由此也。"④ 而闽农桑局认为"闽省地属温带，毘连浙粤两省，素为养蚕之所，物性土质，甚为合宜，查种桑以浙为最佳，种植浇培，数年方可采摘，粤桑则冬间下种，次年春季，即可摘取，获利最速，自应因地制宜，广行劝导，惟小民狃于便安，于种植之法，未能深求。"⑤ 可见三省纬度靠南，劝课之际将杭嘉湖与广东蚕桑进行比较，分析各自特点，与本地区相结合，可以将蚕桑业发展起来。

① ［清］魏纶先：《蚕桑织务纪要》，《劝种桑养蚕示》，河南蚕桑织务局编刊，光绪辛巳，17页

② ［清］江毓昌：《蚕桑说》，《告示》，瑞州府刻本，1页

③ 《申报》，《江西宜兴蚕桑说中》，第八千三百二十号，光绪二十二年五月初七日，1896年6月17日

④ 《农学报》第二册十四，十月下，《章程录要：赣州蚕桑总局拟章》

⑤ 《农学报》第十六册二百二十五，六月下，《闽督许奏设农桑局折稿》

最后，直隶、新疆、粤桂地区。直隶蚕桑局卫杰《蚕桑萃编》更是晚清传统蚕桑技术集大成者，书中注意到"各省土之刚柔燥湿，亦宜区别，以使之各得其利，天时之早晚，寒燠尤为至要"。① 清河道员卫杰著《蚕桑萃编》，其中第二卷是专门论述天时、地利、土化等内容。顺天府蚕桑局更是觉得"蚕桑盛于南省，而北省不尽从事于此者，以地气寒暖不同故也。按都中地近偏北，虽寒暖不一，而于蚕桑之性，似无不宜。"② 直接道出了直隶在气候上与南方的差异，具有很强的合理性。左宗棠在新疆设立蚕桑局，花费巨资，引种湖桑、购买蚕种、雇觅江浙工匠，并没有认为地土与气候不宜，最后出现桑树干枯现象，"精选员吏，设蚕桑局于疏勒城，招致吴越蚕工织工四十余人，授民以浴种、饲养。分簿、入簇、煮茧、缫丝、轧花、染采诸艺，凡筐箔竹木之器，杼轴络纬之机，靡不取足。旧日桑田本大叶瘦不中饲蚕，蚕多僵死，更輦运东南桑秧数十万株，给民领种，而劝导以压条接本壅肥采叶之法，经始之费数，逾巨万，疏勒土性乌卤，蚕不菀而枯，和阗蚕丝脆涩，理之多绪，结抽之碍手，制为纨缯，暗淡无色泽。"③ 高州"农桑乃地利之宜，必须地利无余，然后民生可遂，查高廉两郡土田肥美，垦辟日饶，吾民之勤于耕耘已属不遗余力，惟未计及蚕桑之利，犹未见尽地土之宜。"④

晚清的蚕桑风土论形成的标志是各地劝课蚕桑之际，蚕桑风土内容的不断涌现。但晚清蚕桑风土论并没有准确且概念性的总结，皆为后人总结而来，这与风土论是学者在徐光启理论上总结而形成的概念的过程相似。晚清蚕桑风土论是整个历史阶段所有关于风土内容的总结，内容主要源于异地引进蚕桑而进行劝课的蚕书。晚清一百五十多部蚕书中涉及风土论的撰写内容，成为晚清蚕桑风土论的概念的主体。作为蚕桑风土论最具代表性的蚕书，各地蚕桑局刊刻蚕书至关重要。以道光二十四年（1844年）丹徒蚕桑局文柱刊《蚕桑辑要合

① [清] 卫杰：《蚕桑萃编》卷二，《叙》，浙江书局刊刻，光绪二十六年，2页
② 《农学报》第三十三册，光绪二十四年，《顺天府设蚕桑局提倡蚕桑》
③ 《民国新疆志稿》，卷二，民国十九年铅印本，53页
④ [清] 何石安，魏默深：《蚕桑合编一卷·附蚕桑说略一卷》，清同治十年富文楼刻本；《蚕桑图说合编》，高廉道许重刻，高州富文楼藏板，同治辛未桂月；《四库未收书辑刊》，肆辑23-450，《蚕桑示谕》

编》为蚕桑风土论的形成开端，镇江蚕桑局沈秉成《蚕桑辑要》与沈练《蚕桑说》在全国范围内流传与刊刻是各地风土论内容不断撰写的载体。其他几部重要蚕书，如襄阳局《桑蚕提要》、河南蚕桑局《蚕桑织务纪要》、江阴蚕局《蚕桑捷效书》等辑刊数量惊人，在各地辑刊过程中结合实际情况，撰写风土论内容。蚕桑风土论是为了异地引进蚕桑为目的而形成的农学理论，晚清各地蚕桑局丰富了其概念，集中体现在土壤、土性、气候、气温、水量、地貌、风俗、习惯等诸多领域，充分考虑到本地区的气候和环境，重视因地、因时制宜等传统农学思想内涵。尽管晚清蚕桑风土论没有上升到科学理论，仅停留在朴素的农学思想之上，但蚕桑风土论作为蚕桑技术与生态环境相统一的结合体，已经成为中国传统农学思想的典型代表，为晚清蚕桑局引进和推广蚕桑技术做出了应有的贡献。

三、普遍存在的风土困境

蚕桑从性质上不同于其他近代工业，蚕桑业属于传统农业与手工业结合体，其有很强的地域性，并不是所有地域与气候皆能适应发展。所以说蚕桑局的发展势必受到这些外部环境的影响，这也是蚕桑业本身属性所决定的。风土因素对蚕桑异地推广效果影响很大，并不能仅通过蚕桑局官绅们蚕桑风土论的观点来评价其理论的正确性，只有从各地蚕桑引进与推广过程中的实践环节来理性的思考，从现实结果中我们可以窥探一二。

晚清湖桑被各地蚕桑局大规模的引进，江浙、四川、广东、河南、鄂皖等地都是引种湖桑的地区。北方传统蚕区中山东、河南、陕西等地，仍然有发展的风土条件，但是却未能发展起来，这其中有诸如人为因素；以及棉花推广，蚕桑不再是生活的必需品；或是传统蚕桑技术与习俗已经在北方传统蚕区被遗忘，出现技术和习俗断层等因素。而最关键的是在各地蚕桑局出现了由风土因素导致的劝课失败，即湖桑未能栽植成功。湖桑在引种困境中表现尤为明显，很多地区蚕桑局出现了桑园荒废，疏于剪接，壅肥浇水掌握不好等致使桑树枯萎与成活率很低的现象。

南宋时期杭嘉湖地区低湿地的大规模开发迫使人们通过各种技术培育适宜于水乡低湿地区种植的桑树品种，培养出的湖桑对土壤和气候要求都很高的特点，以致杭嘉湖地区始终是最适宜湖桑生长的环境，一旦外传很难找到相似的条件，这是自然的选择。而人为因素中，周晴"湖桑苗的育成时间长，技术环节多，南宋时期杭嘉湖地区的人们通过各种技术措施控制桑的树形与枝条的定向生长，并将具有优良变异性状的枝条进行嫁接繁殖。湖桑的形成与杭嘉湖地区长期使用的精细桑树种植技术与桑园管理技术有着密切的联系。"[1] 湖桑外传出现最多的当属桑种变种，常见湖桑桑树喜湿土而非沙土，并且对栽植仅仅在杭嘉湖平原，可见湖桑本身就不适应移栽。湖桑是经过上千年的适应与栽植形成的，已经形成了植物的稳定特性，"湖桑中众多栽培品种的形成是经过长期自然选择和人工选择的历史过程的结果"[2]，其品种栽培特性中都具有树冠开展、枝条粗长，叶形大，花果少的特点。"湖桑叶圆而大，津多而甘，其性柔，其条脆，其杆不高挺，其树鲜老株，采折最便，惟移置他省甚难培养，若培养不得其法，多未成活，此湖桑为桑之冠而难于移种也。"[3] 而"嘉湖地区桑基生态农业的形成不是短期行为，是生态与人文长期互动的结果。"[4] 晚清各地蚕桑局引种湖桑效果不佳，多因湖桑植物特性难以适应异地环境与人文条件难以移植等因素。

由于地土不宜的影响，蚕桑局兴办不过几年便遭废弃的比比皆是。直隶蚕桑局卫杰言"蚕桑之政，除浙江湖州、江苏镇江以外，多未得法。"[5] 认为沈秉成镇江蚕桑局最为成功，尽管如此，同治十二年（1873 年）沈秉成调任上海后，因"地土不宜频年无效"，[6] 于

---

① 周晴：《环境、技术与选择——南宋时期湖桑的形成》，《自然科学史研究》，2012年第 3 期，263 页

② 周晴：《环境、技术与选择——南宋时期湖桑的形成》，《自然科学史研究》，2012年第 3 期，264 页

③ ［清］卫杰：《蚕桑萃编》卷二，《种类》，浙江书局刊刻，光绪二十六年，15-16 页

④ 王建革：《明代嘉湖地区的桑基农业生境》，《中国历史地理论丛》，2013 年第 3期，16 页

⑤ ［清］卫杰：《蚕政辑要》（即《元代农桑辑要》第四卷）序，光绪二十五年刻本，1 页

⑥ 《续丹徒县志》，卷十四，《义举》二十八，《中国地方志集成》，江苏古籍出版社，1991 年 6 月，677 页

同治十二年（1873 年）常镇道李常华改为冬振局。河南蚕桑总局出现桑秧变种情形，魏纶先认为人事之不及，土地之非宜只是借口，而将其归咎于小民领桑之后也不加以培养，栽于沙咸之地，或栽后既不除草压粪，又不抹去繁枝，以致枝细叶黄，这些都是植桑技术上不谙其道。① 河南试办蚕桑局章程十条中提到"又密县、荥泽、柘城、鹿邑、永宁等县桑树甚多，亦有养蚕者，因未合法，故丝不佳，贱售他处。"② 不光如此，植桑养蚕对于自然环境要求很高，传统蚕桑的风土论皆言风土没有问题，官员皆鼓励异地引种，但结果普遍效果不佳，如新疆蚕桑局"奈西域地高土燥，桑叶粗硬，蚕食之则出丝刚沥，服之易于脆损。曩日左文襄公曾派人于江浙采运桑苗，大费财力，惜移栽枯槁矣，且土性不同，纵长成必随地变。"汉中设局劝办蚕桑因亢旱桑多枯萎。光绪癸巳（1893 年），顾骧言白河县蚕桑局"每春发蚕子数纸，由州县官散给乡民，可谓慎矣。究之种桑鲜得法，虫蠹频生，枝拳叶瘠，蚕老善病，丝薄而脆，获利甚微，业久多倦。质之父老，咸以地土不宜为辞，是岂蚕桑之鲜利哉。官揣其理，未亲其事，民习其事，未抉其精，鲁莽灭裂。报亦如之，虽喙长三尺，莫能遍喻也。"③ 晚清各地蚕桑局劝课过程中出现桑秧变种、干枯的同时，蚕种生病等也是普遍现象。直隶蚕桑局"上年八月蒙中堂示直省土厚地寒，屡购湖桑来直，栽种难成，川北地高土实，与北方相近，可在川购运桑秧、蚕子，并邻省就近地方采办。"④ 广东嘉应光绪年间设立蚕桑局"近年士大夫锐意讲求蚕桑之利，购桑秧蚕种于顺德，设蚕桑局于州城。踵而行之者，有松口各乡，而卒无成效。岂人谋之未臧欤，抑土宜之不合也。"⑤ 风土和人谋无非是蚕桑劝课发展最为关键的两个因素。

　　蚕桑风土论不应该只看到气候、土壤等风土因素，还应该考虑社会大环境与人为影响。首先，蚕桑业相较于其他作物来说，需要更高

第四章　蚕桑技术的引进与实践

---

① ［清］魏纶先：《蚕桑织务纪要》，河南蚕桑织务局编刊，光绪辛巳，57 页
② 《蚕桑辑要合编》不分卷，《蚕桑局章程十条》，河南蚕桑局编刊，光绪六年
③ ［清］顾骧修，王贤辅，李宗麟纂：《光绪白河县志》卷十三，杂记，清光绪十九年刻本，397-398 页
④ ［清］卫杰：《蚕桑浅说》，13 页
⑤ 《光绪嘉应州志》卷六，清光绪二十四年刊，296 页

的技术要求，不光栽植桑树、注意桑树成长过程中的多个环节，包括培土、壅肥、浇灌、剪枝、嫁接、采叶、防病等很多复杂的技术内容。养蚕过程中还要考虑到蚕种的陪护、喂养、疾病、吐丝、成茧以及其复杂的生长环境。并且蚕桑技术是一种靠习俗、熟练等长期掌握和传承的方式，并不是随意的异地引进便能成功，所以说在技术上要充分考虑引进的难度。其次，晚清各地蚕桑局已经注重市场的需求，有些地区偏离了市场需求而盲目劝课，导致了失败。晚清蚕桑业商品化逐渐变强，其考虑的经济因素更多，比如海外市场需求的变动、其他国家竞争的增强、棉花生产的增多、战争因素的影响等诸多因素。最后，官、绅、民、匠等劝课活动参与人员因素也要注意，这也是传统"三才论"重要的理论精髓，风、土、人三者因素都至关重要，即顺应自然，尊重自然界的客观规律，又十分注意发挥人的作用。如尹绍烈认为淮安清江浦小民比较懒惰，"岂蚕桑宜于南北而斯土独不然欤，抑人事之勤惰有异也。"① 各地以官绅采买与分发桑树等生产资料之际，并没有涉及小农或者小型地主，仅仅是官绅间的政绩工程，实际效果并不好。总之，技术、器具、市场、人员等多重因素都要考虑，这种兼具农业作物与经济作物特征的复杂性，是甘薯、玉米、马铃薯等物种的异地引入所没有的。

晚清是蚕桑风土论发展与成熟的重要时期，蚕桑局蚕桑风土论的实践过程充分说明在蚕桑异地引进过程中，要做到有风土论，但不唯风土论，遵循自然规律和社会经济规律，注重人的主观能动性，切勿过于主观与盲目。蚕桑风土论鼓舞了蚕桑局大规模的异地引进，促进了晚清蚕桑业的发展，推动了蚕桑技术的传播。与此同时，作为中国传统社会异地引进蚕桑的重要理论指导，蚕桑风土论的实践也完善了风土论的理论内涵与外延。

第二节 植桑技术的异地实践

传统植桑技术是农业科技史研究的核心内容，晚清中国传统植桑

---

① ［清］尹绍烈：《蚕桑辑要合编》，《同治三年四月上浣督漕使者盱眙吴棠谨序》，同治元年

技术已经日臻完善，各项技术细节逐渐成熟，传统技术体系已经确立。纵览晚清各地蚕桑局选用蚕书，各地蚕桑技术上几乎延用嘉道时期的蚕书，内容比较固化与稳定。最为重要的技术突破当属桑树异地引进的技术环节，弥补了传统植桑技术在异地实践领域的空缺。晚清各地引种桑树劝课行为较为普遍，设立蚕桑局的仅为其中部分，尽管如此，蚕桑局的技术实践几乎涵盖了植桑技术异地实践的核心内容，并且已经非常全面，具有很强代表性。蚕桑局在桑树异地实践环节中保留了大量史料，包括蚕书、纪要、文书、方志、规章等，这些资料细致地保存了植桑技术的异地实践内容。晚清蚕桑局植桑技术的异地实践主要包括：异地购买桑秧与运输途中的保护；桑秧的养护与栽植，蚕桑局桑树培植也是植桑技术异地实践的最为重要的内容；桑园的选取与作用，桑园是植桑技术异地实践的重要场所，桑园兴衰很大程度上代表着蚕桑局的兴废。

一、远途采买桑秧技术

乾嘉道咸时期以来，地方官员劝课蚕桑的地区在数量上不断增多，范围上不断扩大。远距离采买桑秧必定涉及复杂的桑秧养护方法，比如桑秧产出地的选择、桑秧品种的选取、采买时节的掌握、途中桑秧的养护、运到后初步措施等，这些都需要十分专业的技术。远途采买桑秧技术是为了确保桑秧能够顺利的栽种与推广，提高其成活概率，进而取得更好的劝课效果。购买桑秧是各地劝课蚕桑最基础性的工作，也是晚清蚕桑局异地引入蚕桑技术的第一步，自古"桑为蚕本，育蚕必先植桑"① 成为了基本常识。晚清远途采买桑秧技术在大量实践中取得了新的突破，各项采买技术中桑秧远途运输技术显得尤为重要，在秧苗长久运输过程中，各地蚕桑局都采取了各类桑秧养护技术。晚清远途采买桑秧技术丰富了传统蚕桑技术内容，是中国传统蚕桑技术不可或缺的部分。

首先，桑秧产出地的选择。晚清各地蚕桑局采买的桑秧绝大多数源于杭嘉湖地区，尤以湖桑为主，各类蚕书中大多撰述"买湖桑须在

---

① ［清］尹绍烈：《蚕桑辑要合编》，《辨桑法》，同治元年，1A 页

浙江石门县属之天花荡、蒋王庙、龙舌嘴、周王庙、平家桥等处。"①
但从各地采买桑秧来看也并非局限在这几个地方，随着时间的推移，
晚清杭嘉湖个别地区形成了桑秧生产专区。同时袋接法也被普遍应用
于桑秧嫁接，使得桑秧产量增大，满足了各地前来采买桑秧的需求，
而至今"袋接法是我国应用最普遍的桑树嫁接方法，具有操作简便、
成活率高、苗木生长快等优点，适于大量生产无性繁殖苗木。"② 桑
秧作为种植作物，有自己的生物特性，晚清各地蚕桑局采买桑秧都要
选择好时节，前去采买的时节要非常注意，这样有助于提高桑秧成活
率，"买湖桑须于九十月间，先赴该处桑行，着其领看，如某田一，
假有桑若干株，凭行过数，言定价值，由行将桑数价值登簿，当交桑
价一半，余俟桑秧起土时，查桑数相符，再行找给全价，每株约钱八
文之谱。"③ 桑秧采买之前要慎重选取，由于桑秧种类较多，大多数
人来采买桑秧皆称为湖桑，但采买的桑秧中并非都是最为优质的品
种，任兰生寿州课桑局"宜觅富阳望海等种植之，其大者可得叶数
石，能不令虫蛀及水灌其根，则愈老愈茂，不以年远而败。"④ 但富
阳桑秧良种就不会外卖，王世熙太仓蚕桑局"富阳桑皮坚，虫不能
蛀，最为佳种，但彼处专擅贩叶之利，其种不许外出，故求之难
得。"⑤ 桑秧选择与起土方式都有很严格的要求，"买湖桑须择田中之
五六尺高者，过大过小，均难成活，该处桑秧，有栽田中地中之别，
田中土紧，桑根肥而少，地中土松，桑根细而多，肥者能耐盘运，且
易生活。桑秧起土，须在冬至前后，缘树之脂膏皆归于根，过早则脂
膏尚未收敛，移栽诚难活，过迟则阳气上升，又恐非宜，兼之远途搬
运，耽延时日，必须适当其时，庶不致误栽期。桑秧起土，着桑行多
雇人，三五日内，必须一律起齐，每名每日工钱二百文，务须亲往监

① ［清］魏纶先：《蚕桑织务纪要》，《采办委员钟象炎上购运湖桑并栽灌情形》，河
南蚕桑织务局编刊，光绪辛巳，60 页
② 吕鸿声：《栽桑学原理》，上海科学技术出版社，2008 年 12 月，83 页
③ ［清］魏纶先：《蚕桑织务纪要》，《采办委员钟象炎上购运湖桑并栽灌情形》，河
南蚕桑织务局编刊，光绪辛巳，60 页
④ ［清］任兰生：《蚕桑摘要》，光绪元年，8B 页
⑤ ［清］王世熙：《蚕桑图说》，《金编蚕桑总论·桑种说》，太仓蚕务局，光绪二十
一年（1895 年）

督，起时须缓缓动手，不宜孟浪快速，致伤根须，是为至要，如分处起挖，必须另派妥人监视，起后即于根须蘸沃稀泥，泥上掺土，并多衬湿稻草，随时随包，每包酌量桑枝大小，四五十株以至七八十株不等，用绳索捆紧，方耐搬运，免致损伤。"① 以上桑秧选择、起土时节、桑行雇工、桑秧根须、搬运捆绑等技术环节，说明桑秧采买前期技术已经发展完善。

其次，桑秧运输方式与途中养护技术。运输过程中需要一些提前准备的器具，"蒲包绳索。须在扬州一带买装盐新包，苏州买草索，带往石门，缘该处蒲包贵而且小，不能合用。"② 晚清蚕桑局购桑运输工具上主要是陆运中的马车，水运中的轮船。水运上要掌握技术是"水路装运，须择船身坚固，舱板整齐，将桑包紧装舱内，上盖稻草，然后再覆以舱板，约三五日开舱浇水一次，以期滋润，如可通水路之处，务须从水道为妙，虽较旱道多延时日，亦无妨碍，总之自起之日起，至春分节栽种时止，约在七八十日为定，如能迅速，尤为妥善。倘水路势不能行，起旱装车时，须用水灌透，再行装车，四围多盖芦席以蔽风日，途中打尖住店时，各浇水一次，如遇冰冻，则不宜浇水，惟起运旱道，至多十余日则可，再多难免枯槁之虞，如途中猝遇风雪寒冷，尤宜防冻，若将根须冻断，则难活矣。"③ 目前掌握采用轮船海运的是左宗棠新疆蚕桑局，"左侯相于关外，创兴此举，前年采购湖桑，由鄂省取道前往，去冬复购，由轮船运至天津，直达关外。"④ 1898 年芜湖课桑局"派员再赴湖州，采办三万株，月之初九日，招商局某轮船附运抵埠，仍由保卫营勇搬运上岸，置之课桑局内。"⑤ 途中养护技术是运桑秧过程中最为关键的环节。桑秧运输时间越久对运输途中技术要求越高，稍近一点的江浙皖等地区蚕桑局则

① ［清］魏纶先：《蚕桑织务纪要》，《采办委员钟象炎上购运湖桑并栽灌情形》，河南蚕桑织务局编刊，光绪辛巳，60-61 页

② ［清］魏纶先：《蚕桑织务纪要》，《采办委员钟象炎上购运湖桑并栽灌情形》，河南蚕桑织务局编刊，光绪辛巳，60 页

③ ［清］魏纶先：《蚕桑织务纪要》，《采办委员钟象炎上购运湖桑并栽灌情形》，河南蚕桑织务局编刊，光绪辛巳，61 页

④ ［清］魏纶先：《蚕桑织务纪要》，河南蚕桑织务局编刊，光绪辛巳，28 页

⑤ 《申报》，《桑秧抵芜》，第八千九百四十五号，光绪二十四年二月二十一日，1898 年 3 月 13 日

运输较为容易一些，例如金华县课桑局黄秉钧"桑秧出浙之嘉湖等处，距此数百里，非旦夕所能致也，好在此树最易活，虽离土二三十日，而其根未枯者，栽之亦活，可无以道远为疑。"① 任兰生寿州课桑局"桑秧根切忌风吹，一遇风吹容易枯槁，嘉湖等处行中系成把出卖，或十枝或二三十枝不等，如来路太远，紥把时须用半潮泥外将稻草包护，勿使漏风。"② 既然运输时间不太长久，那么途中养护则更为重要，对桑秧成活影响也更大。至今包装运输桑苗中远运的苗木必须妥善包装，"苗梢与根部各半对放，用稻草、草席或塑料膜包装，防止其干枯与发霉。"③ 现代技术与传统技术所差毫厘。

最后，运到之后的初步措施。采买桑秧运到之后，会遇到新的技术问题，即如何将采买来的桑秧栽活。蚕桑局会将桑秧集中栽植于桑园，保证其基本的成活率，之后再被分发各地栽植。桑秧运到之后的技术措施显得尤为重要，河南蚕桑局《蚕桑织务纪要》中撰"运到时，随即开坑种植，坑须宽深各二尺，先将桑根损坏处剪去，其余根须埋直，栽于坑内，令其舒畅，覆以半土，即灌清粪水半桶，再行加半粪半土壅平，用脚踏紧，平土二三寸剪去原本，发更畅茂，且免大风摇动，缘根须受风，则不能活，上面再围以土圈，以便灌溉蓄水之用，三五日即要浇灌一次，并襟以清粪水，以助生气，如栽潮湿之地，则灌粪水数次。总之桑乃易生之物，不令地土干燥，即可成活，或有枯槁者，并非无用，须将枯枝平土剪去，浇灌照常，不久根得地气，即能发芽，惟五六七月烈日当空，天气亢旱，即浇清水，不可浇以粪水，诚恐浇坏根须，至为紧要，各月及春分，务须多压人粪，或牛马粪或豆饼均可，得此肥养，必易长旺，本固枝荣，则浇灌之力可省矣。"④ 这是桑秧运到后技术措施，内容细致，技术成熟，是晚清桑秧栽植技术的典型代表。同样瑞州蚕桑局技术内容也略似，瑞州试办四年得简便数法，"湖桑运到存放通风避日处，先用快剪，剪去上截，不要只留下截一尺五六寸长，一面将锄松肥地，照前品字式离七

① 《中国农业史资料第 263 册》84 页；[清] 黄秉钧：《续蚕桑说》，《刊树桑法二十一条》，光绪己亥二十五年

② [清] 任兰生：《蚕桑摘要》，光绪元年，8A 页

③ 吕鸿声：《栽桑学原理》，上海科学技术出版社，2008 年 12 月，94 页

④ [清] 魏纶先：《蚕桑织务纪要》，河南蚕桑织务局编刊，光绪辛巳，61 页

八尺远，挖一圆坑，宽深各尺余，再将桑树根上用清粪略泡半刻，栽在坑内，用碎土壅实，不宜太紧，此日用水浇透，往后酌量用三粪七水浇灌，自无不活。"① 其在施肥方面更加注意，提高了桑秧成活率。

二、桑树的异地培植技术

晚清蚕桑局采买而来的桑秧大多需要两三年的精心培植，才能顺利长成，而这其中需要的培植技术尤为关键，这是异地蚕桑技术重要的实践内容。桑树主要集中于桑园栽植，或是分发各地小民栽植，二者都是晚清蚕桑局桑树异地栽植技术实践的主要内容，其过程是晚清蚕桑技术发展的重要部分，也是传统桑树异地引进技术进步与完善的重要途径。蚕桑局的桑园栽植和分发栽植涉及蚕桑技术种类繁多，涵盖内容丰富，包括种桑葚法、接桑法、种桑秧法、压桑条法、阉野桑法、剪桑枝法、剪桑叶法、摘桑叶法、耘二叶法、修桑法、治虫法、壅肥桑法、土壤改良、中耕除草等各项技术内容。但局限于史料限制，并不能完全掌握这些技术异地实践的全部内容，以下主要介绍史料较为丰富的个别蚕桑局蚕桑技术异地实践内容，包括土葚湖兼行、浇灌壅肥、嫁接栽剪等重要异地栽植技术。

首先，土葚湖兼行。土桑栽培之目的主要在于其获利较快，由于湖桑桑秧成本较高，土湖搭配能够节约购买湖桑成本，河南蚕桑局"上年各属所种土桑，仅十三万余株，不足以言兴起，幸赖设局敦劝，委购湖桑，其为质最肥，而成功较速，此实高出卑府劝种土桑之策，不啻十倍，惟此间民情急于向利。"② 土桑重要的用途是搭配湖桑之用，乡民遍种土桑后，可以嫁接湖桑，能够增加湖桑数量，节省开支，"土桑尤宜配搭栽种也，查湖桑必须三年后始能长成，方可接压，若非先蓄土桑，使之接压有资，纵有湖桑，焉能蕃茂，现奉饬查，应将各社原有土桑若干株，先行查明报县，以凭转禀，并劝各社就近各自添种土桑，以为未雨绸缪之计。"③ 嫁接过的土桑可以改变

———————————

① 《中国农业史资料第 261 册》29 页；[清] 江毓昌：《蚕桑说》，《种桑简便法》

② [清] 魏纶先：《蚕桑织务纪要》，《转详归德府李廷萧报捐湖桑禀批文》，河南蚕桑织务局编刊，光绪辛巳，31 页

③ [清] 魏纶先：《蚕桑织务纪要》，《代理祥符县饶拜飚开局禀》，河南蚕桑织务局编刊，光绪辛巳，39 页

原有的土桑性状,"因湖桑与土桑之性微有不同,土桑未经接过,本根一气,其叶薄小,故耐荒芜,湖桑系用荆桑之本,接以鲁桑之枝,全借培养,方有成效。"① 这是传统桑树嫁接技术实践的明证。

栽种葚桑之目的也是为了嫁接湖桑之用,购买桑葚可以在有限的土地上播种大量的桑苗,方便推广桑秧,节约成本,"大约畦宽五尺长五丈,如法经营一畦,可得葚桑三四千株,百畦则得三四十万株,千畦则得三四百万株,千畦约百亩地也,以工本计算每一株不过费制钱一文,较之南方购桑则费重,灌溉则工多,何啻天壤之别,惟冀举行蚕桑者,尚其取法种葚焉,可乎。"② 河南蚕桑局"拟广种葚桑,以备接枝,而省远求也,省局桑园,去夏后,复又添种八亩,现已渐次出土,随即将种葚法则通饬各州县普种,来春一经盛发,悉数接成湖桑,接后二年,方可发给乡民移栽,一亩之地约得湖桑秧一二万株,所费不过数千文,即能收此利益,倘能普得其法,何让浙湖蚕桑之盛,三年后我像有此接桑,无须再购湖桑,庶事不劳而功毕举矣。"③ 并且采用杭嘉湖最近种桑葚的技术,"今本局以浙省近时种葚之法,互参汴省物土之宜,得其精妙,录公同志,种葚在于得宜,四五月桑葚熟时,预治肥地十余亩,或数亩,犁钯两三次,令土极细,挖成长畦,宽约六七尺,下人粪于畦内,与土和匀,收买紫黑色极熟葚子一二石,平铺屋内地上,厚约数寸,用冷柴草灰盖二三寸,二三日后,桑葚自烂,即以手揉碎,用水淘取葚子,将预治之畦,以水浇透,随种匀于畦内,每亩约二升,或与黍豆合种亦可,用细土和粪薄盖,厚则难出,土上用稻草盖寸许,麦秸谷草均好,借遮炎日,夜间毋须捲去,如搭矮棚,昼舒夜捲,尤为妥善,处暑之后,即无须遮盖矣,种后用清粪水间日浇灌,务令地土干燥,秋后可长二三尺,如留作来年接湖桑之本,即不必刈烧,惟于冬月用肥粪封根,次年二月初间,平地剪断,遂将湖桑小枝,截取二寸许,假留两桑眼,削如马耳

---

① [清] 魏纶先:《蚕桑织务纪要》,《重劝添种湖桑示》,河南蚕桑织务局编刊,光绪辛巳,20 页

② [清] 卫杰:《蚕桑萃编》卷二,《种葚之苗繁》,浙江书局刊刻,光绪二十六年,25A –25B 页

③ [清] 魏纶先:《蚕桑织务纪要》,《候补道魏纶先续捐湖桑十万株禀》,河南蚕桑织务局编刊,光绪辛巳,26 页

式，插入桑本皮内，削口向外，用土封紧，自能长成，接过湖桑，每亩可得万株，倘本年所出不旺，冬间压粪，来年春夏必生，切不可因桑未生，即种别物，各州县能如本局栽种，分移民间，三年后遍地皆有接好湖桑，则浙湖蚕桑大利，不难行之中州矣。"① 以上将整个环节描述得细致入微，包括选择时节、置地犁土、桑葚播种、施粪浇水、次年嫁接、封土压粪、三年嫁接湖桑等，这些是当时桑葚嫁接湖桑最为成熟有效的技术内容。

其次，浇灌与壅肥。浇灌与壅肥是植桑技术中最能体现传统精耕细作理念的部分，也是中国古代农作物栽植最重要的特征。传统肥料与施肥方式对桑树的土壤肥力保持有积极作用，各地蚕桑局选用肥料种类繁多，并且注意因地制宜。江浙地区比较熟悉杭嘉湖精耕细作的耕作方式，清江浦蚕桑局使用窖粪时"冬日培根，用缸盛鱼腥水百草水亦好。"② 镇江蚕桑局注重正确的桑树施肥方法，"剪后务必抹去附枝数次，毋使分力，极宜灌肥，初植近根树大，远根要须拔肥，今年有条，来年叶倍。"③ 南汇种桑局种桑时使用多种肥料，掌握肥料浓淡，对灌肥各项技术都有讲究，"种时用人粪拼水灌之，然后用猪羊牛马粪，若暗土不肥，浸豆饼壅之更好，人粪等总宜撬水，淡则乏力，浓则咸死，在乎随时审择，以肥润为贵，到第二年桑株渐大，根已四达，宜掘土藏粪，仍将土铺平，庶可得力，切不可单用水浇，单水则桑便死。初种时灌粪只要依桑边周围灌之，切不可掘土，庶下雨不致积水，桑根不致受伤。灌粪到第五次，可以隔十天再灌，此亦初种时法也。当春间发洩之时，天晴可间日灌之，至秋冬收藏之候，多用肥粪，交春更为得力。"④ 与此同时，杭嘉湖蚕桑技术中精耕细作思想并不能完全适用于其他地区，这种思想来源其地区的独特性，尤其难以适合北方旱作地区。河南蚕桑局的湖桑不远数千里采运，桑既到地，"督饬及时栽植，一面培土压粪，随将原本剪去，只留二三

① ［清］魏纶先：《蚕桑织务纪要》，《种葚桑简便法》，河南蚕桑织务局编刊，光绪辛巳，53-54 页

② ［清］尹绍烈：《蚕桑辑要合编》，《蚕桑局事宜》，同治元年，16B 页

③ ［清］沈秉成：《蚕桑辑要》，《杂说》，金陵书局刊行，光绪九年季春，10A 页

④ 《光绪南汇县志》卷三，建置志八，《中国地方志集成》，上海书店出版社，1991年6月，607 页

寸，浇清粪水数次，入夏只用清水，交冬后应压肥粪一次，次年春分，再压肥粪一次。"① 出现湖州桑秧枯槁的情况要及时补救，"曾于前月将枯槁者，平腰剪去，或留一尺，或留数寸，用粪水浇透，将土加封树蔸，约二三寸，时常浇灌清粪水，日来竟于平土上下，发出芽叶，转枯为菀，可见种桑一事，全借人力，但六月以后，不宜用粪，须浇清水，自能畅茂。"② 河南蚕桑局个别地区不按照技术要求进行壅肥和浇灌，出现了桑秧变种、枯萎等问题，"凡变种者，或栽于沙咸之地，或栽后既不除草压粪，又不抹去繁枝，以致枝细叶黄，可归咎于地之变种乎。"③ 可见这些问题是土壤不适宜，压粪技术应用不当造成的。

最后，嫁接与裁剪。嫁接与裁剪技术是湖桑能够栽植成功的关键环节，技术异地实践过程中主要通过蚕书宣传推广、桑匠在桑园或下乡进行指导等方式。此项技术多源自杭嘉湖地区的蚕书内容，技术形式较为类似。湖北充分发挥桑匠作用，"局中种桑地段，每逢春初，派匠带徒，将桑株未接者，均行接过一次，冬初复派匠至各处修剪桑条，并教导乡民剪接之法。各州县中，所发桑株，有须剪接者，准其具文申请派匠前往剪接，并以其法教导乡民，俾其周知，以期推广。"④ 指导技术环节上主要是嫁接与裁剪两个部分，嫁接时最常见的技术是"取小刀钉长二寸许者，削如马耳样，嵌入皮内，嘉湖人谓之桑餂。"⑤ 清江浦蚕桑局"莫若栽湖州接过桑条，较为迅速，务于本年大寒节内往仙女庙戴桥章墅村一带购买，约定次年二月送浦包栽包活。"⑥ 而剪接技术上，沈秉成镇江蚕桑局认为拳桑技术获利作用很大，"桑之大利，总以十年为期，五年后渐次剪成拳式，每到正月，拳上剪枝，不可留长，只留分许，只要有叶眼，为是枝大疤包，

---

① ［清］魏纶先：《蚕桑织务纪要》，《预拟壬午春分时发湖桑通饬文（辛巳九月初七日）》，河南蚕桑织务局编刊，光绪辛巳，55 页

② ［清］魏纶先：《蚕桑织务纪要》，《新栽湖桑应将原本剪去加意浇灌通饬》，河南蚕桑织务局编刊，光绪辛巳，49 页

③ ［清］魏纶先：《蚕桑织务纪要》，河南蚕桑织务局编刊，光绪辛巳，57 页

④ 《农学报》第一册六六月下《湖北蚕桑局章程》，《厘定章程二十六条》

⑤ ［清］沈秉成，沈练：《蚕桑辑要·广蚕桑说》，《广蚕桑说》，江西书局开雕，光绪丙申仲春，6A 页

⑥ ［清］尹绍烈：《蚕桑辑要合编》，《接桑法》，同治元年，1B 页

来年更茂，小民不知其法，将枝本留长，其树必坏，如剪手得法，养蚕十年留枝剪条，一株可得叶数十斤，育蚕利倍。"① 接压技术 "接者接枝也，压者压条也，压条须俟湖桑长成后，择桑枝之柔大者，攀至地，压以土，即生根，就生根处移栽他处，一树可压多枝，此压条之成法也。接枝维何，缘土甚之所出，其叶多薄而小，今年新种，来年二月初间，剪取大叶湖桑枝条，就甚桑秧正本，平土相接，刀口朝外，以土封堆，自能成活，将来发叶便大，而原种湖桑，并不移动，此接枝之成法也。"②

三、桑园的选取与功能

晚清蚕桑局在采买桑秧过程中，选取桑园是重要环节。与以往杭嘉湖种植桑树桑园不同，蚕桑局桑园带有劝课的历史符号。桑园是蚕桑局兴办的一个基础条件，是桑秧运回之后首先栽植的场所，可以视作清末蚕桑试验场的历史源头。晚清蚕桑局的桑园与以往学者研究杭嘉湖地区普遍兴起的桑园在概念上不同，桑园主要是蚕桑局兴办之时，为了便于安放购来的桑秧，提高桑秧的成活率而设置的。桑园主要功能是用于栽植桑秧，作为桑秧的购买与分发的中转基地，以此来满足绅民栽植桑树的需求。此外，桑园还具有桑秧栽植示范作用，尽管桑园栽植桑秧的土地面积仅为几亩，仍然能够给予地方绅民以示范作用，南汇种桑局桑园 "置买田四亩有奇，插槿为篱，种桑数百株，就嘉湖等处雇工二名，栽植培剪，俾四乡知所能傚焉。"③ 桑园良好的栽植效果可以鼓舞绅民种植热情，河南 "省局百答庄桑园，所栽湖桑，经职道等随时亲督灌溉，现查十活其八，细访各属民情，虽不能人人乐从，而每见湖桑叶大枝荣，鲜不互相称道，并有追悔春间领种株数较少之议，即此以观，其为风气渐转，已可想见，似宜添购湖

---

① ［清］沈秉成：《蚕桑辑要》，《杂说》，金陵书局刊行，光绪九年季春，10B 页
② ［清］魏纶先：《蚕桑织务纪要》，《新栽湖桑不准移栽通饬》，河南蚕桑织务局编刊，光绪辛巳，50 页
③ 《光绪南汇县志》卷三建置志八，《桑局》，《中国地方志集成》，上海书店出版社，1991 年 6 月，607 页

桑，饬发分种，以顺舆情，而资接济。"① 官员普遍重视绅民的舆情。

首先，桑园的选取。桑园位置有其特点，多为城郊，比如镇江蚕桑局"设局于城西之南郊"②。桑园首先具有充沛的水源，宽阔的土地，肥沃的土壤等较好的种植条件。扬州课桑局交通便利，方便购桑与分发，"又念课非虚设，宜立总枢，桑必先栽，须筹隙地，爰于小金山之东，得江氏净香园故址焉，路犹近郭，境已在郊，迤逦青芜，遥连萤苑，延缘绿水，低傍虹桥，遂因度地之宜，定为建局之所，港通舟楫，则逸于运输，陇拓圃畦，则宽于芟插，道里均会则便于取携，官绅并司则易于求应，而且种植多术，招及场师，经费预储，取诸市税计必审法必详也。"③ 也有蚕桑局选取废地、隙地、旧址做为桑园，尤其是太平天国后废弃的官地增多，从这个角度来说蚕桑局的官府属性以及官员倡导劝课的色彩很浓。此外官府购买土地现象也存在，河南蚕桑局"于宋门外禹王台，设立蚕桑局，并购民地若干，设立桑园。"④ 而芜湖课桑局则是选择隙地，"于河南岸南寺沟、北岸枣树园两处空隙之地，多种桑条。以便农民来局领种，实为兴利要务，间阎莫不称便。"⑤ 清江浦蚕桑局"查县治西偏有丰济仓一所，现奉拆移，所遗基址，地势宽展，可种桑五六千株，四面尚有围墙，东边可通水源，于此设局，种桑最为相宜。"⑥ 桑园的基本形态是中间为土地，栽植桑树，而四周筑起篱笆，篱笆普遍"查照古农书法，冬月夹杂密栽榆柳大长条，俟生活后，两边扳倒，编为十字篱，用棕束紧，此外仍多栽酸枣、枸橘、木槿、五加皮之类，总以有刺者为佳。"⑦ 桑园作为桑秧的中转地，起到了栽桑试种与分配桑秧的作用，可以说桑园是蚕桑局传统蚕桑技术引进与推广的中枢。

其次，桑园的废弃。晚清蚕桑局大都兴办不能长久，少则几月，

164

---

① ［清］魏纶先：《蚕桑织务纪要》，《候补道魏纶先续捐湖桑十万株禀》，河南蚕桑织务局编刊，光绪辛巳，26 页

② ［清］沈秉成：《蚕桑辑要》，《后序》，同治辛未夏六月，常镇通海道署刊，1A 页

③ ［清］方浚颐：《淮南课桑备要》，《扬州课桑局记》，同治十一年钞本

④ 《蚕桑辑要合编》不分卷，《河南试办蚕桑局章程十条》，河南蚕桑局编刊，光绪庚辰

⑤ 《农学报》第四册，三十三四月下，《推广种桑》

⑥ ［清］尹绍烈：《蚕桑辑要合编》，同治元年

⑦ ［清］尹绍烈：《蚕桑辑要合编》，《蚕桑局事宜编篱》，同治元年，16B 页

多则几年，而桑园也不断随之废弃。桑园的栽植效果各地区之间不尽相同，一些蚕桑局在桑秧异地培育方面取得了一定效果，河南蚕桑局桑园中的新栽分栽实践取得了不错的成绩，"总局桑园，所栽湖桑一万六千株，认真培养，成活一万三千株，新发芽条，已长六七尺，叶大七八寸，异常肥润。"① 其桑园栽植数量和培植效果都是当时各地蚕桑局中较好的一个。《丹徒县志》载 "同治初观察沈公秉成始设课桑局，购湖桑教民种之，而桑园桑田遂遍境内。"② 但事实并非如此，沈秉成镇江蚕桑局不久便改为冬振局，《续丹徒县志》载 "冬振局在城外万家巷底火星庙，原为课桑局（即前志课农种桑局），因地土不宜，频年无效，同治十二年（1873 年）常镇道李常华从幕客秀水李继蟠之请（继蟠故念于学源李之所请，实起于学源也）改冬振局，每年冬至放粥，迄明年二月为止，一切经费除课桑局旧缘外，并由五业中人（五业人名见瓜镇义渡局条）认捐。"③ 总体而言，晚清各地蚕桑局桑园的桑秧培植效果不佳，干枯与叶小、管理不善、忽视养蚕等问题普遍存在，桑园经营不善也是导致蚕桑局最终失败的重要原因。例如南汇就因只在乎植桑，养蚕不得法而兴办失败，"本城桑局所设桑园向由陈董尔赓理创办之初，乡间领秧仿种者颇不乏人，亦由是而相率育蚕，惟因育不得法，小试则有获，大举即失败，一二十年后育者渐少，桑园以连带关系亦旋兴旋废，及乎清末春季育蚕之家，百不见一，而乡间桑园亦萧索日甚，时城董陈尔赓物故已久。本城桑园荒废多年，更无桑局之名存在，良法美意以仅传种桑法不传育蚕法，终失此大利惜哉。"④ 高邮创设东西课桑局，"西局系扬河厅署旧址，光绪二十九年（1903 年）知州洪盘捐廉三百四十千购湖桑苗二万株，委邑人马维高择地种植，马因就此围墙平地开塘筑堆，雇工栽插祇容七八千株。知州洪又择东门外城根向南一带地，两头编篱，中设茅屋，

　　① ［清］魏纶先：《蚕桑织务纪要》，《重劝添种湖桑示》，河南蚕桑织务局编刊，光绪辛巳，19 页
　　② 《光绪丹徒县志（一）》卷十七，物产十九，《中国地方志集成》，江苏古籍出版社，1991 年 6 月，313 页
　　③ 《续丹徒县志》卷十四，附义举二十七至二十八，《中国地方志集成》，江苏古籍出版社，1991 年 6 月，676 页
　　④ 《民国南汇县续志》卷三建置志八，《桑局》，《中国地方志集成》，上海书店出版社，1991 年 6 月，999 页

其外临河，内栽桑一万余株，是为东局。委邑人胡钟麘董理两局，共费八百七十余缗，又拨地方讼案罚锾七百余缗，交马董存典生息为两园常年费。初桑园及劝工局同时并举，原议历年桑叶售价即补助工局费用，可以源源不竭，奈地方蚕业不旺，每岁销桑不及百石，本园费用且不自完，更难顾及工局。三十二年（1906年），马董专办工局，遂辞桑园，且将存本四百五十元尽数拨归工局，而胡董亦辞职宦游，继其后者苦于无米为炊，皆不旋踵辞去，于是东园桑渐枯槁，西园枝条尚茂，亦但存形式而已。"[1] 可见高邮东西两局都有桑园，桑园桑叶难卖，园费不能为继，管理不善，终究被辞，东西二园最终桑树枯槁，仅存形式。高邮蚕桑局的桑园设立时间上较晚，清末，各地桑园并不多见，取而代之的采用近代技术的蚕桑试验场，"民国七年（1918年）县知事胡为和就课桑西局地建造蚕桑室三间，事务室三间，宿膳室五间，共费三千七百六十五元，委邑人高辅勋、汪嘉禾为正副主任，开办试验场，凡耕地筑墙编篱购器共费一千二百三十二元有奇，常年事务员一人，每上半年开设蚕桑传习所，收集学徒特增临时事务员一人，常年经费春夏约九百余元，秋冬约四百余元，均在县附税项目下拨用，后委汪嘉禾为主任副主任裁。"[2] 民国时期，原高邮课桑西局转为蚕桑试验场，依然发挥着推广蚕桑技术，发展地方蚕桑业的作用。

最后，桑园与局址的关联。二者都是蚕桑局中仅有具体场所的两个机构，将其进行关联比较分析，能更好的还原蚕桑局的技术活动场景。桑园与局址在功能不尽相同，桑园是植桑之用，负责采买桑秧的栽植任务；局址是蚕桑局的管理场所，官员选派的人员与地方绅董于局所办公。桑园与局址是蚕桑局重要经营场所，一般来说蚕桑局桑园与局址的选取为同一处。尹绍烈在清河砖圩门西的丰济仓遗址内设立劝课蚕桑，桑匠园丁均经住局。扬州课桑局于小金山之东得江氏净香园故址作为局址，同时桑秧也种植于此。寿州"课桑局在州城西门内，光绪元年（1875年）督办淮北牙厘局候补道任兰生筹款建，并置

---

① 《三续高邮州志》卷一，营业状况一百六，《中国地方志集成》，江苏古籍出版社，1991年6月，303页

② 《三续高邮州志》卷八，实业三十四，《中国地方志集成》，江苏古籍出版社，1991年6月，586页

园植桑。"① 可见以上三个蚕桑局中桑园与局址皆为同一场所。也有蚕桑局的桑园与局址相隔较远的，例如河南蚕桑局"置百塔庄地百二十亩，开辟草莱，创筑墙垣屋舍，是为省之桑园，购湖桑分植各州县属。"② 而局址则设立试办蚕桑局于禹王台庙中。这其中缘由主要是局址首选有屋舍的居所，而桑园首选植桑田地，二者要求不同，同时满足二者要求则当为一处，不能则分开设置。直隶蚕桑局"预相宅于省城南门外，滨河之区为织纺所，度地于城西之三里庄为桑园，购备农器，并讲求丝车织机各成式，授梓人之慧者，仿而造之。"③ 保定府城南织纺所邻水，城西桑园土地丰腴，二者距离较远。桑园与局址也有历史的承载性，大多数桑园清末民初之际转变为试验场，而局址转变为其他机构的办公场所，例如实业所、学堂等。桑园与局址也经常移作、改作、转作其他机构的所在地，尤其是清末，此类变化既快尤多，这不仅反映出蚕桑局与局务组织之间的密切联系，即同属于一个时代背景与社会经济促生的机构，也能反映了时代变迁速度的加快以及近代转型的普遍性。1903 年漳州蚕桑局旧局地址则改为龙溪县小学堂之房舍。④ 历史的空间场所和实体建筑是固化的符号，桑园与局址是传统机构时代转型与历史变迁的缩影。

第三节　养蚕缫丝技术的异地实践

养蚕与缫丝技术的异地实践是晚清蚕桑局重要的活动内容，栽桑、养蚕、缫丝可为蚕桑局蚕桑生产上游阶段三个关键环节，养蚕与缫丝更是重中之重。不过蚕桑局局内并不是都进行养蚕和缫丝生产，也不如购买桑秧与植桑技术那般普遍。相较植桑技术实践内容来说，养蚕与缫丝技术内容并不是很丰富，各地蚕桑局仍然将植桑看做第一要务，因此将养蚕与缫丝技术实践划归一节论述。各地蚕桑局蚕书是

---

① 《光绪寿州志》卷四，营建，善堂，二十六，《中国地方志集成》，江苏古籍出版社，1998 年，66 页

② ［清］魏纶先：《蚕桑织务纪要》，《蚕桑织务纪要序》，河南蚕桑织务局编刊，光绪辛巳

③ ［清］卫杰：《蚕桑浅说》，《蚕桑总说》，15B 页

④ 《鹭江报》，《闽峤近闻：漳州蚕桑局之特色》，1903 年，第 49 期，4-5 页

介绍养蚕与缫丝技术的主要载体，雇觅工匠的指导也是异地技术传播的重要手段。养蚕技术异地实践上皆以杭嘉湖蚕桑技术内容为主，这部分内容蚕书撰述较多；缫丝技术实践集中在几个大型蚕桑局，其进行了缫丝与丝织品的生产，这些技术也多源自杭嘉湖地区。局内养蚕与缫丝几乎采用传统作坊形式，技术内容较为传统。蚕桑局采用近代养蚕与缫丝技术始于甲午战争之后，日本、法国、意大利、美国等蚕桑技术受到推崇，集中体现在蚕病防治、蚕种育种、缫丝机器、国外工匠的雇用等内容上。这是晚清蚕桑局在技术领域历史过渡阶段的直接体现，是中国传统蚕桑技术向近代蚕桑技术过渡的最好证明。

一、局内的养蚕与缫丝

蚕桑局内举办养蚕较为常见，属于蚕桑生产的基础工作。养蚕作为一项技术性很强的工作，普遍开展并没有很顺利，往往被忽视。南汇桑局创办之初"相率育蚕，惟因育不得法，小试则有获，大举即失败，一二十年后育者渐少，桑园以连带关系亦旋兴旋废，及乎清末，春季育蚕之家，百不见一，而乡间桑园亦萧索日甚，时城董陈尔赓物故已久，本城桑园荒废多年，更无桑局之名存在，良法美意以仅传种桑法，不传育蚕法，终失此大利惜哉。"[①] 章楷也认为"在这时期提倡蚕桑的热潮中，因地方官员调职，经费的限制，推广工作的困难，绝大多数只作了推广栽桑，而未及养蚕，单纯地栽桑，没有达到增产丝茧的目的，结果只是劳民伤财。但也有一些地区，在提倡栽桑之后紧接着养蚕，栽桑养蚕齐头并进，终于成新的蚕区。"[②] 各地栽植桑树与养蚕必须齐头并进，方能取得良好效果。

各地蚕桑局在是否进行缫丝生产上略有差异。州县等基层蚕桑局提到的不多，主要是兴办时间不长，来不及煮茧缫丝。缫丝对于蚕桑局来说至关重要，扬州课桑局"在迎恩桥西岸有浴蚕房，有分箔房，有绿桑亭，迤西之大起楼，绕屋桑荫，扶疏可爱，楼之右，则为染色房，房之前则为练池，池之西则为练丝房。度桥而西又为嫘祖祠，经

---

① 《民国南汇县续志》卷三建置志八，《桑局》，《中国地方志集成》，上海书店出版社，1991年6月，999页

② 章楷：《清代农业经济与科技资料长编蚕桑卷》，未出版

丝房，厅机楼，纺丝房，东西织房，成衣房，献功楼，披斯图也。"①
桂林蚕桑局"兴蚕桑而不习缲丝，茧亦无用，是缲丝尤为蚕织一大
关键也，今已将种桑养蚕缲丝织绸一一举办。"② 养蚕与缲丝技术的
引进与实践是地方府州县蚕桑局具体生产内容，瑞州蚕桑局先栽桑养
蚕，而后出丝，"由局觅空房一所，雇四五十岁妇女，教令养蚕既可
使各处效法，来年又可令转教各乡，以期愈推愈广，局中所得之丝，
即充本局经费。"③ 清河蚕桑局"局中制造江南丝车二辆，铁锅二口，
年年缲丝，如民间来卖茧，妇女愿学缲者，令其自缲买丝，照买茧价
酌加，总期于民有利。"④ 赣州蚕桑总局"收学生四名，需有结实保
荐，年在二十左右，材堪造就者，凡如相度蚕质，及曾否受症，当留
当弃，如何调护，自浴种以至缲丝，悉宜学习精通。"⑤ 省级蚕桑局
规模大，资金多，人员齐整，普遍进行缲丝，湖北甚至设立缲丝、织
布、织丝三局，鄂抚谭继洵教民植桑育蚕缲丝织帛之法，就省会开设
蚕桑局，"招民间聪敏子弟百许人，学习组织安机数十张，日可出宁
绸、绉纱、荆缎、秋罗等各数匹。"⑥ 河南蚕桑总局"创兴机务，雇
用杭匠，教习幼徒十数名，仿造南式绸绉缎绫，均已善织，无亚南
产。"⑦ "因于老府门西置立机局，招徕浙匠，教习幼徒，所织绸绉，
不亚江浙，各州县闻风慕义捐资助美，今各又可再购湖桑三十余万
株，蚕织并举。"⑧ 相较其他蚕桑局来说，河南蚕桑总局在缲丝技术
实践上效果明显。

概言之，蚕桑局之所以没有普遍进行养蚕与缲丝实践，主要有以

① ［清］王安定：《两淮盐法志》卷一百五十二，杂纪门，《扬州课桑局》，清光绪
三十一年刻本，2029 页
② ［清］黄仁济：《教民种桑养蚕缲丝织绸四法》，《钦加三品衔补用道署桂林府事兼
办交代征信蚕桑局仅先补用府正堂黄》，光绪十五年
③ ［清］江毓昌：《蚕桑说》，《章程》，瑞州府刻本，4A 页
④ ［清］尹绍烈：《蚕桑辑要合编》，《清河蚕桑局规条》，同治元年，16A 页
⑤ 《农学报》第二册十五，十一月上《章程录要》，《赣州蚕桑总局拟章续上册》
⑥ 《申报》，《设局织绸》，第八千二百五十五号，光绪二十二年三月初一日，1896
年 4 月 13 日
⑦ ［清］魏纶先：《蚕桑织务纪要》，《重劝添种湖桑示》，河南蚕桑织务局编刊，光
绪辛巳，19 页
⑧ ［清］魏纶先：《蚕桑织务纪要》，河南蚕桑织务局编刊，光绪辛巳

下原因：首先，蚕桑局养蚕与缫丝技术的实践并不像桑树种植那么普遍，这与劝课蚕桑首选桑树种植有关，而养蚕与缫丝技术显得不是十分急迫。蚕桑局涉及丝茧生产不多，由于多数蚕局存在时间短，更多的精力花费在劝桑上。其次，晚清各地小农经济开始解体。尽管劝课蚕书中对其着墨很多，占近三分之二，但在养蚕与缫丝专业化分工的促使下，养蚕与缫丝在各地蚕桑局的实践中很难开展，多数蚕桑局仅仅负责收买茧丝，作为中介到市场上去售卖。这说明小农经营的蚕桑业，种桑、养蚕、缫丝三者逐渐分离，养蚕与缫丝逐渐交由市场的商人进行生产，小农生产开始局限于栽桑与养蚕。对于小农而言，栽桑是相较简单的事情，而州县级别的蚕桑局多数没有自己缫丝的能力，养蚕也是雇觅工匠进行指导；省级蚕桑局由于其财力与规模较大，则出现了养蚕的蚕室，还有专门负责指导缫丝的工匠。例如湖北蚕桑局反而是单独设立了缫丝局等机构。最后，关于技术，近代以来受西方蚕丝生产的竞争，国内不得不改进缫丝机器，提高生产效率。养蚕方面则是蚕病较多，不得不迫使国内引进西方技术，提高国内蚕桑业的竞争力，扭转利权渐失的局面。桑树的栽植在技术上没有受到很大的冲击，湖桑的品种依然众多，能够满足各地以自然经济为主的小农需求，技术改良显得不是那么急迫。养蚕与缫丝引进西方技术较早，这属于面对时局形势，不得已而被动去寻求改变。清末，杭州蚕学馆、上海农学会、蚕桑试验场、蚕桑学堂等机构及其技术人员开始了近代改良。尽管如此，在传统官员作为劝课者以及选取传统蚕书的背景下，晚清蚕桑局异地引进与实践技术大多为嘉道时期已经成熟的传统技术。

二、养蚕技术的实践

由于各地蚕桑局大多引进杭嘉湖养蚕技术，以下内容也侧重杭嘉湖养蚕技术的异地实践。杭嘉湖养蚕技术内容需要注意的事项繁多，清江浦蚕桑局为了便于乡民养蚕，出示《蚕桑局简明养蚕易知单》，"清明浴蚕，谷雨出蚁，桑芽正生，饲养便宜，育室要煖，饲顿须匀，放蚁一两，食叶八石，计蚁一钱，得茧八斤，缫丝十两，易钱四千，每茧一斤，食叶满筐，开簇留种，雌雄相当。湖州有专卖四眠蚕种者，其蚕成茧尽白，果小丝多，且无抛绵茧，本局特买试养，的确可信，善业蚕家，必须前往购买饲养，湖州收种用盐水，江北用石灰，何故不同，须问明白，留种方不变。"① 内容通俗易懂，便于乡民理解学习，是杭嘉湖养蚕技术推广的通俗手段。本节总结蚕桑局的养蚕技术实践的主要环节，包括蚕种培养、蚕病防治、喂食桑叶、吐丝结茧、风俗理念等。

首先，蚕种培养。各地蚕种也有区别，杭嘉湖地区所产蚕种最为优质，"近时浙右盛行，其茧坚小，确似咸种，丝亦轻重相当，得此一种，则咸种可勿备矣。"② 杭嘉湖地区蚕种种类较多，参差不齐，"浙中蚕种不一，而天台种丝色较白，分两亦重，惟鬻种之家，不肯挑选佳茧，往往以病蚕茧掺入生种，以致有全无收成者，宜仿照西法，用显微镜察看，谓之验种，其法，取子和水捣汁，验其有无患点，以定弃取，又有验蛹验蛾等法，亦用显微镜察看。"③ 各地蚕桑局普遍认为蚕种在购买与培育都要有所注意，选取良种至关重要。蚕种培养受地区之间气候与温度的差异影响很大，直隶蚕桑局"初习养蚕必先觅子，有产江浙者，种虽佳，移置他省，寒暖气候不同，种因之而变，产四川者移之直省，无地不宜，若以川桑饲川蚕，立见成效，然种类不同，未可一例视也。"④ 各地养蚕时节的差异需要通过蚕桑局试验来得出结论，"养蚕须辨节候，其最准不易者，以桑叶挺生之时为浴蚕之日。北方气候较迟，视南方浴子须缓二十余日。其眠起则比南方速，小满节老上山作茧，与南同。今年蚕桑局试办亲验乃知。"⑤ 同时将下蚁时节进行区分，"各省节候不同，下蚁早迟不一，如直隶局中须在谷雨后数日，若江浙则在清明，四川则在惊蛰，闽粤则在立春后，山陕则在谷雨前，余可类推，要以桑苞之初生，即为下

① ［清］尹绍烈：《蚕桑辑要合编》，同治元年

② ［清］沈练：《广蚕桑说辑补·蚕桑说》，《广蚕桑说辑补卷下》，浙西村舍本，光绪丁酉九月重刊，5B 页

③ 《续修四库全书子部农家类 978 册》543 页；［清］郑文同：《蚕桑辑要》，《育蚕十二则》

④ ［清］卫杰：《蚕桑萃编》卷三，《蚕始之贵辨子》，浙江书局刊刻，光绪二十六年，3B-4A 页

⑤ ［清］卫杰：《蚕桑萃编》卷十二，《图咏》，《辨时第二图》，浙江书局刊刻，光绪二十六年

蚁之准时，以桑叶之多少，即为养蚕之定数。"① 注意因地、因时制宜。直隶蚕桑局还试养山蚕，"蜀中蚕性与北方相近，今年蚕桑局及村民多用蜀蚕子，作茧最旺。易州山村如马头、主良等处，皆养山蚕。"② 饲养山蚕的蚕桑局很少见。

其次，喂食桑叶。喂养时间与数量都很难把握，直隶蚕桑局认为养蚕时注意下蚁、喂叶、出蚕三者在数量上的关系，掌握好才能达到最好的效益，介绍了湖州和杭州养蚕法，"下蚁之多寡以桑叶之多寡为准，故养蚕者必须量叶下蚁，新蚁一钱，三眠时约可得蚕一斤，每三眠蚕一斤，前后食叶约一百四十斤，此湖州养蚕法也。新蚁一钱，大眠时约可得蚕五斤，或六斤，每大眠蚕一斤前后食叶二十五斤，大眠蚕五六斤，前后食叶一百三四十斤，此杭州养蚕法也。一就三眠时计算，一就大眠时计算，前后食叶斤数不甚参差，然叶在树上，何由知其多寡，于先一年桑叶正茂之时，可得若千斤，即以今年桑叶之多寡，预定明年之多寡，可以知大概也。"③ 同时在技术上更要细致入微，比较了杭州与湖州称蚕之法上的区别"称蚕之法，眠定后逐一拣出，置平地盘中，不拘方圆，竹木忌新油新漆，盘满以秤称之，大眠蚕一斤，老时可得茧二斤，前后食叶约二十五斤，除大眠前食不计外，此后须食叶二十斤外，称时须人多手速，称准则置盘内，每斤分五六堆，旁留余地，以待其散用粗绢，筛极细陈石灰于堆上，以收湿气。再用闸刀将籼稻草截作半寸，覆石灰之上，以不见蚕身为度，以待其起，此杭州称蚕法也，若湖州则先于三眠，眠定时称之大眠，眠定时不称，只筛石灰。"④ 桑叶采摘对于蚕户来说需要很多技术性工作，太仓蚕桑局介绍耘二叶法，即"蚕有头蚕二蚕，故目叶曰头叶二叶，二叶须老农善采者，留其条为来岁生叶之地，若头

① ［清］卫杰：《蚕桑萃编》卷十一，《称连下蚁图说》，浙江书局刊刻，光绪二十六年，25B 页
② ［清］卫杰：《蚕桑萃编》卷十二，《图咏》，《辨蚕种第四图》，浙江书局刊刻，光绪二十六年
③ ［清］卫杰：《蚕桑萃编》卷三，《收蚁之酌多寡》，浙江书局刊刻，光绪二十六年，40B-41A 页
④ ［清］卫杰：《蚕桑萃编》卷三，《大眠之熟眠》，浙江书局刊刻，光绪二十六年，54B-55A 页

叶则尽采，乃己耳。二叶惟于密叶丛枝处，耘采之，如有头叶，留于树上，亦可采取，然饲蚕总不敌二叶之翠嫩也。头叶不去则明春叶薄，随食不尽，亦必去之二叶，则不须去矣。采二叶后其条复生芽，是为三叶不足禾矣。"① 这是一种采叶与养蚕结合很好的技术内容。喂食桑叶切忌水叶、湿叶、燥叶，"最忌水叶，嘉湖人有小蚕，忌叶湿，出火后忌叶燥之说，然嘉湖人之育蚕尚不及新嵊之谨慎，自初生至蚕熟，均不得以湿叶饲之，曾经历试，若四眠以后蚕广而食叶亦多，若遇多雨之天，雨中采归叶未摊燥，而蚕之待饲又紧稍，或带有湿气，暂饲一次，亦出无奈不得以出火忌燥之说为信也。"② 桑叶选择不当往往会造成蚕病的发生，江西蚕桑局"自去春改为官督绅办后，原期实力整顿，曰起有功。不意本年所饲之蚕颇多殪毙，即有存者，茧亦甚薄，推原其故，因所饲桑叶大都被雨所淋，蚕妇并未拭干，遂使马头孃因之致疾。"③ 给蚕桑局造成极大损失。

最后，吐丝结茧。沈秉成镇江蚕桑局觉得"镇江从前虽有蚕事，讲求未精，即如蚕老上山，芦帘架下必用极热火炕为热蚕丝，一则烘去蚕溲之水，使山燥爽，二则蚕口吐丝快，利胶粘，不致粘实，缫丝性纯，蜕蛹不断，上机设有丝断，可以扯接，织绸光彩，异于他丝，他处之蚕上山不用火炕，为冷蚕丝，吐丝口缓，胶粘著实，缫丝不纯，易断，火炕之茧，瘟蚕与饿蚕，茧不可留种，此种育之，不收蚕种，三眠易育丝少，四眠难育丝多。"④ 镇江丝茧技术很难与杭嘉湖相比，进而引进杭嘉湖技术。直隶蚕桑局介绍江浙丝茧技术，"惟上簇时勿早用火热蚕丝，缫时不断，亦极省事，且色亮而有力，江浙间多用之。"⑤ "摘茧之后，先须过称，知茧之斤两，即知丝之多寡，杭州养蚁一两约得茧百斤，得丝一百五六十两，湖丝比杭丝更细，养蚁

① ［清］王世熙：《蚕桑图说》，《金编蚕桑总论·耘二叶法》，太仓蚕务局，光绪二十一年

② 《中国农业历史资料第262册》101页；［清］吕广文：《蚕桑要言》，《叶忌》，求志斋本，光绪二十二年

③ 《申报》，《洪崖访道》，第一万零八百三十八号，光绪二十九年五月二十八日，1903年6月22日

④ ［清］沈秉成：《蚕桑辑要》，《杂说》，金陵书局刊行，光绪九年季春，9A-9B页

⑤ ［清］卫杰：《蚕桑萃编》卷三，《上簇之热蚕丝》，浙江书局刊刻，光绪二十六年，61A页

一两约得茧百斤，得丝一百两零，直丝约得茧百斤，得丝八九十两，知丝之斤两，则缫丝须若干日，可以屈指而计。"① 而工具上提到嘉兴湖州蚕网技术，"蚕网者，抬蚕除沙之网也，为蚕事要具，养蚕诸事皆易，惟除沙拣蚕甚是劳苦，拣久则手热，沾热则汗出，结薄茧，所以养蚕不多，惟嘉兴湖州用网抬蚕，每岁收丝数百斤，其余各省皆未有也，法以二网轮流抬换，捷便甚妙，即养数百箔无难矣。"② 这种工具收丝数量大，效率颇高。

煮茧技术"法有异同，四川湖州杭州均大同小异，去污之后，蜀中杭中以香油一杯煮茧，湖州则以木蜡烛油二三两同煮，熟之后，蜀中杭中乘热淘洗，湖州则以清水漂浸四五日换水，三次剥开之后蜀中杭中以茧数箔，或十数箔，做成手透子，然后将手透子蒙于绵豁之上，做成绵兜，湖州则以茧四五十箔，套于左手上，将绵扯至手掌手背，再以右手插入绵内一一拉长，一一拉宽，即成绵兜，随时晾晒，不再蒙于绵豁之上。"③ 湖州技术中"茧衣即摊茧时，从茧统剥下者，丝头即缫茧时，从锅中捞出者，用以捣烂，均可作绵，然不甚煖，浙湖多以抽线茧衣，无污可去，剥下之后，不必久用。"④ 缫丝与摘茧紧密相连，"茧摘后不待蒸炕，而计日以缫者，其色鲜艳，为丝之上品，然为时甚迫促，不过七八日即须缫完，如湖丝每茧一斤约缫得丝一两，杭丝每茧一斤，约缫得丝一两四五钱，湖细而杭肥，成都武昌两法兼用，细则货高价昂，肥则斤多价减第。"⑤ 卫杰认为全国各地煮茧技术与剥茧技术要互相借鉴，择优使用，以便获得较好的收益。

除此之外，养蚕风俗理念的扩散也是杭嘉湖养蚕技术异地传播的重要内容。中国蚕桑文化历史悠久，历来形成了各类蚕俗。明代以来

----

① ［清］卫杰：《蚕桑萃编》卷三，《摘茧之称轻重》，浙江书局刊刻，光绪二十六年，63A 页
② ［清］卫杰：《蚕桑萃编》卷三，《蚕具之蚕网》，浙江书局刊刻，光绪二十六年，14A-P14 页
③ ［清］卫杰：《蚕桑萃编》卷八，《制绵之有同异习》，浙江书局刊刻，光绪二十六年，3A-3B 页
④ ［清］卫杰：《蚕桑萃编》卷九，《茧绒之茧衣丝头》，浙江书局刊刻，光绪二十六年，1A 页
⑤ ［清］卫杰：《蚕桑萃编》卷四，《缫政之量日》，浙江书局刊刻，光绪二十六年，2A-2B 页

杭嘉湖地区蚕俗逐渐发展，清中期《乌青文献》与《湖州府志》都有涉及，《蚕桑杂记》撰者陈斌于嘉庆十二年（1807 年）提到的嘉湖蚕俗，已经很接近晚清各部蚕书中的内容，"湖蚕四月忙，官符不下乡。学童不试，吏不征粮。鸡莫呼，狗莫啐。铺迟釜莫概，苇簾不可昼开，姻亲谁能相往来。百虫撒野，田行火，冬火狩，春火耕。杀虫无易种，猫虎争先迎，官不苛娆，吏无詈言，太平之世绝蝗螽，良苗或蚀根节间，谁为长吏诬神愆。"① 传统蚕俗至晚清，内容已经成熟，众多蚕书中都要涉及蚕俗，杭嘉湖蚕俗最为普遍。杭嘉湖地区蚕俗也被蚕桑局劝课者借助蚕书在各地传播，最常见便是蚕月之际官府停征停讼，胥役不得下乡，如学使者蚕月按临亦出示停止升炮。还有新嵊及嘉湖均有的雷忌之说"然养蚕之月，雷已发声，多则四五次，少则两三次，未有养蚕月内绝不一闻雷声，然从未闻所养之蚕有因雷而致坏事者，若致坏事则震惊百里一县之蚕尽闻之，必且尽坏之矣，何以自昔至今一县中蚕花参差不一，未尝有一县之蚕尽致惊坏者，则雷忌之说可不拘也。"② 从中国传统蚕桑习俗中也能观察出，其与近代科技有很大区别，这种习俗多与古代传统占卜等内容相关，迷信色彩较重，不能全信。此外，杭嘉湖蚕俗也表现在节气时令、工具、祭祀等多个方面，内容丰富，这些内容在各地蚕桑局劝课蚕书中多有撰述。顾希佳《东南蚕桑文化》内容全面，③ 从蚕丝生产、蚕乡神话和蚕神、蚕花无处不在、蚕与人的一生等文化习俗角度研究，是迄今为止，杭嘉湖蚕桑文化领域全面而深入的一部著作，可知作为丝绸之府的杭嘉湖，其独特的文化传播扩散并非易事。

三、传统缫丝与织绸工艺的引进

晚清各地蚕桑局虽然设立缫丝织绸并不多，但杭嘉湖缫丝与织绸技术的异地实践内容却很丰富。蚕桑局通过雇觅嘉湖工匠，仿织杭绸宁绸等料；购制丝车器具，教民间以缫丝之法。工匠将缫丝与织绸技

---

① ［清］陈斌：《白云文集五卷·诗集二卷》，《白云诗集》卷一，《劝农歌》，嘉庆十二年，24 页

② 《中国农业历史资料第 262 册》102 页；［清］吕广文：《蚕桑要言》，《雷忌》，求志斋本，光绪二十二年

③ 顾希佳：《东南蚕桑文化》，中国民间文艺出版社，1991 年 8 月

术传习给当地学徒与妇女，使其技术内容在各地蚕桑局进行实践，进而扩大了杭嘉湖技术向全国传播的范围。

首先，传统缫丝与丝织器具的异地实践。晚清蚕桑局的缫丝机器仍然以传统为主，尽管上海、无锡、广东等地已经于 19 世纪 70 年代后开始使用近代机器，但并未普及。丝车是各地蚕桑局撰刊蚕书中最普遍的内容，尤其"丝车制度不可差以分毫，差之分毫，则必有窒碍处矣，有木匠曾在嘉湖等处年久者，其胸中必有成竹，可使制之。"① 或是"缫丝之法，难以言传，必熟看始能通晓，可于缫丝时来寓观之，有亲友贸易嘉湖等处者，可嘱其在彼学习，学习既成则旋里后可传之无数人矣。"② 这句话在各类蚕书中出现最多，多次被撰刊蚕书者所辑录，以此可见嘉湖丝车的技术学习在当时比较普遍。直隶蚕桑局卫杰介绍纺丝法："惟江浙四川为精，东豫用打丝之法，山陕云贵亦习打丝法，以一人牵一人，用小转车摇丝，而走以五六丝七八丝，合为一缕，不等费力多为得缕少，若江浙纺法，则以一人摇车，前损车之下节子五十箇，两边各用竹壳盛水，以二三缕合一缕，再纺以五六合一缕，三纺以七八缕合一缕，一人每车摇一周可得五十缕，二周得一百缕，较之各省转丝之法，以一人作一百人工，此江浙水纺式也。"③《蚕桑萃编》介绍：络丝架江浙式、样车江浙式、摇籰车江浙式水纺、水纺摇经车江浙式。比较各地技术差异，"直隶江浙四川抛法皆同，但络子有二式，一用四角木络子，以抛纬丝，其制方经二寸五分，长五寸五分，一用六角，竹络子以抛经丝，其制圆经四寸二分，长五寸五分，于络子中穿木抛竿，一根壮如大指，头粗尾细长二尺二寸，均用左手抛络，右手捋丝，用络子三箇分抛极细，次细粗条别出三等之丝各成，一律此抛法，最要紧也。"④ 晚清织机有了新的改进，不再以传统的手摇纺车或者三绪脚踏丝车为主，

① ［清］沈秉成，沈练：《蚕桑辑要·广蚕桑说》，《广蚕桑说》，江西书局开雕，光绪丙申仲春，18B 页

② ［清］沈秉成，沈练：《蚕桑辑要·广蚕桑说》，《广蚕桑说》，江西书局开雕，光绪丙申仲春，19B 页

③ ［清］卫杰：《蚕桑萃编》卷十一，《水纺图说》，浙江书局刊刻，光绪二十六年，41A 页

④ ［清］卫杰：《蚕桑萃编》卷五，《纺政之抛丝》，浙江书局刊刻，光绪二十六年，2B-3A 页

直隶蚕桑局是介绍当时织机技术最为详细的蚕桑局，"晚清卫杰所著《蚕桑萃编》说到江浙、四川等地使用一种丝大纺车。从《蚕桑萃编》所附的图文来看，这种丝大纺车在结构上比《王祯农书》中的大纺车有很大的改进。"① 河南蚕桑局"委代购湖桑五万株，如届时尚有赢余，即希尽数采买，并购粗细丝车全副各一架，蚕子若干张，于购运到亳时，先期知照，以便饬属雇车运回，庶免迟滞。"② 采购杭嘉湖丝车的同时"各器具，非止宁绸、线绉两机，凡宁绸、线绉、缎子、宁绸蟒、纱蟒，均各办数套，以期适用。"③ 多种丝织技术的引进实属罕见。

其次，丝织品种丰富，工匠教徒传授丝织品技艺。晚清传统丝织技术已经日臻完善，技术与品种皆达到顶峰。李伯重认为"明清丝织工艺出现了明显进步，主要表现在提花织物的生产技术方面，关键是花本的制作。由于织物组织技术的改进，织物的种类也不断增加，清末，江南丝织品的品种多达六十余种。熟货生产技术和染色工艺方面的进步也十分重要，明清江南在丝织准备方面从生货生产向熟货生产的转变。染色工艺方面进步也很明显，清代前期进步不大，而中期则十分明显。嘉庆、道光时代新增的色彩，就近七十种。而到清末，据《雪宦绣谱》线色表中所记，色彩类别多达八十八种。"④ 尽管其以江南为主要研究对象，但晚清蚕桑局引进技术多来源于此，恰能说明技术与种类的进步。河南蚕桑局就延请杭嘉湖织匠，"拟教习幼徒以翻新样，而广流传也，豫省本有机匠，只以素鲜讲求，仅能织汴绸汴绫，及无花捻线缎等物，如仅雇用浙匠，织成湖绉宁绸等料，徒具虚文，莫由推广。……局前由浙招募织湖绉工匠三名，现已教有幼徒八名，亦知提花织机，所织之料，不减湖产。近又创织有花捻线缎，先后恭呈。宪览，俟下月所募织宁绸杭线绉工匠到豫，再将团龙等花

① 李伯重：《江南的早期工业化（1550—1850）》修订版，中国人民大学出版社，2010年5月，41页

② ［清］魏纶先：《蚕桑织务纪要》，《转详归德府李廷萧报捐湖桑禀批文》，河南蚕桑织务局编刊，光绪辛巳，31—32页

③ ［清］魏纶先：《蚕桑织务纪要》，《雇织宁绸线绉缎疋蟒袍委员姚传儒禀》，河南蚕桑织务局编刊，光绪辛巳，70页

④ 李伯重：《江南的早期工业化（1550—1850）》修订版，中国人民大学出版社，2010年5月，46页

样，教授幼徒，便可一劳永逸。"① 同时"各种花样，愈翻愈新，兹将时样龙光碎花本，共买四十三种，又蟒袍花一本计四件，均系新制各目，统开一本，以备查考。"② 可见新制种类如此之多。

最后，杭嘉湖传统织绸工艺精湛，技术环节复杂。各地蚕桑局异地引进不多，仅有少数省级蚕桑局进行织绸工作。"鄂省设局创办蚕桑，兼雇苏杭织匠，教徒剪接桑株，养蚕缫丝织绸。……由江浙招雇织匠，购买机具，创办绸织，并招徒令其教导，及养蚕缫丝栽接桑株各法，以开风气而广利源。……合计匠徒机坊住屋，及委员司事杂役人等，上下堂房屋宇，共八十余间，实支银三千八百五十余两。"③ 李鸿章直隶蚕桑局"由四川、江浙雇来工匠，教授纺织之法，学徒领悟，如贡缎、巴缎、江缎、大缎、浣花锦、金银罗、绢带等项，均能仿造。"④ 河南蚕桑局《蚕桑织务纪要》记载最为丰富，雇觅织起花各色宁绸线绉上等机匠，兼能织素宁绸素线绉、黄丝蟒袍摹本缎、天青元青各缎，又染匠能染大红青蓝各色绉缎。共需"料房匠二名，每人每月工价英洋十元，各先付安家洋六十元，凡做宁绸线绉缎纱等项系料，做法与湖绸迥不相同，湖绸系用生丝，此用熟丝，湖绸是打线，此系多用绒丝经纬，惟线绉纬是用打线，又与打湖绸线不同。各经纬先归料匠做好方染，所用器具甚多，人亦不少，现在极少总其大略，只雇两名，将来教徒及给丝络经等事，需多用少年敏慧幼孩，至线绉纬线，或打捻线缎，及打湖绸线者，将来均能帮做。宁绸线绉缎子等经丝，须要细丝，浙省所用经丝，以出自海宁州者为佳，闻金陵作缎子经丝，多是买自浙省南浔镇，谅汴省养蚕之家，细丝必有，亦能拣用。"⑤ 并且雇来染匠，"杭州绸庄，办货全归店管，料理一切，其机匠织手高下，染匠颜色好歹，均仗店管分办约束，此次因恐经费

---

① [清] 魏纶先：《蚕桑织务纪要》，《候补道魏纶先续捐湖桑十万株禀》，河南蚕桑织务局编刊，光绪辛巳，27–26 页

② [清] 魏纶先：《蚕桑织务纪要》，《雇织宁绸线绉缎疋蟒袍委员姚传傋禀》，河南蚕桑织务局编刊，光绪辛巳，70 页

③ 《农学报》第一册六，六月下，《湖北蚕桑局章程》

④ 《农学报》第六册五十七，十二月下，《直隶总督奉举办蚕桑情形折》

⑤ [清] 魏纶先：《蚕桑织务纪要》，《采办蚕桑织县姚传傋禀》，河南蚕桑织务局编刊，光绪辛巳，63–67 页

太多，未敢擅雇，如要用此项店管，随后再雇。此后如须暂由浙省购买细丝作经，亦可致信代买寄来。汴省蛋青颜色不佳，凡蛋青有两种染法，有用松江水靛，现已就便购买，带呈暂用，又有一种蛋青，系炼成的，其色较染淡青，尤可耐久。染坊应用各料，汴省所缺者，均各酌买带来应用。"[1] 蚕桑局引进丝织技术较为复杂，需要多种工匠，河南蚕桑局不惜重金，由浙江雇觅工匠教习幼徒，使之善织宁绸线绉摹本缎疋，黄丝金线蟒袍，湖绉捻线缎等料，并仿照南式，制造机强。以下是河南蚕桑局《谕浙匠豫徒各条规》中有很多涉及丝织技术的内容，种类丰富，技术环节复杂（表4-1）。

表4-1　谕浙匠豫徒各条规

序号	内容
一	织造宁绸线绉缎疋，兼造新机，每匠应教幼徒若干名，随时酌派，教成时亲为考试，如果件件熟悉，每徒赏给其师银二十两，兼善织蟒袍者，格外加奖，以励其余
二	织造湖绉捻线缎，兼做新机，现归杨荣山一匠教习，教成时亲为考试，果能件件熟悉，每名赏给其师银十四两
三	料房匠做各种经纬，每匠所教幼徒，须善做各种经纬，并善制造
四	应器具，教成时亲为考试，如果件件熟悉，每徒赏给其师银十两
五	牵经引经，教熟幼徒，每名赏给其师十两
六	染房染炼经纬。每匠所教幼徒，教成时亲为考试，各种颜色，看缸动手，件件熟悉精善，每徒赏给其师银二十两，染大红并染炼湖绉纱罗布疋者同
七	幼徒向系四年内无工价，现拟从优酌赏，每徒学满期年，亲为考试，每月能织捻线缎湖绉二十丈者，赏钱四百文，宁绸缎疋蟒袍，每月织十二丈者，常线四百文，多则照加，少则分文不赏，但既有赏号，所织之料，如有不好，乃一月之内断杼者，概行扣赏

资料来源：魏纶先：《蚕桑织务纪要》，《谕浙匠豫徒各条规》，河南蚕桑织务局编刊，光绪辛巳，71-72页

---

[1]　［清］魏纶先：《蚕桑织务纪要》，《雇织宁绸线绉缎疋蟒袍委员姚传俦禀》，河南蚕桑织务局编刊，光绪辛巳，68-70页

四、西方近代技术的引进

晚清杭嘉湖蚕桑技术是中国传统蚕桑技术水平的顶峰，蚕桑技术兼具农业与手工业技术特点，是中国古代传统技术的代表。晚清很多领域开始学习西方技术，但各地蚕桑局仍然积极引进与推广杭嘉湖蚕桑技术，可见传统蚕桑技术的生命力如此之强。只有当蚕桑业被融入到世界工业时代与市场经济的大潮之际，才看得出传统蚕桑技术在效率和技术上已经跟不上时代的脚步。面对清末中国蚕种病变、蚕利渐失的社会现实，杭州蚕学馆、农学会以及新蚕桑机构相续出现。进而杭嘉湖蚕桑技术开始了近代化之路，可见这是一种技术发展与时代交替的必然。

晚清养蚕与缫丝技术近代变革较大，尤其是甲午战争之后，养蚕业受蚕病的影响，开始采用西方技术，比如显微镜的使用。福建农桑局中西技术合用，以此来振兴蚕桑业，"近来外洋蚕事日精，考验皆由实学，非设局派员，采取中西善法，于种桑饲蚕事宜，认真教练，难以推行尽力。"① 赣州蚕桑总局"将来缫丝纺织，则宜参法江浙，或兼外洋机器，又如审验蚕种之洋镜等件及《农学报》等一切书籍，无分中外，但能有裨于我者，悉应罗致，以备考，容俟经费略裕，各宜次第举行。"② 西方蚕师的雇用也是西方近代技术引用的重要表现，湖北蚕桑局皆用旧法，"兹张制军将局裁撤，并归农务学堂，聘请日本蚕师，教习饲蚕之术，计聘日本教习正副二人，均东京蚕业讲习所卒业生，正教习为峰村喜藏，卒业后为山形县官立蚕业学校长，本拟至中国游历，适有聘请之事，遂应政府之派，已于三月间到上海，勾留未几，即赴鄂，鄂中蚕事之兴，在指愿顾间矣。"③ 清末南疆设局董劝，并且"择种蚕种皆购自西人，既无佳种又属漏卮，亦遣人赴浙江西湖蚕学馆购取蚕种，自西伯利亚铁路来喀什，三月可达"。④ 杭州蚕学馆在清末蚕业改良作用重大，育养蚕种与培养人才方面都有

① 《农学报》第十六册二百二十五，六月下，《闽督许奏设农桑局折稿》
② 《农学报》第二册十四，十月下，《章程录要》，《赣州蚕桑总局折章》
③ 《农学报》第七册七十四，六月中，《鄂兴蚕政》
④ 《农史资料续编动物编第85册》10页；《中国经营西域史》，中篇五章，《提倡蚕桑》

深远意义。1903 年闽浙总督许应骙设立农桑局奏折中提到"仿照新法试办育蚕，如有成效，凡设机练丝，选匠教织诸事，皆当次第举行。"①1904 年福州蚕桑局"魏制军以闽省蚕桑颇著成效，惟验种未精，缫丝未善，各州县筹款设局，延聘教习，以期改良，一面饬赴东洋购买已验之蚕纸，缫丝之机器，俾大开风气，广辟利源。"② 1904 年豫省怀庆府清化蚕桑局种湖桑千余株，饲蚕种桑，纯用西法，收成甚佳。"韩紫石观察国钧条陈，就河内清化镇设立农务实业学堂，先办蚕学，拨河内官荒数十顷，省局桑秧二万株，即由韩观察总办其事，韩观察体察情形，将荒地疏泉决淤，令民领垦成熟，俾为兴农基础，先于清化镇租借民屋，设立蚕桑实业学堂，定以甲辰年上半年为试育春夏蚕之期，计养浙江蚕学馆蚕种十九张，收蚁二两二钱，成茧三百八十余斤，照浙馆最好成绩，每蚁一钱收茧二十斤计成绩尚不恶劣，本地绅民熟见土茧之膨松恶杂，骤睹良茧佳丝，远近争传，竞员效法。"③

晚清缫丝工厂不断出现，且使用近代机器进行生产。各类蚕书中陈启沅《蚕桑谱》最早描绘了近代缫丝机器，"1874 年，侨商陈启源在南海设继昌隆丝厂。造法国式共拈丝车，木制，足踏；又置锅炉，输蒸汽于茧盆，代替炭火煮茧，一时仿效者众。在江浙，上海早有机器丝厂，后无锡转盛。"④ 中国的养蚕缫丝技术一直处于世界领先地位，"但随着世界蚕丝要求的变化以及蚕业科学的发展，生丝业的技术革新不断出现。无论是挑选蚕种、选茧的方法还是茧的保存法——杀蛹技术都极大的改变的生丝的产量和质量。缫丝机的发展更是日新月异，从人力缫丝机的改进到蒸汽缫丝机的应用，生丝质量出现了实质的提升。"⑤ 总体来说，晚清各地蚕桑局采用近代机器生产的现象几乎没有，仅南疆设局，"六制器：旧日蚕桑局器具残缺过半，拟购

---

① 《鹭江报》，《紧要奏折：闽浙督许请设立农桑局折》，1903 年，第 27 期，5 页；《农学报》第十六册，二百二十五，六月下，《闽督许奏设农桑局折稿》

② 《鹭江报》，《闽峤琐闻：福州蚕桑工艺两局之发达》，1904 年，第 87 期

③ 《东方杂志》第 1 卷第 6 期，《实业》，《各省农桑汇志》，1904 年 6 月，94 页

④ 吴承明：《中国的现代化：市场与社会》，生活·读书·新知三联书店，2001 年 9 月，82-84 页

⑤ 孙晓莹：《晚清生丝业国际竞争力研究——兼与同期日本比较》，清华大学硕士学位论文，2010 年 12 月，29 页

181

第四章 蚕桑技术的引进与实践

东西蚕具，各备模型，以资仿造。"① 这与当时生产情况有关，机器制造与手缫丝数据对比后，② 发现清末机器生产数量不多。

总之，晚清蚕桑局的技术实践有着重要的历史意义。第一，蚕书的撰写传承了传统蚕桑技术。晚清蚕桑局撰写蚕书的过程也传承了传统蚕桑技术，将历代的蚕桑技术进行整理与撰写，保护了流传下来的蚕桑技术内容，是古代传统蚕桑技术重要的传承与保存方式。第二，对蚕桑技术异地实践的贡献，这是本章的重点内容。蚕桑技术历来受学者关注，对晚清蚕桑技术研究更是成果丰硕。本章研究的蚕桑技术异地实践是长期以来较为薄弱部分，蚕桑技术的异地实践给与蚕桑风土论以新的诠释，也是晚清蚕桑技术发展的重要补充。第三，蚕桑技术从传统向近代转型的过渡。晚清蚕桑局开始阶段普遍应用传统蚕桑技术，随着市场竞争以及蚕利渐失，传统蚕桑技术开始走向没落，不再适应社会经济发展需要。王翔说"新一代生产力无论是从原有系统内部自然演化而出现，还是从原有系统外部强行楔入而生长，都可能甚至必然与原有的社会生产力交错共存，并延续一个相当长的时期。在近代中国手工业的发展演化中，这种现象表现得尤为明显，延续的时间也格外漫长。"③ 借鉴刘易斯"传统与现代之间存在着联系与转化"的观点，可以推断，甲午战争与戊戌变法之后，晚清个别蚕桑局开始应用西方近代蚕桑技术，这种情况符合新旧技术交错的观点。最具有典型代表的便是 1904 年河南设立了两个蚕桑局，即宋门外者与怀庆府清化者，前者饲蚕种桑纯用浙中土法，收成亦尚可；后者采用杭州蚕学馆蚕种，纯用西法，收成甚佳。此例直接说明蚕桑局是中国传统蚕桑技术向近代蚕桑技术转型的重要实践者，其历史的过渡作用不容忽视。

① 《农史资料续编动物编第 85 册》10-11 页；《中国经营西域史》，中篇五章，《提倡蚕桑》

② 吴承明：《中国的现代化：市场与社会》，生活·读书·新知三联书店，2001 年 9 月，83 页。据徐新吾主编《中国近代缫丝工业史》，1990 年版第 654，660-661，662-666 页

③ 王翔：《甲午战争后中国传统手工业演化的不同路径》，《江西师范大学学报（哲学社会科学版）》，2006 年第 4 期，77 页

第五章　商品化经营思想与实践

　　蚕桑自古以来是商品化色彩较为浓厚的行业，自丝绸作为商品被生产与买卖之际，蚕桑业的商品属性便已具备，因此蚕桑各类生产经营环节都是经济史研究的重要范畴。商品化概念界定上，夏明方"商品化不等于近代化"[①] 的观点，明确了近代化与商品化之间的区别。黄宗智认为："商品化必然导致资本主义发展的经典认识明显是不对的"。[②] 有学者将明代以来商品化趋势归纳在近代化范畴之中，将小农家庭经营与经营式农场进行区分，结合资本主义萌芽进行研究；或是意识形态与先入为主的思维严重存在，例如过密型经济、雇工经营等多个角度来划分等问题。李伯重说："以往江南经济史研究是以近代早期西欧经验为默认的标准模式而进行的，因此得出的结论并不符合江南的历史实际。"[③] 需要发展自己的"话语体系"，摆脱西方中心主义的束缚。蚕桑业的商品化经营理论内容丰富，尤以蚕桑业中下游为主，包括丝绸经营、丝行、茧行、丝织手工业、缫丝业、近代技术生产、新旧经营机构等，吴承明、李伯重、范金民、刘兴林、黄宗智、段本洛、单强、徐新吾、彭南生、王翔等皆有丰硕的研究成果。

　　目前，蚕桑业上游的小农商品化经营内容与蚕桑局商品化经营实践研究尚且不足，本章将二者作为重点讨论内容。首先，蚕桑局商品化相关研究必须要追根溯源，掌握蚕桑业商品化发展的历史脉络。明代蚕桑领域商品化趋势逐渐明显。鸦片战争结束后，商品化趋势已经渗入蚕桑生产上游，其在国际市场的融入、小农经营的逐渐解体、蚕桑各类分工愈趋明显、蚕桑商品化经营单元增多等领域皆与明代以来

---

　　① 夏方明：《近世棘途：生态变迁中的中国近代化进程》，中国人民大学出版社，2012 年 10 月

　　② 黄宗智：《长江三角洲小农家庭与乡村发展》，中华书局，1992 年 9 月，5 页

　　③ 李伯重：《理论、方法、发展、趋势：中国经济史研究新探》，2013 年 3 月，浙江大学出版社，前沿，11 页

的商品化略有区别。其次，蚕桑业上游包括小农的栽植、饲养、田间管理、桑秧买卖等内容。章楷长期从事蚕桑农业经济史研究，对蚕桑生产各类环节的商品化经营有所关注，其在新著序言提到："桑农出售桑秧、桑叶、蚕农出售丝茧都直接关系着桑农、蚕农的经济收益。生丝外销的增减影响着蚕桑业的兴衰起伏，所有这些都是经济范围内的课题，本长编特设'蚕业经济'一栏，将清代桑秧桑叶买卖、丝茧行经营、蚕农养蚕成本和生丝外销等资料，都收录在这一栏中。"①笔者将借助蚕桑局蚕书内容，就蚕桑业上游的小农商品化给与阐述。最后，晚清蚕桑局是近代局务机构研究的新内容，涉及蚕桑的生产、交易、资金、劳动力、市场、管理等经营内容，具备了商品化经营的属性。同时蚕桑局具有传统官员劝课推广、官绅机构经营、近代企业经营等多重经营思想，对蚕桑局本身机构的商品化经营思想研究，能够清晰的描述晚清蚕桑局多元的蚕桑经营思想，更好地呈现出晚清蚕桑业由传统向近代的转型过程。蚕桑商品化经营思想的实践也是经营理念转移与传播的表现，蚕桑商品化理念通过各地蚕桑局不断的转移与传播，侧面反映了蚕桑经济重心从杭嘉湖等集中经营地区不断地扩散与实践，这种全国范围内扩散趋势与最终蚕桑业分布形式于清末民初蚕桑体系中略有显现。

第一节　明清蚕桑商品化经营思想

明代以来，蚕桑商品化趋势不断加强，已经逐渐渗透到蚕桑生产的栽桑、养蚕、缫丝、织绸等各个环节。嘉道时期，蚕桑富民论与获利论不断盛行。受到经世致用思想与鸦片战争的影响，蚕桑商品化经营思想日趋成熟。晚清蚕桑局蚕桑经营理论内容丰富，包含了丰富的传统小农商品化经营思想，同时作为近代经营机构，也具有近代蚕桑商品化经营思想。晚清蚕桑局处于蚕桑业的传统与近代的转型期，其经营思想必定内容丰富，新旧交错。

---

① 章楷：《清代农业经济与科技资料长编蚕桑卷》，未出版

一、商品化经营特点

明代以来，蚕桑商品化的资料主要来源于《农政全书》《沈氏农书》《补农书》、非单行本檄文告示、地方志、《乌青文献》《湖蚕述》、乾嘉道咸蚕书、同光蚕书、经世文编、实业救国类时论文章、近代技术蚕书、各类报刊等，内容比较分散，需要详细梳理。总体而言，各类史料的记载内容主要是江南地区蚕桑经营理念，这与明代以来江南蚕桑商品化经营最为活跃有关，江南的"棉、桑、茶、花等农产品的商品化程度，反映了江南地区商业性农业的发达，这主要取决于农业生产力的发展。只有在农业生产发展、劳动生产率有所提高的条件下，才能把原来种植粮食作物的土地，部分地拿出来改种经济作物。所以，集约地区比粗放地区有更大的商业性。"[1] 明代以来，蚕桑商品化经营的发展主要表现在三个方面：商品化渗入蚕桑业中下游各个经营环节、蚕桑业上游融入的商品化理念逐渐增多、商品化经营中专业分工日趋明显。

首先，商品化渗入蚕桑业中下游各个经营环节。以往学者比较关注江南地区丝织业的相关内容，包括丝织行业、交易买卖、组织机构、织造局、手工业、资本主义工场与雇工等，而涉及蚕桑业上游生产经营内容关注并不够。蚕桑业的多个领域都有商品化经营思想的渗入，涉及蚕桑业中下游：缫丝染色、丝绸行会、丝茧中介、市场交易、海外贸易等各个环节。蚕桑业中下游的商品化最为典型的表现是，明代嘉靖、万历年间，江南丝织业资本主义萌芽开始出现。尽管如此，段本洛、单强《近代江南农村》认为"近代江南农村中的资本主义现代化的进程极其缓慢，程度极其微弱，只是在汪洋大海般的小农经济包围中的几个孤岛而已。"[2] "明清时期，江南丝织手工业的发展呈现出这样的图景：广大农村是一家一户的个体手工业生产。处于自然经济的状态，极少数农家雇工生产，类似作坊，有向资本主义生产关系迈进的倾向。在农村市镇上，一些脱离了农业的手工业者成为丝织业小商品生产者，由于对原料市场和产品市场的依赖，小生产

---

① 段本洛，单强：《近代江南农村》，江苏人民出版社，1994 年 5 月，19 页
② 段本洛，单强：《近代江南农村》，江苏人民出版社，1994 年 5 月，序，5 页

者的分化较农村为速，出现了规模相对较大的手工工场，产生了资本主义雇佣劳动的萌芽。在大城市，通过小商品生产者在市场竞争中的分化，形成了较完整意义上的资本主义手工工场。同时，经营绸业的纱缎商人通过放料和包买，直接进入生产领域，控制了一大批小商品生产者，使受其控制的独立的手工业者，变成在自己作坊或家中为资本进行生产的家庭劳动者。整个江南地区丝织手工业生产，呈现出城乡间的明显差异和地区间不平衡的状态。资本主义萌芽在自然经济的汪洋大海中若隐若现。"[1] 目前资本主义萌芽问题值得商榷，李伯重认为"以往学者研究的实际上是历史上的商品经济、雇佣劳动、早期工业化或者其他经济变化，而不是资本主义萌芽，"[2] 对明清江南丝织业资本主义萌芽是否出现这个问题提出新的挑战。笔者选用吴承明研究思路，以商品经济研究要素为导向，集中探讨商品经济、劳动雇工、市场、近代工厂等内容。

其次，蚕桑业上游融入的商品化理念逐渐增多。蚕桑业上游包括栽桑、养蚕等内容，涉及生产资料准备、蚕桑生产经营、小农售卖丝茧的环节。蚕桑业上游的商品化主要集中体现在张履祥《补农书》上，其商品化经营思想以小农经营为主要特点。明末清初《补农书》中蚕桑业上游商品化经营内容丰富，包括桑树栽植与田园管理、饲蚕与丝茧买卖、栽桑与稻田的收益比较、江南蚕区逐渐专业化、雇工的使用、壅肥等生产材料的购买，这些都反映出蚕桑领域的商品化经营达到了一定的高度。明末清初，江南农村中出现的农业雇佣劳动，主要有两种形式：一种是计年的长工，另一种是计日或计月的"月工""忙工""闲工""伴工"。长工又称"年工"，"忙工"是农忙季节的短期雇佣劳动，"闲工"是农闲时候的短工，"月工"是按月计算，"伴工"也是短工，"田多而人少者，请人助己而偿之，曰伴工"。江南农村中的雇工队伍，占农村总人口的 1%~2%。[3] 清中期，蚕桑业上游商品化经营内容并不是很多，主要是蚕书数量较少，资料有限。地方志与《乌青文献》等史料中略有记载，内容上没有太大的变化。

① 段本洛，单强：《近代江南农村》，江苏人民出版社，1994 年 5 月，38 页
② 李伯重：《理论、方法、发展、趋势：中国经济史研究新探》，2013 年 3 月，浙江大学出版社，10 页
③ 段本洛，单强：《近代江南农村》，江苏人民出版社，1994 年 5 月，38 页

直至鸦片战争之后，中国经济出现新转型，蚕桑业上游经营理念随之而变。

最后，蚕桑业商品化经营中专业分工日趋明显。明代以来，传统小农经营的植桑、养蚕、丝茧、缫丝、织绸等多个环节开始分离，专业分工日趋明显。蚕桑业各环节分离是蚕桑生产专业化分工的表现，也是商品化不断发展的产物。

李伯重在蚕桑业专业分工领域研究较为深入，李氏"依照吴承明的定义，与明清江南工业有关的社会分工包括两种：一是某一较为复杂的生产过程（如纺织品生产）的各主要工序相互分离，各自变成专门的生产部门；二则是某一手工业生产与农业分离。这两种分工实际上也就是专业化，虽然分工与专业化的意义也还有所不同。"① "在明代，江南的丝织业还未完全摆脱作为农村副业的特点，直到明末，丝织业生产在江南蚕桑地区的农村中还颇为常见。明末《沈氏农书》蚕务更说在归安县的涟川一带，男耕女织，农家本务，况在本地，家家织纤，并且提到了农妇丝织的工作效率、收入等具体情况。到了清代，丝织业基本转移到了城镇。在专业化的丝织业城镇周围农村仍有一些农户从事丝织业生产，但一般而言，他们的工作大多只是丝织业中比较次要的工作（如纺丝等），并主要是为城镇丝织业服务。如道光《震泽镇志》卷二说该镇周围农户，兼有纺经及织绸者，纺经以己丝为之，售于牙行，代纺而受其值，谓之料经。"② "由于生产技术的发展，丝绸的种类日趋多样化，要求采用不同的原料、技术及工序进行生产，故而在丝绸业中逐渐产生了专业化分工。复杂的丝绸织造需要更优良的设备和更高超的技术，丝绸生产逐渐向城市集中，于是城市丝绸业与农村蚕丝生产分离开来。丝绸织造与养蚕缫丝的分工加强了生产专业化程度，随之从栽桑、养蚕到缫丝的生产过程也出现了一定的专业分工，桑叶、茧的商品化生产开始占到较大比例。中国传统生丝业的优势，主要有两方面，一方面在长时间的生产活动中积累了丰富的生产经验，具有高超的养蚕缫丝的传统技术；另一方面，明

① 李伯重：《江南的早期工业化（1550—1850）》，中国人民大学出版社，2010 年 5 月，48 页

② 李伯重：《江南的早期工业化（1550—1850）》，中国人民大学出版社，2010 年 5 月，49 页

清时期出现的商品化生产改变了自古以来小农自给自足的生产方式，养蚕缫丝的各个环节被划分开来，种桑、养蚕、缫丝成为相对独立的商品生产，市场调控在生丝生产中起到的作用逐渐加强。"① 李氏从丝织业的分工切入，勾勒出了蚕桑业专业化分工的过程。

黄宗智研究小农家庭的生产经营专业分离方面成果颇丰，黄氏认为"在引进近代丝机之前，几乎所有蚕茧均由各个农户缫成生丝，通常由妇女承担。就此而言，蚕丝近似棉花。然而织绸要求较高的资本投入，较早与家庭农作分离开来。通常农民卖生丝给丝行，再转运主要城镇加工成品。但是，植桑、养蚕、缫丝三者结合的小农家庭农作，在实质上与植棉、纺纱、织布三者结合的农户是相同的。"② "到晚明时期，丝织业几乎完全脱离了农耕，而成为专业化的生产，许多丝织是靠城镇作坊中的雇工完成的。然而，植桑、养蚕、缫丝仍然全部是小农一家一户的作业。这三项作业如同植棉、纺纱、织布一样，在小农的家庭生产单位中相联结。直至近代，随着蚕茧储藏方法的改进，缫丝才从小农一家一户生产中分离出来，在缫丝厂中进行。"③ "植桑和养蚕通常与非资本密集的手工业—家庭缫丝相联系。小农家庭有能力置办缫丝所需的简单设备。而且，在19世纪末新的烘茧技术出现以前，缫丝几乎只能由养蚕人来完成，因为蚕茧必须在七天内缫丝，否则便会有蚕蛾钻出。相比之下，丝织却相对资本密集，需要相当复杂的织机，至少要两三名熟练工人来操纵。况且，丝绸是上层阶级消费的奢侈品，可获较高的报酬。这些特点使丝织脱离了小农家庭，作为一种几乎城镇专有的行业而发展。"④ 黄氏从小农家庭角度切入，较为细致的将蚕桑业专业分工作了阐释。

明代以来，缫丝业从传统蚕桑业逐渐分离的过程是一个缓慢的进程，这种分离程度与分离速度是一个较难把握的课题。段本洛、单强认为"鸦片战争后，外国资本主义对工业原料和农产品的掠夺，促进了江南地区农产商品化的发展，农村经济逐步卷入世界经济的漩

① 孙晓莹：《晚清生丝业国际竞争力研究——兼与同期日本比较》，硕士学位论文，2010年12月，29页
② 黄宗智：《长江三角洲小农家庭与乡村发展》，中华书局，1992年9月，54页
③ 黄宗智：《长江三角洲小农家庭与乡村发展》，中华书局，1992年9月，46-47页
④ 黄宗智：《长江三角洲小农家庭与乡村发展》，中华书局，1992年9月，80页

涡。投入国内外市场的农产品数量不断增长，农业的专业化区域日渐发展完备。杭嘉湖等地蚕桑区是著名的农业专业化地区。"① 而且缫丝业受鸦片战争影响最为明显。直至清末，缫丝业已日渐趋于商品化与市场化，缫丝从传统小农经营分离出来。而在此之前，缫丝也集中于普通经营蚕桑生产的小农手里，缫丝需要机器、技工、出丝等多个复杂环节，这是需要长期积累才能掌握的技术。晚清传统蚕桑农书方面，主要反映江浙地区小农生产状况，各部蚕书将缫丝作为一个蚕书三大内容之一来撰刊。而丝织器具也有涉及，据其记载织机而言，一般为农户家庭中自给自足的丝织生产方式。文章最为关注的各地蚕桑局劝课蚕书中也并未回避丝织生产，主要以小农丝织生产技术为指导内容。此外，个别大型省级蚕桑局直接参与丝织业生产，而更多的蚕桑局则将收来的丝茧转售商人。由此可见，晚清各地蚕桑局劝课蚕书与从事生产内容来看，丝织业与农户分离确实已经缓慢进行。

二、富民获利论盛行

嘉道以来，受到鸦片战争后社会经济、官员经世致用理念、杭嘉湖蚕桑致富获利现象的刺激等三方面因素的影响，蚕桑富民获利论逐渐盛行。首先，乾嘉以来，中外生丝贸易日益发达。"鸦片战争后，我国生丝及丝织品出口，占世界第一位。"② 受海外贸易的刺激，小农经济逐渐解体，蚕桑业经营的目的性和理念都出现了新变化。商品经济理念日益盛行，整个社会经济都在发生着剧变，"早在道光二十四年（1844 年）黄均宰在《金壶七墨》卷四写道：乃自中华西北，环海而至东南，梯琛航赆，中外一家，亦古今之变局哉，即揭示出近代中国面临着的正是一个世界性的历史变革，中国谋求富强变成了一个时代性主题。"③ 随着社会经济的转型，各地商品经营观念越来越深入人心。严中平言"鸦片战争后，特别是太平天国起义失败以后，这项古老的农家副业有了大幅度发展。植桑面积，养蚕农户，蚕丝产

① 段本洛，单强：《近代江南农村》，江苏人民出版社，1994 年 5 月，序，7 页
② 王树槐：《中国现代化的区域研究江苏省1860—1916》，《"中央研究院近代史研究所"专刊》（48），1984 年 6 月，394 页
③ 胡成：《困窘的年代——近代中国的政治变革和道德重建》，上海三联书店，1997 年 12 月，99 页

量和市场销售量，都有明显的增加，养蚕缫丝技术也有所改进。"①
明清以来，蚕桑业已属于商品化程度较高的行业，随着中国市场开始
融入世界市场，1897年武康县教谕吕广文创设蚕桑局时言："近年英
商来吾乡买茧，价在四百四五十文左右。譬如养蚕子一两，连蚕小时
食叶一千五六百斤，得茧一百斤，即可卖钱四十四五千之数，则是种
成桑叶每百斤可作钱三千文之则。"② 江浙受外国商人收买茧丝的刺
激尤为明显，各种经营生产环节的商品化程度都很高，蚕桑获利富民
论发展最为成熟。其次，富民获利论发展有其独特的舆论背景。嘉道
以来，很多省份官员劝课蚕桑，官员们普遍信奉经世致用理念，以富
民为根本，将蚕桑作为小民经营产业。随着劝课过程中蚕桑富民获利
论的推崇与宣传，蚕桑富民获利不断地在官员劝课蚕桑领域扩散和传
播。最后，杭嘉湖蚕桑致富获利现象的刺激。杭嘉湖地区蚕桑发达，
杭嘉湖因蚕桑而富庶，获利丰厚，尽人皆知。官员通过撰刊蚕书的方
式将杭嘉湖蚕桑获利理论不断地传播到其他地区，尤其嘉湖籍贯的官
员异地劝课普遍，镇江蚕桑局沈秉成"籍隶吴兴，蚕丝美利甲天下，
尝见八口之家，子妇竭三旬拮据，饲蚕十余筐，缫丝易钱，足当农田
百亩之入，举家温饱，宽然有余。"③ 沈秉成作为嘉湖籍贯官员，任
内于镇江、上海、广西等地先后宣传蚕桑经营获利理论，影响广泛。

蚕桑富民获利论内容上，主要包括小民衣食之源、视为恒产、男
耕女织、收入来源、较粮食获利倍增等观点，主要涉及富民与获利两
个部分。传统小农社会官员尤为关注教养兼施，蚕桑是小民衣食之
源、男耕女织之必须。劝课蚕桑之际，"植桑者依次行之，初无难
事，然有恒产，贵有恒心，亦有恒心斯有恒产，无穷之利益。"④ 尹
绍烈倡设清江蚕桑局时言："如墙角、畦稜、道旁、场圃、闲隙之

① 严中平：《中国近代经济史1840—1894（上册）》，经济管理出版社，2007年4
月，741页
② 《中国农业历史资料第262册》83页；[清] 吕广文：《蚕桑要言》，《种桑法要
言》，求志斋本，光绪二十二年
③ [清] 沈秉成：《蚕桑辑要》，《告示条规》，光绪九年季春金陵书局刊行，1A-
1B页
④ [清] 沈练：《广蚕桑说辑补·蚕桑说》，《广蚕桑说辑补卷上》，浙西村舍本，光
绪丁酉九月重刊，16B页

地，皆可栽种，一家种成十五桑，计得叶若干，饲蚕若干，获茧若干，以丝以帛以供一家之需，余可以易财粟，深惜浦人之昧厚。"①
而晚清蚕桑获利部分内容尤为丰富，各地劝课处处透露着获利理念，沈秉成言："蚕丝之利十倍农事，无四时之劳，胼胝之苦，水旱之虑，赋税之繁，种桑三年采叶一世，大约每地一亩，种桑四五十株，饲蚕收丝可得八九斤，今日多种一分之桑，他年即多得一分之利，凡我父老子弟，其各互相劝勉，切实讲求。俟开局之后，报名认种领取桑条，分畦列植，务期多多益善，灌溉以时，为子孙美利之基，极家室丰盈之乐。"② 上海蚕桑局："惟在公局领种桑秧田约一步可栽一株，倘一年后有缺少荒芜者，须责成补种如数，然桑虽三年方成，而根株之空处，仍可种植蔬荳等类，非三年内全无所获，即未及百亩之家，亦可领种，况成功后系自己获利，何乐而不为耶，殊不知蚕桑之利最多，浙路养蚕之家每年辛苦数十日，勤俭者足可一年温饱。"③
瑞州蚕桑局："然养蚕之事，自生蚁以至缫丝，妇女勤劳不过四十余日，以一年三百六十日计之，除去四十余日，尚余三百一二十日，皆可各为本业，又况此四十余日所得之利，可敌三百一二十日所得之利乎，至于种桑以及修剪浇灌为时有限，小民断无日夜操作，竟不能分片刻工夫料理桑树之理，则荒废本业之说无庸虑，本府籍隶江南，本地所产五谷，不敷食用，全赖蚕桑以佐生计，深知蚕桑之利十倍杂粮，今忝守是邦，何忍不与吾民共此美利。"④ 江毓昌调任江西蚕桑总局，总结小民发展蚕桑其大利有五："试为尔等详言之举，凡工作皆赖壮丁，独蚕桑虽妇人女子老叟黄童均能为力，不碍壮丁执业，是无论何人皆可自谋生计，易致兴隆，其利一。农民终岁勤苦，仅得一家温馆，蚕桑不过三四十日之劳，较杂粮所入多至一二十倍，其利二。乡间进项须待秋成新丝卖钱时，当四月正乡间毫无出息之候，且有此项钱文，丰年即是赢余，纵遇荒年亦不至立愁饥馑，其利三。勤则喜心生养蚕之后，仍可络丝织绸，终年操作，不致逸而为恶，其利

---

① ［清］尹绍烈：《蚕桑辑要合编》，《倡种桑树说》，同治元年，2A 页
② ［清］沈秉成：《蚕桑辑要》，《告示条规》，光绪九年季春金陵书局刊行
③ 《申报》，《论道宪劝谕上海习种蚕桑事》，大清同治癸酉正月二十七日，第二百十一号，第一页
④ ［清］江毓昌：《蚕桑说》，《告示》，瑞州府刻本，2A 页

四。衣食足而后礼仪兴，若比户育蚕种桑，每岁所入三五百万金，不难立致家给人足，何愁教化不行，其利五。具此五利，又无丝毫之害化，我庶士何乐不为。"① 各地将蚕桑作为小民获利之源，劝课蚕书中，树桑养蚕缫丝获利部分占了很大篇幅。各地劝课者将小民如何获利撰述得清晰明了，细致入微，根本目的都是造福地方。蚕桑富民获利论是晚清官绅推广杭嘉湖蚕桑技术的一个重要手段，劝课之际小民最为看重蚕桑利益，否则劝桑很难推行，这也正是蚕桑领域商品化程度不断提高的直接表现。

　　甲午战争后，中国蚕利渐失。不少仁人志士倡导学习日本，挽回蚕利，掀起了一股蚕桑富民救国的浪潮。戊戌变法时光绪皇帝发起蚕政，各地"近岁以来屡奉严旨，饬各直省推广蚕桑。"② 舆论方面，清末各类时论性文章、报纸皆鼓励发展蚕桑业，将其视为地方实业，致富救国。与此同时，官府鼓励树艺，倡导各类经济作物的栽植，并且不断引进西方近代技术，清末是中国农业经济领域发展一个重要的转型时期。

192

三、商品化经营思想分类

　　明代以来，江南商品化经营思想逐渐渗入蚕桑业，蚕桑领域是江南经济资本主义萌芽较早出现的领域。乾嘉道咸以来，蚕桑农书内容上融入了大量商品化经营理念。鸦片战争前"中国传统经济中蚕桑作为农家工副业的商品化程度已经较高。"③ 鸦片战争后，蚕桑业更是受到了海外贸易的冲击与商品化理念的熏染，晚清蚕桑局不仅仅具有传统循吏劝课蚕桑理念实践的特点，还深深的烙上了商品化经营思想的印记，在其劝课与经营过程中融入了大量的商品化经营理念。晚清各地蚕桑局商品化经营理念来源于杭嘉湖地区。晚清杭嘉湖地区蚕桑商品化程度很高，蚕桑商品化理念最为完善，随着口岸开放，蚕桑

---

① 《申报》，《示溥美利》，第八千四百十一号，光绪二十二年八月初十日，1896 年 9 月 16 日
② 《中国农业史资料第 263 册》76 页；[清] 黄秉钧：《续蚕桑说》，《序》，双桐主人刊，光绪己亥二十五年
③ 林刚：《关于中国经济的二元结构和三元结构问题》，《中国经济史研究》，2000 年第 3 期，47 页

业渐渐融入海外市场，商品化理念也迅速渗透到蚕桑业经营过程中，晚清杭嘉湖蚕桑商品化观念已经深入人心。尽管各地风土、习俗、文化等多方面都存在差异，伴随着官员的倡导与蚕书的刊刻，晚清杭嘉湖蚕桑商品化观念在全国范围内不断扩散与实践。但是，由于晚清全国各地近代化程度发展差异很大，经济社会成熟度不同，蚕桑商品化观念在有些地区未能充分的与当地蚕桑发展相融合，不同程度上影响了各地蚕桑商品化经济的发展。晚清蚕桑局蚕桑商品化经营理念大多源自嘉道时期。由于蚕书内容的历史延续性较强，各地蚕桑局撰刊蚕书多辑录嘉道时期蚕书，嘉道时期经营理念完全可以延用晚清阶段的蚕桑业生产。

晚清各地蚕桑局将蚕桑商品化思想作为重要的经营形式，为了更好的呈现出晚清蚕桑经济的新特点，笔者研究各地蚕桑局劝课过程时，不得不将蚕桑局机构本身商品化思想与传统小农经营以及旧式蚕桑商业机构经营理念相剥离。夏明方已经将"小农为谋生而进行的商品化与促进经济质变性发展的资本主义的商品化"[1] 进行区分。蚕桑局撰刊蚕书中小农商品化经营色彩非常浓重，有必要将其单独的列出进行论述。除此之外，蚕桑局作为一个已经成熟的劝课组织机构，其机构本身也参与了大量蚕桑商品化经营的实践，这种实践明显区别于小农商品化经营的内容。有学者将晚清一些洋务派创设的局务机构归类为近代企业，认为其经营过程属于企业化经营内容，这种认识非常普遍。蚕桑业和官府机构近代化趋势不可阻挡，甲午战争后，地方蚕桑局经营内容也略带一些近代企业色彩。蚕桑局的经营内容属于官绅传统劝课蚕桑的范畴，偶见参与近代商品经营内容的市场经营机构属性。两类经营理念的同时存在，这是晚清中国传统小农社会向近代商品化经营机构过渡的产物，因此，研究蚕桑局涉及的蚕桑商品化经营思想时，理应注意分类与区分。

小农商品化经营与机构商品化经营存在明显区别，出现这个问题主要由于蚕书小农商品化经营理论、蚕桑局机构传统商品化经营理

---

①　夏明方：《生态变迁与"斯密型动力"、过密化理论——多元视野下的旧中国农村商品化问题》（1999 年 9 月南开大学"明清以来的中国社会国际学术谈论会"论文）。转自杨念群：《中层理论——东西方思想会通下的中国史研究》，江西教育出版社，2001 年 5 月，206 页

论、蚕桑局机构近代商品化经营理论，三者不属于同一时代与同一经济结构内的范畴。可以视其为一个近代化程度不断提高的过程，小农商品化经营思想近代化过程变化较小，而蚕桑局机构商品化经营的近代化变化较为明显。这符合二元经济结构理论，或者多元经济结构理论，晚清处于社会经济转型之际，传统与近代经营思想并存，且交错出现。三者的存在与多元经济结构理论形式并不冲突，社会经济转型之际，并非传统立刻过渡到近代，而是互相交错，难以区分，共同存在的经营模式，这是中国近代经济商品化经营思想的整体特点。由于此阶段中国社会经济近代化趋势明显加快，商品化经营理念融入蚕桑业的越来越深，尤其是近代市场经济理念开始渗透到蚕桑局的经营过程之中，而蚕桑局劝课蚕书所撰述的传统小农商品化经营思想已经明显跟不上脚步。人才、资金、技术、理念都已经落后，难以应对海外市场激烈的竞争，出口受阻，利权渐失。从鸦片战争至甲午战争，各地劝课蚕书中小农商品化经营思想与蚕桑局机构本身商品化经营思想二者趋离愈趋严重，这属于近代化进程中的历史阶段性差距。甲午战争后，有识之士强烈呼唤引进西方近代蚕桑技术与蚕桑机构进行革新，继而杭州蚕学馆、蚕桑试验场、各地蚕桑学堂大范围兴起。蚕桑局商品化经营也加快了近代化脚步，蚕桑局也开始细碎化与功能多样化，公司、学堂、试验场等蚕桑机构大量出现。清末，近代蚕桑技术和商业化经营理念皆引自西方，这是一个缓慢而复杂的过程。比如蚕桑局的西方技术引进、洋教员雇用，工厂模式采用、招股集资、近代机器使用，这正是近代化已经缓慢进展的表现。清末，传统商品化经营理念与近代商品化经营理念的趋离性才稍有缓解，例如湖北蚕桑局商品化经营与市场经济理念初步具备了一定的同步性。民国之后，蚕业改良大规模兴起，各类新式蚕桑经营机构不断增多，传统与近代蚕桑业商品化经营理念的同步性问题才进一步得到解决。

第二节　小农商品化经营思想的传播

晚清蚕桑局劝课蚕书中经常提到的"农家""小民"都是生活在村镇，占有少量土地，直接或间接从事农业生产，且从事农业副业等多种经营，重视生产效率，在生产资料和售卖领域甚至出现了商品化经营。明代以来，蚕书撰写者与劝课者经常提到"农家"与"小民"。张履祥《补农书》中常用"农家"提法，这是从耕读士人视角下的称呼；乾嘉道咸时期，蚕书中常见"小民"，这是官员视角下的称呼。农业经济史研究经常将"小农经济"与"小农经营"作为研究对象。黄宗智区分了小农家庭式经营与经营式农业，将《补农书》撰述的经营内容归为经营式农业。胡成则认为"以往的研究多将小农家庭式生产与经营式农场相互对立，认为二者之间的关系一定是此消彼长，势不两立。究其原因，恐怕在于：撷取史料单一与理论框架绝对化。"① 王建革"宋代以后，嘉湖地区小农成为主体，小农在越来越狭小的生境上经营稻作并植桑养蚕开始固化。"② 印证了宋代以来蚕桑农书主要是江南小农经营内容，且集中于嘉湖地区。明代以来，蚕桑商品化经营理念不断融入到小农经营领域，更有学者通过蚕桑生产过程中出现的雇佣关系来推断江南蚕桑业出现了资本主义萌芽。鸦片战争后，中国社会开始近代转型，蚕桑领域的小农商品化经营思想更加普遍。胡成认为"近代中国社会的经济结构主要是小农和小农家庭手工业的结合。其经济特征主要是小农们在进行自给性粮食生产的同时，也为市场生产和提供经济性作物和手工业产品，如棉花、烟草、染料、织布、蚕丝及其织品。"③ 在没有大规模工厂生产情况下，小农经营的蚕桑业始终占据着市场重要份额。晚清蚕桑局的劝课官员皆以劝课小农为宗旨，蚕桑局小农商品化经营思想的实践占据了重要地位。小农商品化经营方式并非已经落伍，"晚清小农经济形式并未阻碍经济发展，从而具有其经济上的合理性。"④ 依然是蚕桑局、缫丝工厂、公司等近代蚕桑经营机构的有效的补充。不仅如此，蚕桑领域小农商品经营思想上出现了一些新趋势，这些细微的变化反映出明代以来蚕桑领域小农商品化经营理念的不断完善与发展。

---

① 胡成：《近代江南农村的工价及其影响——兼论小农与经营式农场衰败的关系》，《历史研究》，2000 年第 6 期，71 页

② 王建革：《小农、士绅与小生境——9~17 世纪嘉湖地区的桑基景观与社会分野》，《中国人民大学学报》，2013 年第 3 期，30 页

③ 胡成：《困窘的年代——近代中国的政治变革和道德重建》，上海三联书店，1997 年 12 月，65 页

④ 李伯重：《理论、方法、发展、趋势：中国经济史研究新探》，2013 年 3 月，浙江大学出版社，254 页

事实上，这并不光是明代以来蚕桑领域传统小农商品化经营思想的延续，在继承传统农业精耕细作与集约化经营理念的同时，也蕴含着鸦片战争后中国传统小农商品化经营思想的近代特点。小农更多地被纳入到商品经济和市场化的急速扩张之中，在杭嘉湖小农蚕桑商品化与市场化经营理念已经具备很强的近代色彩。

蚕桑局的小农经营内容在市场化、商品化、劳力与雇工等领域需要更深入的探讨。由于蚕桑局的小农经营并未大规模兴起，各地蚕桑局主要通过撰刊杭嘉湖蚕书的方式来传播小农商品化经营思想，而实践的情况并不多见。这也是本节标题为何选用"传播"二字。但蚕桑局商品化经营思想的研究中，不能忽视各地蚕桑局确有小农商品化经营思想的存在。由于经营思想的历史时效性很长，各地劝课蚕书中小农商品化思想主要是延用乾嘉道咸所撰蚕书的经营思想与鸦片战争后新撰入的经营思想，并且是二者合理与有效的结合。集中表现在经营环节较多，普遍注重盈利两方面，细节上涉及桑秧、种桑、蚕种、壅肥、剪枝、嫁接、培土、劳力、售茧、售丝、缫丝、工具、综合利用、系统经营等内容。

一、生产与市场紧密相连

小农经济与市场经济是可以兼容的。方行明确指出中国封建社会以至近代中国的小农经济"表现为一种自然经济与商品经济相结合的小农经济模式，也就是自给性生产与商品性生产相结合的模式。这种模式在中国封建社会中随着农业生产和商品经济的发展而长期发育，到清代前期臻于成熟。"① 小农经济是一种以性别分工和个体劳动为基础，小农业与家庭手工业紧密结合，自给性与商品性生产相结合的经济，是我国几千年封建地主制经济下占主体地位的经营形式。小规模的农业经营并不必然排斥分工和商品经济发展，它既有可能为自给自足而生产，从而呈现其以自然经济状态存在的一面，也具有为交换和增值而生产，从而呈现它与商品经济有紧密联系的另一面。因而，其性质是一种二重性的经济。明中叶以后，蚕桑业在市镇经济的推动下已经非常发达，"市场力量左右着桑叶与养蚕的平衡以及桑树

---

① 方行：《清代前期的小农经济》，《中国经济史研究》，1993年第3期，1页

品种的选择，这需要男人要对市镇与市场有较大程度的关注，市场竞争推动着人对市场反应的敏感性。"① 晚清蚕桑局劝课蚕书之中传统小农经营思想依然为其根本的同时，小农生产收益与市场联系越来越密切，尤其表现在：蚕桑生产注重市场为导向，获利目的性越来越明显。晚清蚕桑局劝课蚕书皆言小农蚕桑生产要注意市场，以便获取合理的收益，反映出蚕桑商品化已经达到了一个新的高度。

首先，桑树与桑叶的商品化趋势越来越明显。丝织业的发展促使桑叶的商品化，桑树栽植数量与桑叶采摘都要考虑到市场需求，很多养蚕户并不栽植桑树，通过市场上购买桑叶来维持经营。"栽桑原以饲蚕，然不饲蚕而栽桑，亦未始非计也，栽桑百株，成荫后可得叶二三十石，以平价计之，每石五六百文，其所获利已不薄矣。蚕多而桑叶不足者，须约计其所缺之数，先时买定，并言明立夏后几日剪采，盖桑之贵贱最难逆料，先时买定，必平价也。饲蚕者不可专望其贱而不买，宜知有贵至二三千文一石时，栽桑者不可专望其贵而不卖，宜知有贱至百十文一石时。"② 尤其是桑叶的市场价格波动较大，湖北汉阳府"新设蚕桑局培养地方元气。蚕桑实为无穷之利，四乡均有桑，养蚕甚获其利，以至养蚕者众，去年桑叶买非二三十文一斤不可，足见桑少于蚕。"③ 由于此类情况较为常见，杭嘉湖地区甚至有桑叶经纪机构。栽桑是养蚕的基本要求，桑树数量与桑叶的采摘量都会影响收益。栽植一亩桑树用来养蚕收益颇丰，"每桑一株，彼此相离六尺，没地一亩计可栽一百五十余株，三五年后，每株得叶二三十斤不等，姑以二十斤计之种桑一百五十余株，便可得叶三千余斤，每大眠蚕一斤，食叶二十五斤，可得丝三两，桑叶三千余斤，便可养蚕一百二十斤，可得丝二十二斤有零，每丝一斤，以至贱之价计之，亦可值钱二千数百文，蚕丝二十二斤有零，便可值钱五六十千文，况头蚕毕后，桑树尤复抽丝长叶，名曰二桑，可养二蚕，合头蚕二蚕而计

---

① 王建革：《明代嘉湖地区的桑基生态与小农性格的发展》，《中国经济史研究》，2014年第1期，7页

② ［清］沈练：《广蚕桑说辑补·蚕桑说》，《广蚕桑说辑补卷下》，浙西村舍本，光绪丁酉九月重刊，47页

③ 《农史资料续编动物编第83册》479-480页；［清］李翰：《牧沔纪略》

之，每亩所获，尚不止五六十千文。"① 杭嘉湖新昌栽植桑秧也成为了重要的产业，"新昌之人将沙田一亩种桑，足一十四个月，即可掭洋十六员，至三十六个月掭洋三十三员，至四十八个月掭洋四十员零，若用以养蚕值洋不止此数，即照此数利孰有过于此者，且栽桑秧之利更胜于栽桑，如每地一亩可栽秧二万数千株，每株约钱三文，即可得钱五六十千之，则故新邑上等好田用以种桑者颇多。"② 随着各地劝课者对桑秧需求，以及桑秧生产专业化分工趋势的加强，桑秧生产的商品化和市场化越来越普遍，湖州附近出现桑市与叶市，数量多，价格变动快。

其次，小农蚕桑生产所需器具、肥料等生产资料的买卖日益普遍。晚清以前器具的市场需求集中于织机及其零件，"清代中期南京等丝织业中心城镇中从事织机及各种零部件制作的工匠，都达到很大的数量。这些情况都反映出明清江南丝织工具生产的专业化与商业化程度，确实有明显提高。"③ 由于植桑、养蚕、缫丝皆需要不同的器具，并且专业性非常强，制作与购买器具成了各地蚕桑局重要的任务。为节省局费，个别蚕桑局自行制作蚕桑器具，丹徒蚕桑局"取近人所著《蚕桑切要》及《丹徒蚕桑局章程》刊布，加以图说，并仿制器具，颁行所部。"④ 杭嘉湖地区利用市场购买蚕桑器具的经营理论在各地蚕桑局推广蚕书中皆有涉及，是各地蚕桑局小农经营值得推崇的经营方式。"蚕桑素盛之乡，如杭嘉湖绍等处，遇蚕事将临，其市镇必先陈设各器，听人贸易，业蚕者记定图名及用处，往该镇购办可也，以后便能仿制，无庸仆仆道途矣。"⑤ 油饼、灰粪之类肥料在杭嘉湖地区也容易购买，张履祥《补农书》中颇为常见。桑秧与桑树的施肥，都计入经营成本之中，吕广文言："种成密桑，此一亩

---

① 《中国农业史资料第 259 册》2-3 页；[清] 方大湜：《桑蚕提要》，光绪壬午夏月都门重刊

② 《中国农业历史资料第 262 册》89-90 页；[清] 吕广文：《蚕桑要言》，《获利之厚》，求志斋本，光绪二十二年

③ 李伯重：《江南的早期工业化（1550—1850）》，中国人民大学出版社，2010 年 5 月，160 页

④ [清] 何石安：《蚕桑合编·附图说》，《蚕桑合编序》，道光二十四年

⑤ [清] 沈练：《广蚕桑说辑补·蚕桑说》，《广蚕桑说辑补卷下》，浙西村舍本，光绪丁酉九月重刊，35A-35B 页

中最少亦可得叶千斤，等而上之可培得一千五六百斤之数，即以折中而论，以千三百为准，值钱约可四十千之则。除去油饼、灰粪，培植之本六七千，其培壅乃甚厚矣，净到之钱约可有三十三四千之则，是其利乃五倍于谷麦也。"① 肥料成本不大，不影响收益。

最后，要注意茧丝质量，以满足市场需求，避免造成质量低下，影响售卖价格。湖南辰溪县"禀报查考，并举蚕桑局行同前由各等因下县，奉此傅查，卑县境多山岭，乡民除耕田外，只知栽种杂粮，以及种树为生涯，大户妇女，与城厢居民，有以育蚕为事者，惜饲缫丝多不如法，采桑亦不合宜，出丝粗而不洁，仅能织造土绢，不堪他用，然所造之绢，上等每尺可售钱百余文，较之农务事半功倍，民间亦乐为之。"② 由于出丝质量差影响了绢在市场上的售价，告知乡民要注意育蚕、缫丝、采桑等各个环节，以此生产出市场价格较高的丝织品。吕广文于武康县设局，③ 注意到茧丝市场的变化，应该根据市场的价格和需求进行生产，浙江地区丝茧"得申商群集收买，筑窨间行，货多成市，而又以泰西各国所需于丝者甚众，而丝价特昂，丝价既昂，即茧价亦贵，较之从前，价几加倍，故野之种桑者日益广，桑多故宝之，养蚕者人加勤……今年新卖茧洋，约可四十万元，嵊县倍之，嗣后均可渐增。"④ 此外，缫丝与织机效率是当时蚕桑局较为关注的问题，这也是商品化愈趋满足市场需求的表现。提高工具的生产效率能够满足市场的需求，获取更多利润。直隶蚕桑局卫杰较为关注缫车效率，"缫丝车牀安窨基后，江浙蜀中用脚踏车，手理丝一人兼二人事，极为灵便，人工亦省，此坐缫式，较诸以手转车，依窨立缫诸法，更觉逸而不甚劳，车前置牌坊，中置丝秤，置车轴，以牡娘绳繫于其劳。"⑤ 同时还比较了西方与中国传统丝织机器的差异，"外洋机器以铁为主，借水火力甚属巧便，所费不轻，中国以竹木为机

---

① 《中国农业历史资料第 262 册》83 页；[清] 吕广文：《蚕桑要言》，《种桑法要言》，求志斋本，光绪二十二年

② 《农学报》第七册六十一，二月上，《湖南辰谿县王大令举办蚕桑禀》

③ 《农学报》第二册十三，十月上，《浙粤蚕桑》

④ 《中国农业史资料第 85 册》182-183 页；吕桂芬：《劝种桑说》

⑤ [清] 卫杰：《蚕桑萃编》卷四，《缫政之好车》，浙江书局刊刻，光绪二十六年，2A 页

式，上提花名曰花楼，虽纯用人力，不敌洋机织物之速，所织花样，实远胜外洋，足见此长彼短制机之法，各行省俱能为之，不具式，其佳者惟吴蜀，今直隶亦有之。"① 卫杰认为中国丝织业在花样上有自己的优势，在人力上花费则大，效率不是很高。

二、精耕细作与综合利用

精耕细作与综合利用是传统农学思想的重要内容，也是中国小农经营的重要思想，农业史研究中颇受关注。明代以来，蚕桑业领域在继承传统农学提高收益的观念的同时，不断融入市场理念，这也说明传统农学经营自明代以来已经就具备很浓厚的商品化思想。蚕桑业是传统农业经营理论中的重要部分，其不光丝茧买卖等涉及商品化经营，蚕桑业中还蕴含着精耕细作与综合利用理念，这是蚕桑商品化经营的变现，也是蚕桑作为经济作物和副业经营结合体的必然。

精耕细作的农业经营方式归于桑的田间管理，是晚清各地蚕桑局桑树经营的重要内容，主要是利用有限的土地资源生产出价值更高的产品。桑树的大小不同，土地的利用也不同，桑树株太大，土地就不能过多栽种粮食，只能发展大面积桑园，桑株较小可以种植一些瓜果蔬菜，这种情况在植桑过程中很常见。例如桑园村的陈庭蟾茂才，种桑最得法，"村傍有沙田四亩，头年将田开转，种麦一作，先留桑空孔下种，次年种桑一千亩数百株，割麦之后，将田种芋，卖芋抵谷，尚有余利，第二年将桑接成，田仍种芋，亦可抵谷，第三年即有湖桑一千六七百斤可摘，伊家桑叶最多，将此田桑弃人，计价洋四十七元，每亩即得洋十二元矣，第四年每株可摘叶二斤余，即有三千数百斤可摘，即得洋九十六元，第五年有叶四千数百斤，弃洋一百二十元，此后不能再多。每年培壅，约计二十元而足，沙田四亩，可净收花利洋一百元，则是每亩收洋二十五元，较收谷花利不啻四五倍矣。"② 桑树种植最适宜的地貌是淤泥堆起的堤岸高处，也节约了土

① ［清］卫杰：《蚕桑萃编》卷十，《花叙之花楼织机式》，浙江书局刊刻，光绪二十六年，7B-8A页
② 《中国农业史资料第85册》195-196页，［清］吕桂芬：《劝种桑说》

地的利用空间。杭嘉湖桑树精耕细作理念丰富，这些理念在各地蚕桑局被传播，结合着不同地区的具体的土壤情况而实践。晚清各地蚕桑局主要采用杭嘉湖精耕细作的经营方法，天台石康侯明府就书院设劝桑局，① 采用栽植密桑方法，"近仿湖法，均种密桑，头年种秧，勤加培壅，次年即将桑秧平泥截断，中间径约五六分或六七分，另用湖桑小条接上，俟其接上湖桑之后条上生桑芽，逐渐高至三四尺许，遂将脑头摘去，越数日每一叶即有桑芽抽出，只将上三个芽留样，余皆摘去，所养三芽，直透上达，约可长至二三四尺许，第三年每株即可摘叶斤许，如可种谷四百斤之田，计一亩即可种成桑树三百株，第三年即可收叶三百斤，第四年可收六七百斤，第五年即可收桑千余斤矣，若每株收叶五斤，共计可收一千四五百斤，用以养蚕，即可收茧近百斤。"② 收效颇佳。精耕细作也体现在壅肥上，桑树肥料的选取有其特殊性，"种桑之风若盛行，培壅断无许多人粪，此外牛栏羊栏最好，即猪栏狗粪草叶拉杂泥均可，若能用荳用油饼更为有力，今年新邑更有简便方法，于八九间将桑地开转，偏散奉化之大桥，绍兴之萧山两处草子，次年待草子长足，用刀割断，将土翻转，盖在草子之上，使朽烂即可，不壅别物，若再壅更有力，来年叶益茂。"③ 不同的土壤使用不同的肥料，效果也不同。

综合利用是中国传统农业中充满智慧的经营方式，与商品化经营有异曲同工之妙。综合利用可以提高收益，能够更多地满足农业生产对生产资料的需求。集中体现在生产资料的多种利用方法，减免了浪费，例如传统的桑基鱼塘农业经营方式，与此同时，也能够在市场上获取更大的收益。首先，道光二十四年（1844 年）江苏藩司文柱设立丹徒蚕桑局，其言"桑地得叶盛者，亩蚕十余筐，次四五筐，米贱丝贵时，则蚕一筐，即可当亩之息，夫妇并作，桑尽八亩，给公赡私之外，岁余半资，且葚可为酒，条可为薪，蚕粪水可饲豕而肥田，

---

① 《中国农业史资料第 85 册》185 页；吕桂芬：《劝种桑说》

② 《中国农业史资料第 85 册》188–189 页，吕桂芬：《劝种桑说》

③ 《中国农业历史资料第 262 册》89 页，［清］吕广文：《蚕桑要言》，《推广培壅法》，求志斋本，光绪二十二年

旁收菜茹瓜豆之利，是桑八亩，当农田百亩之入。"① 蚕桑副产品材料可以有多种利用方法，隙地可以种植蔬菜瓜豆。桑叶具有多种利用价值，太仓蚕桑局《蚕桑图说》言："霜降后，将桑枝上老叶捋下，勿伤其条，盖此条即明春放叶之条也，随摊地上晒干，用稻干包裹之，冬间无草时，代刍饲羊最宜，俗谓之羊叶，如捋叶过早，则桑脂多泄，次年发叶不茂矣。"② 其次，桑树利用价值同样丰富，尹绍烈清江蚕桑局劝课蚕书记载详细，内容流传较广，何石安《蚕桑合编》、沈秉成《蚕桑辑要》中内容几乎相同。河南蚕桑总局《蚕桑局事宜十二条》中除以上内容外，还增加了开塘与窖类两条："开塘，引江水浇灌，省开井费，兼可养鱼放鸭，种莲藕、菱芡、茭白、荸荠之类。窖类，冬日培根，用缸盛鱼腥、百草水亦好。"③ 这些都是蚕桑局在劝课蚕桑过程中主要的推广的蚕桑综合利用方法。卫杰言："桑皮可作白纸，今迁安多造之，桑葚可作鲜果，今高阳南皮各村多种小叶桑，专养葚子，每树可值京钱二十多串，桑条可以作器，今任丘多制之，桑根桑皮可以入药，今易州娄山多存之，冬桑叶可以喂羊更肥美，可以喂猪更细嫩，民间亦或有之，惟向未习耳。"④ 最后，养蚕与缫丝环节同样能体现综合利用理念。赣州蚕桑局"饲八造蚕，每造每亩可摘叶四百斤，可饲蚕八箔，每箔可得茧斤许，缫丝可三四两，每两售价约得洋二三角，则每亩获利不下五十金，又丝皮可织土绸，蚕蛹可饲鱼，可作培田肥料，余利又不一而足。"⑤ 章震福《广蚕桑说辑补校订》对这种蚕蛹来养鱼的方法描述的更为细致："缫丝所余之蛹，用石瓮或石缸存储，紧闭之，俟田禾发科时，取出每科置蛹六七枚，则苗异常发科，为肥田之妙品，吾湖南乡又多畜鱼，用以

① 《蚕桑辑要合编》不分卷，《集文》，《江苏兴办蚕桑序》，河南蚕桑局编刊，光绪庚辰春月
② ［清］王世熙：《蚕桑图说》，《金编蚕桑总论·捋羊桑叶法》，太仓蚕务局，光绪二十一年
③ ［清］何石安：《蚕桑合编一卷·附图说一卷》，《蚕桑局事宜十二条》，道光二十四年
④ ［清］卫杰：《蚕桑浅说》，《桑益》，10B—11B 页
⑤ 《农学报》第二本第十四，十月下，《赣州蚕事》

喂鱼，鱼亦顷刻盛壮，蛹虽废物，亦甚勿随手弃之。"① 养蚕与养鱼是可以互相补充的，综合利用生态经营的方式生命力顽强，至今仍然少量存在（表 5-1）。

表 5-1　桑树综合利用内容

项目	内容
接果	五月畦间种桑，冬月将土研齐，浇过春发新条，除次年接桑外，多余可接果树，不论杨梅石榴梅杏梨皆可接
蓄菜	桑下种葱韭瓜菜及芋苗山药取其频频浇灌，桑叶愈茂，蝗不食。桑芋故宜多栽
采药	需桑叶桑寄生白皮及殭蚕之类，皆可入药用，惟桑虫多蜗牛者须勤捕之，方不伤叶
取料	养蚕须矮桑，多留大者，长成材料制一切器具皆好桑梓桑麻桑枣并称，亦不妨连类及之
养竹	局中需用桑梯，桑几及桑箔之类，大约竹器居多
喂羊	老桑叶喂羊肥美，羊矢兼可饲鱼

资料来源：尹绍烈：《蚕桑辑要合编》，《蚕桑局事宜》，同治元年，16B 页

三、劳力与雇工支出

明清农业上"雇工人"地位很低，列于富农、自耕农、佃农之后，主要包括长工和短工。郭松义估计，"鸦片战争前，农业人口约占全国人口的九成。农业雇工占百分之一、二。这里农业雇工不包括临时打短工的人数。"② 史学界江南资本主义萌芽研究成果丰硕，将劳动力与雇工作为重要特征，尤其表现在地主雇工经营商品性生产领域。晚清丝织业领域雇工内容丰富，而蚕桑业上游的栽桑、采叶、养蚕等小农经营生产环节中，劳力与雇工仍然少见，各地劝课官员蚕书中内容也不推崇雇工生产，更多的支持小农家庭经营。劳动力支出与

---

① ［清］章震福：《广蚕桑说辑补校订》卷四，农工商部印刷科刊印，光绪三十三年，6B 页

② 魏金玉：《高峰、发展与落后：清代前期封建经济发展的特点与水平》，《中国经济史研究》，2003 年第 2 期，3 页。"雇工人指的是编制在雇主家长制统治下的一个低下的社会等级，终明清之世，都无改变。光绪初年，没有主仆名分的雇工从雇主家长制统治下解放出来。"文中雇工概念包括三类人群。同光蚕书中小农经营涉及雇工与蚕桑局工厂雇工内容皆不多，而杭嘉湖雇觅而来的工匠内容丰富。三者内涵上有本质区别

雇工研究多属于明清经济史研究范畴，过多的使用了西方现代经济学理论，而中国明清农业史中稍有涉及。江南小农经营包括小农家庭经营与工场经营，而蚕桑业上游对于小农家庭经营更为侧重，经营式农场研究资料主要集中于《沈氏农书》与《补农书》两部著作，不能完全涵盖江南商品化经营持续发展的状况，更有学者认为明代以来经营式农场逐渐势衰。劳动力也涉及江南地区人口数量与生产经营模式变化的研究，黄宗智将长江三角洲地区小农家庭的商品化与家庭生产、商品化与经营式农业、商品化与过密型增长等角度，并且也能用自己独特理论与实际调查相结合的求真态度进行缜密探析，其中蚕桑经营是其重要阐述内容。① 人口增长与商品化是明清长江三角洲农村的两大变迁，小农家庭生产并未随着商品化的蓬勃发展而衰落，反而长江三角洲的商品化证明小农家庭经营更加完善和强化。妇女和儿童越来越多分担农户桑蚕经营，密集型劳动模式不仅仅维持江南地区蚕桑生产经营的持续，也进一步刺激了蚕桑商品化发展。黄宗智的研究主要集中于长江三角洲，杭嘉湖地区的蚕桑经营正是晚清各类蚕桑农书撰写内容的核心。正如其所说，长江三角洲过密化与西方各类经济学理论的矛盾已经明晰。晚清各地蚕桑局劝课蚕书中皆以小农家庭的生产为撰写对象，劝课官员仍然以小农经济为基础的小农社会是最理想的状态，并没有过多描述劳动力与雇佣关系。蚕桑局兼具了传统劝课致富救民与近代工场运行模式的双重属性，下节机构商品化经营涉及到劳动力与雇佣关系内容较多。

晚清各地蚕桑局传播的小农商品化经营思想仍然是劳动密集型经营方式，栽桑、养蚕的经营都需要大量的劳动投入其中，"桑多防叶贱，蚕多防叶贵，蚕桑并多，更防工力不敷，反至糟蹋，大约一人之力，可植桑三亩，二人之力，可留蚕种一连。"② 小农家庭生产普遍遇到类似情况，经营规模小，生产按家庭人数规划。妇女和儿童的闲暇时间是蚕桑生产劳动力投入的主要来源，小农家庭经营中多为家人亲自种桑、养蚕、缫丝。晚清蚕桑局传播小农商品化经营理念涉及很

---

① 黄宗智：《长江三角洲小农家庭与乡村发展》，中华书局，1992 年 9 月

② ［清］沈练：《广蚕桑说辑补·蚕桑说》，《广蚕桑说辑补卷下》，浙西村舍本，光绪丁酉九月重刊，48B—49A 页

多血缘网络范畴的生产，河南蚕桑总局依据清江蚕桑局分发的《蚕桑局显明缫丝利厚易知单》，专门为小农家庭制定了自己的简明易知单，方便家庭生产经营，其中涉及亲友、妇女的内容。小农经营并不与商品化经营进一步发展有所冲突，晚清小农生产在商品经济的推动下，大量劳动力的投入反而推动了商品数量的供给，从而促进了商品经济发展（表5-2）。

表 5-2　小农家庭种桑言蚕缫丝易知单

项目	内容
种桑简明易知单	余秧分给亲友，恩惠不比寻常（计种桑一棵叶值钱三百文自己养蚕茧值钱六百文，自己缫丝，丝值钱一千文一年勤劳数十天每棵得钱一千文）
养蚕简明易知单	清明浴蚕，谷雨出蚁，桑芽正生，饲养便宜，育室要煖，饲顿须匀，放蚁一两，食叶八石，计蚁一钱，得茧八斤，缫丝十两，易钱四千，每茧一斤，食叶满筐（足十斛），开簇留种，雌雄相当
缫丝利厚简明易知单	缫丝之家，半多妇女，车务求小（灵便省力），水定要清（水澄清），锅不可大，火须烧匀，一人运转，缫茧十斤，先分黄白，次拣抛绵，水热下茧（忌用矾），切莫贪多，陆续接煮，出丝便匀，水常添换，丝自光亮，丝茧缫完，再煮抛绵，查头残茧，煮熟汇之，浸泡旬日，河水洗净，丝绵手绣（绪衣做线），胥出于此，卖茧十斤，价值二串，缫茧十斤，定值四千，举手之劳，利己倍蓰，早迟出售，任己便宜

资料来源：魏纶先：《蚕桑织务纪要》，河南蚕桑织务局编刊，光绪辛巳，南京图书馆藏，94-95 页

蚕桑局劝课过程中撰刊了数量众多的蚕书，皆以杭嘉湖蚕桑经营理论为主。由于晚清区域性的差异依然明显，包括自然环境、社会环境、经济条件、劳动力、土地多寡等因素，杭嘉湖小农商品化经营思想并没有在全国范围内顺畅地普遍应用。这也是各地劝课机构未能取得良好效果的重要原因，而四川、珠江三角洲、太湖北岸等个别地区效果较好，主要是当地条件与引进小农经营思想来源地的差异较小，例如劳动力资源较为丰富，能够提供小农家庭生产维持边际报酬递减的同时，依然能够获得较为满意的回报。鸦片战争后，小农蚕桑经营理论的延续与蚕桑局机构经营理论的发展的形式更加符合传统与近代转型理论相吻合，同时也符合过渡时期，蚕桑局代表的城镇经济与小农经营代表的乡村经济交错出现的多元经济理论。城镇的蚕桑局商品化经营理论中商品化程度更高，蚕桑局试图起到桑秧、蚕丝、蚕茧售

卖的中介机构作用，个别蚕桑局已经融入了近代公司经营的理念，而小农蚕桑商品化经营理论中商品化也有所提高，距离开埠口岸较近的地区，商品化相对内陆地区提高较为明显，反映了小农经营也急需面对市场，提高商品化程度，来应对国际市场的竞争，但基本上还是延续中国传统社会小农家庭商品化经营的历史特征。

第三节　机构商品化经营思想的实践

蚕桑业是传统社会重要的商业经营领域，其涉及的生产经营机构较多。蚕桑局作为蚕桑业的推广机构，将杭嘉湖地区商品化经营思想传播到很多地方，促进了晚清农村商品经济的发展。蚕桑局浓厚的传统劝课蚕桑机构化不断增强，同时蚕桑局凭借自己独特的运营方式进行生产经营。总体来看，蚕桑局具备了传统官员劝课、官绅共同治理、地方基层慈善、近代局务机构模式、近代洋务工厂、近代蚕桑学校、蚕桑丝茧买卖中介等多重属性，是传统社会向近代社会蚕桑推广机构的过渡形态。蚕桑局的商品化经营思想实践是其中一项重要的内容，最为直接体现蚕桑局具备丝茧买卖中介与近代洋务工厂两种属性。以下将从蚕桑局主要经营活动：筹款与管理、市场售卖、专业分工、近代工厂形态四个方面来展示其机构商品化经营思想的实践内容和特点。

一、筹款与管理

蚕桑局筹款途径多样。官员的捐廉，士绅的捐款，收来的税费都可以作为局费，也有集股等新形式招募而来的资金。前两者从资金来源上说，更具有地方社会公益机构的性质，也接近于传统官员劝课蚕桑属性；后两者更具商业化经营属性，比较强调收回资金，继续盈利。仅从资金来源角度考察，蚕桑局从资金来源与管理上已经具备了很强的商业化经营属性。首先，由于晚清各级官府财政匮乏，资金并没有一个持续稳定的财政来源，多来自官员与士绅捐廉筹款，这也是大多蚕桑局资金来源的主要方式，创设最早的丹徒蚕桑局采用的捐款，但按时付息，归还本金的方式，"款由绅士分单，各向亲友写捐，无论多少若干，均由局中给与收票，俟三年成熟，按每年一分起息，统共加三，连本归清，其妇女养赡银两，情愿借入局中者，加给经折，按月付分半利，亦俟三年归本，官捐者，任满日如数完缴。"①由于晚清地方局务机构众多，尤其是涉及资金收支的局，经常有部分盈余，因此蚕桑局资金也有来源于当地其他局务机构的收入。湖北汉阳府"原议费照前收而支销，分为十成，以二成作为清丈之用，余八成以二成修一文武庙，以二成提作修造捕署，余四成归蚕桑作为经费，况新淤田亩，其逃亡绝户之田甚多，自应一体清丈入官，作蚕桑育婴两局费用，蚕桑局又经卑职在州署后买田一并房屋数间，作为总局，派有司事，并委清丈局，陈县丞元炜兼办。"② 汉阳府筹办蚕桑局之时调用清丈局余费。其次，"厘金又称厘捐，创办于清咸丰三年（1853年），裁撤于民国二十年，历时七十八年。厘金制是中国近代财政史上的一项重要制度，其存在不仅对于晚清和北洋政府的财政有特殊意义，而且广泛地影响到近代社会的各个方面。"③ 晚清史是围绕着厘税与军饷而展开的，各地兴办实业与局务等各项财政支出大多以厘税为重要来源，厘税撬动着地方财权，深深地影响着晚清地方机构的兴衰与成败。厘金在地方社会的战后恢复中发挥了巨大的作用，厘金收入亦能广泛用于地方水利、教育、军事、慈善、新政等事务中。④ 厘金制度变迁的实质是中央与地方之间权利和财力的重新界定，厘金的征收改变了地方社会既有的统治秩序，士绅借此逐步走向了地方政治的中心。⑤ 蚕桑局资本源于厘税的也较为普遍，任兰生寿州"蚕桑局即课桑局，于同治十三年八月间汇案，禀奉前安徽巡抚英翰，批饬在淮北厘局积存六厘底串项下提拨银六千两，以三千两归该局发商生息，以资应用，并刊刻《蚕桑摘要》一书，颁行各局，

---

① ［清］何石安：《蚕桑合编一卷附图说一卷》，《丹徒蚕桑局规四条》，道光二十四年

② 《农史资料续编动物编第83册》482页；［清］李榕：《牧沔纪略》

③ 桑学成：《厘金制兴废小史》，《历史教学》，1986年第2期，49页

④ 侯鹏：《晚清厘金在地方善后中的支出及影响——以浙江省为个案的研究》，《江西财经大学学报》，2010年第1期，109页；侯鹏：《清代浙江厘金研究》，上海师范大学硕士学位论文，2008年4月；廖声丰，顾良辉：《百年来厘金研究述评》，《中国社会经济史研究》，2012年第4期，91页

⑤ 梁勇，周兴艳：《晚清公局与地方权力结构——以重庆为例》，《社会科学研究》，2010年6期，143页

以期推广尽利。……后以经费不敷，将委员薪水报明巡抚，在厘局六成底串项下，支给其采办桑秧买丝抽茧等项。"① 1896 年江西蚕桑局"江省城厢内外烟馆林立，多于肉铺。牙厘总局饬各烟馆自四月初一日起，准其加价，按月抽厘钱四百串，拨作蚕桑公费。各烟馆一再乞恩，总局允减一成钱四十串，每月实抽三百六十串，蚕桑局月入共七百二十串。"② 光绪二十一年（1895 年）陕西创设蚕桑局，所需经费由善后局顺直保搭捐项下拨发。1903 年闽浙总督许应骙设立农桑局"现需经费暂由税厘杂款项下冲支，饬局核实开报。"③ 再次，地方官员劝捐绅、商、富户的途径也是蚕桑局资本重要来源。赣州蚕桑总局更是前往地方劝捐，"溯自春初经劝土店屠户月捐之款，唇焦舌敝，固已煞费苦心，奈为数无多。"④ 同时借助绅士集股合办，"现就各乡，延择殷实公正绅士，面加商劝，如有明白事理，愿为之倡，以树先声者，由县给与照会，即得集股合办。"⑤ 扬州课桑局部分资本来源于地方盐商，"十年来兴复诸善举，修坝、修闸、浚河、捐赈、设义渡、重建史公祠、平山堂、天宁寺、立课桑局，无不取之于盐商，力竭矣。"⑥ 1879 年宁波府于鄞南蔡郎桥设蚕桑局，资金来源于地方赖中式者之喜捐，包括商人和富户，"宗太守将蔡杨所缴之洋，拨南乡设蚕桑局洋二百七十元。"⑦ 最后，晚清地方江南善堂组织架构完善，种类和数量较多，资金也有源于善堂组织，例如上海蚕桑局是由绅董竹鸥王君会同各善堂董事，由同仁辅元堂董议，资金上"由同仁辅元、果育、普育等各善堂筹拨公款一千串，往浙路买秧，先就善

---

① 《申报》，《京报全录》，第四千三百二十六号，清光绪十一年三月十八日，1885年5月2日

② 《申报》，《豫章近事》，第八千二百八十三号，光绪二十二年三月二十九日，1896年5月11日

③ 《鹭江报》，《紧要奏折：闽浙督许奏请设立农桑局折》，1903 年，第 27 期，6 页；《农学报》第十六册，二百二十五，六月下，《闽督许奏设农桑局折稿》

④ 《农学报》第二册十四，十月下，《章程录要》，《赣州蚕桑总局拟章》

⑤ 《农学报》第二册十四，十月下，《章程录要》，《赣州蚕桑总局拟章》

⑥ ［清］方浚颐：《二知轩文存》，卷二十一，《扬州盐义仓记》，清光绪四年刻本，304 页

⑦ 《申报》，《筹划公费》，第二千二百二十号，清光绪己卯五月十八日，1879 年 7 月7 日

堂义冢余地及商船会馆公地试种矣。”① 上海各类慈善机构完善，士绅财力雄厚，热衷地方事业，参与范围较广。总之，蚕桑局资金来源多样性也反映了晚清地方财政上的一种多元化，这种多元化导致了蚕桑局属性的多样性。地方财权是维系各类局设立与地方社会发展的生命线，因此资金来源问题是研究地方机构的根本主线。

局款用途主要集中于购桑秧、蚕种、购器具、雇觅工匠、置办局址、田地等几个部分。首先，费用最大的当属购买桑秧，购买桑秧是各地蚕桑局最为重要的基础性工作。桑秧采买首选浙江石门之天花荡、蒋王庙、龙舌嘴、周王庙、平家桥等，② 杭嘉湖甚至有专门的桑秧产区和桑秧经纪业务。蚕桑局购买湖桑数量庞大，动辄十万株，河南候补道魏纶先兴办蚕桑总局与左宗棠督办新疆军务之时，都多次委员赴浙，花费巨资购桑。晚清各地采购桑秧数量惊人，这在经济史上也是一个特殊现象，其对桑秧价格变动以及是否将价格传导到丝织品上，都是值得探讨的问题。其次，蚕桑局的其他局费种类较多，光绪十九年（1893 年）湖北蚕桑局筹款总须实支银三千八百五十余两，其中包括织匠、壅肥、器具、机具、招徒、杂费、机房住屋、杂役等，种类繁多。最后，各地蚕桑局因资金筹措不易，很注重节俭，瑞州蚕桑局江毓昌言“节用度，一切经费，不但由本府独捐，力量有限，局绅理宜体贴节省，即将来出息充裕，亦必以节俭为主，节得银钱，好在百姓头上用，总之钱乃身外之物，若是当用，虽百万不可吝惜，钱为天地之宝，若不当用，虽一文不可废费，才算得善理财，才可以做事业，凡治家治国皆然，不独一蚕桑局也。”③ 资金不容随意浪费，由于资金不足，很多蚕桑局被裁撤和合并。霞浦县“自清季筹备蚕桑局，官绅于近郊隙地，或乡区多有植桑饲蚕，因无丰实资本，致难振起。”④ 湖北蚕桑局“奏为湖北试办工艺，附于蚕桑局兼理，以节经费而利民生。”⑤ 以此来节省局务开销。表 5-3 是赣州蚕

① 《申报》，《论道宪劝谕上海习种蚕桑事》，大清同治癸酉正月二十七日，第二百十一号，第一页

② ［清］魏纶先：《蚕桑织务纪要》，河南蚕桑织务局编刊，光绪辛巳，60 页

③ ［清］江毓昌：《蚕桑说》，《章程》，瑞州府刻本，6B 页

④ 《民国霞浦县志》，卷之十八，实业之杂业，民国十八年铅印本，659 页

⑤ 《农学报》第五册四十四，八月中，《鄂省奏请剏兴工艺附蚕桑局试办折》

桑总局的一般性日常局费支出和管理账目。

表 5-3　赣州蚕桑总局一般性日常局费支出及管理账目

项目	内容
器具	所需各种器具，尽向众绅互相访证，而后采办出入账目，由各委员监同经理
蚕师	兹经酌定蚕师岁脩洋八十元，川资伙食在外，各委员酌给夫马饭食，权无薪水
司事	用司事二人一司书算，一司监督工匠，及一切襟事，每月共支薪水十千
长工	长工四名，每名每月工食钱两千四百文，仓王庙庙祝，照雇工月给工食，以充看门守夜之役
厨役	又厨役兼伙夫一名，月给工资钱八百文，蚕师与帮办委员伙食不计
司事学生	司事学生等每人每日伙食钱五十文，如遇客至留饭，应由主人资贴，惟各乡绅士因公前来，自应由局备饭
节日酒宴	每遇年节酒馔，定价二千四百文，雇工等各赏酒肉钱一百文，蚕师初次到局，宴请如年节，平时勿得饮宴
杂用	油烛茶炭纸笔等项，权从核实开支，两月后再行定数，所发巨细各款，均无九五等折扣名目，总期力洗官场积习，务使涓滴归公，以求实济
账目管理	宜账目清晰，并以考利益之厚薄，夫欲推广于乡民，自应证利益之实在，而后民可信从，惟官办与民办不同，试办久办略异，兹于总薄之外，分立条薄数种，如薪水夫马伙食之类，凡非民办所需者，拟作一项日用，又如制备各项什物，于开办时即经制备，即可常存使用者，拟日制存，如筑墙捡漏及脚力等项，拟日襟用，至如桑秧蚕种，及田土价值，凡可孳生利息者，应日立本，又如雇工之工食，浇灌之肥料，种种因培植蚕桑，即使民办，亦必有此等花费，而后能成茧缫丝者，应日正用，将来售丝获价，划除正用，尚有盈余若干，即以立本之多寡，接扣利益之厚薄，每造一结，岁底再通核一次，此外如收发桑秧蚕种及制存一切什物，各宜分别详记，至流水及出入总薄，尤应按月统结，呈核一次，以归核实

资料来源：《农学报》，第二册十四，十月下，《章程录要·赣州蚕桑总局拟章》

晚清蚕桑局经营方式上有其独特性，作为官绅劝课蚕桑机构，所赚取的资金有用于扩大局的规模，有用于捐资学校与慈善，用途不同。蚕桑局大多尚未盈利即遭裁汰废弃，以营利为目的赚取资金的史料并不多见。然而，依各地蚕桑局创设之初的目的性来看，很大程度上涉及用商业化经营方式来赚取利润，以维持蚕桑局的正常运转。例如阳江县"光绪戊辰，杨司马荫廷始提倡之，搢绅先生复力为鼓吹，于是集资立局，附郭种桑，并设蚕厂于石湾，各乡闻风亦多兴起，所产之茧成绩颇良。方谓宅垂五亩之阴，乡食八登之利矣。乃未数年，各厂皆停，先后折阅，岂真地土之不宜欤。推原其故，桑土多赁腴

210

田，蚕工皆雇外邑，成本未免过重。且风气甫辟，桑市未成，桑少则蚕饥，蚕少则桑废，而趋之如鹜又多半书生，无大资本家以继之，故一蹶而不复振。"① 集资设局之后，成本过重，桑市未成，书生资本过少，得不到大资本家的支持，最后一蹶不振。上海南汇蚕桑局"另筹有费，即将此钱发典生息，以息抵支，其正本存，俟养蚕之年，置备器具，雇用工人，开局养蚕等项，再行提用。丝成变价，仍旧存典，以资下年经费。如此循环，经理经费，不致短绌，事或可望成就。"② 南汇以典生息，循环经营方式是较为新式、合理、持续的经营手段。而东莞县于 1890 年设蚕桑局劝民栽桑养蚕，又规定："乡民栽桑养蚕如果资金不足，可向蚕桑局贷款，并请其代购桑秧、蚕种、蚕具等件。不收其息，聘定蚕师下乡教习，工食概由局给。茧熟时每箔酌收工费若干岁，垫款凡数千金，近日莞邑蚕桑渐推渐广，皆其提倡之力也。"③ 出现了作为金融贷款与代购机构的功能。商业化与市场化经营最根本的目的是获取最大利润，通过资金的正常运转来维持机构的基本运行，显而易见，蚕桑局已经略带经营色彩。江西蚕桑总局江毓昌"仿照瑞州集股办法，每买湖桑一株连脚价先缴十足大钱二十文，自一二株以致数千百株，悉听其便，但须自举一人为首，著零星各户附入此户名下，就近将所集之款交该州县代收领取，本府印票为据，限于十月底截止。由州县汇齐解府，再由本府专人购买湖桑，期至明年清明前运到分发各州县，以便买桑之户执票领桑，自行俵散。所缴桑价如能有余，仍按数算还，倘或不足概由本府捐付，无庸另找其缴钱，领票以及明岁领桑，并无丝毫花费，若有借端讹索者，准其来府控告，以凭拿办"。④ 洋务派张之洞于湖北设立的缫丝局与甲午战争后各地出现集股筹资设立的蚕桑公司与蚕桑工厂，基本具备了近代企业经营特点，完全可以在市场经济参与竞争，发展壮大。由于近代化进程较慢，且发育不良，晚清蚕桑局普遍欠缺近代

① 《民国阳江县志》转自章楷：《清代农业经济与科技资料长编蚕桑卷》，未出版
② 《光绪南汇县志》，卷三，建置志八，《附章程》，《中国地方志集成》，上海书店出版社，1991 年 6 月，607—608 页
③ 《民国东莞县志》，卷十九，民国十年铅印本，572-573 页
④ 《申报》，《示薄美利》，第八千四百十一号，光绪二十二年八月初十日，1896 年 9 月 16 日

企业经营的基本形式与经营理念。

二、商品市场的重视

蚕桑局小农商品化经营思想的传播较广，市场的商品化实践不是很普遍，上文已述。而随着晚清商品市场的逐渐发展，蚕桑局的机构商品化经营内容日渐普遍，传统劝课机构已经不仅仅是地方官绅劝课之用，蚕桑局还有自己商品化经营内容，这种变化的社会与经济背景耐人寻味。乾嘉道咸以来，蚕桑领域的商品化观念已经很多，撰写蚕书的官绅普遍走出了耕读传家的生活状态。鸦片战争后，蚕桑商品化趋势逐渐增强，市场在经营中的作用逐渐受到重视。吴承明勾勒出明清市场发展的轨迹，"中国市场的转化是明嘉靖、万历间开始的。17世纪市场危机和大规模战争使得现代化萌芽销声敛迹。康雍乾盛世市场一体化成绩显著。但19世纪无任何制度性改革。道光市场危机出现逆流，嘉庆以后，长途贩运贸易衰退。20世纪后我国有了现代产业，抗战前我国尚未转变为市场经济。"① 需要指出的是，晚清市场经济的概念并非现代意义上的市场经济，"历史上我国商品交换比较发达，但是，它还不是市场经济，它也有个向市场经济转变的过程，何时开始转变，也要联系中国经济的现代化过程来考察。"② 晚清蚕桑局兼有劝课蚕桑与买卖中介属性，个别蚕桑局还有近代企业的性质。而经营上商品化色彩更加突出，市场对其影响愈趋明显，这种影响集中表现在售卖中介、销售市场、海外市场三个方面。

首先，具备丝茧买卖中介功能。蚕桑局为了方便乡民售卖茧丝，局内专门组织人员收买，再由蚕桑局进行售卖，是丝茧买卖的中介。清江浦蚕桑局分给蚕种，收买抽丝，"养蚕须趁此时，局中并给蚕种，听民领取，务迟今年，获有蚕茧，送局收买抽丝。"③ 收买时要划分丝茧等级，"有领取蚕种回家试养者，及茧果将成预出告示，注

---

① 吴承明：《中国的现代化：市场与社会》，生活·读书·新知三联书店，2001 年 9 月，27-28 页

② 吴承明：《中国的现代化：市场与社会》，生活·读书·新知三联书店，2001 年 9 月，26 页。吴承明先生所用"现代化"与"近代化"为同义语，讲述历史多用"近代化"，涉及当代和 21 世纪故用"现代化"

③ ［清］尹绍烈：《蚕桑辑要合编》，《督办蚕桑局尹示》，同治元年

明上中下三等，茧价无论零星多寡，局中收买抽丝，上等钱多，次者渐少，妇女来局卖茧，互相比较，渐知讲求，次年茧果好者渐多，又见局中丝娘抽丝，不难心羡，无似有愿学者，即予以饭食能抽丝一两者，给工钱一百文一日可得平昔佣工数日之利，若能抽丝多两者倍加工钱，即雇其年年到局抽丝，同伴相观，知其有利亦愿学者众，董事层层引诱之方，即妇女层层见利之处，惟收买叶茧，局中不无稍费，然俱归有用亦不致大有亏损。"[①] 局内雇工抽丝，层层推广，既发挥蚕桑局买卖中介的作用，又传播了蚕桑技术。湖北"业经蚕桑总局委员出示，收买零丝茧壳等货，谓现在本局收买零丝零茧。凡有乡民贸易来城客商，以货属零星不欲收买者，尽可至本总局，给以时价收买不惧。若有丁役留难掯掣等事，许即扭禀惩责，决不宽贷，尔乡民即可遵示来局交易，云云。按总局收买零丝为丝局织绸之用，一以通商，一以便民，可谓一举而两得矣。"[②] 自晓谕之后，通省乡民速行持茧就蚕桑局趸卖，远近各乡民咸纷纷来售，获利颇丰，该局此次收茧极多，为昔年所未有。收买蚕茧所定价值颇为平允，并严饬司事不准需索分文，乡民闻之争往求售，盖以茧价所得较丝价无甚高下，而可省缫丝之工，故皆乐于从事。江西蚕桑局承宣布政使翁出示晓谕"有养蚕之家，亦于做丝之法，不解烘缫，出茧之时，转多废弃，本司广筹长策，不惜重费，兹特委员赴浙，购就织绸机具，雇定机匠茧工来江，办理烘茧缫丝织绸诸事，并念尔乡农养蚕成茧，烘法未谙，出茧之时，销路不广，是以饬局收买各处成茧，开民间乐利之先，供局中机织之用，合行出示晓谕……如因农务及时，出茧后，不暇缫丝者，许即持茧赴局，以凭给价收买，决不稍有抑勒，尔等既售卖蚕茧获利，仍可照旧力田，毫无碍于农功。"[③] 1903 年福州蚕桑局司道"昨经出示劝谕民间栽桑饲蚕，以兴大利，并谓该局现在派员前往苏杭各处，购买蚕种桑秧，任民间赴局照原价领取桑株栽种，蚕种则不取资，如愿兴此利者，其报领桑株限至十二月初十日为止，嗣后民间

① ［清］尹绍烈：《蚕桑辑要合编》，《作兴教民栽桑养蚕缫丝大有成效记》，同治元年

② 《申报》，《收买零丝》，第八千零二十一号，光绪二十一年六月二十九日，1895年 8 月 19 日

③ 《农学报》，第四册三十，闰三月下，《劝蚕告谕》

所出丝茧皆可投局转销。"① 由于乡农养蚕缫丝效果不佳，便收买成茧，供局丝织，绝不抑价勒索。上海茧丝需求量很大，李鸿章直隶蚕桑局"所出茧丝，逐年增多，由局收买，运沪出售，以畅销路。"② 晚清权力与财力较大的省级蚕桑局，收买来的茧丝销售能力与范围更广。

其次，发售织绸，参与市场竞争。临川蚕局"壬寅年，春蚕得丝一百八十两，夏蚕得丝二百四十两，东西两乡无实数，宜邑五隅及崇仙二乡有桑二万株，初年出丝二三千金，近二年颇亏折，壬寅年夏蚕约出丝千余元，崇邑近年春夏二蚕三眠后即瘟，得丝无几金，乐东三邑未养蚕，临丝百两售得洋银三十六元，宜丝每把九十六两，售银二十两。"③ 广西官局丝织品售卖效果并不好，广东商人多收买茧丝，而对绸缎兴趣不大，"桂梧两局约各得丝两万余斤，容藤两县共得丝五万余斤，其余各属出丝或一万或千数百斤不等。查东贩来梧属设栈收买者不下八九家，官局虽有织成绸匹，购丝者多，购绸者少，则以丝斤既免税厘，较可获利，绸匹犹须完纳，价重难销。"④ 当时丝与绸在税收上存在差异，商人获利不同，收买数量也不同。湖北蚕桑局雇工织染，出示丝织品价格，"设局兴办蚕桑，雇苏杭织匠，教徒学织绸疋，奉旨允准，开织以来，历有多年，现在各徒艺熟，开机五十架，并雇浙绍染工，出色鲜明，售价发布，为此示仰商民，一体知悉。蟒袍每件银二十六两五钱，加领袖三两五钱，荆州锦每尺银四钱五分，素缎长四丈，宽二尺八寸，天青色银二十两，元青色银十五两，宁绸每尺四钱二分，摹本每尺三钱八分，绵春每尺三钱五分，熟罗每两三钱五分，湖绉三钱五分，大纺绸每两三钱二分，官纺宽三尺二寸，每尺二钱四分。"⑤ 用公示的方式，便于售卖。同时"因土丝所织各种绸缎，出产甚夥，已由督抚两院委员运办货物至湘，分销寄

---

① 《选报》，《农业记：纪福州蚕桑局》，1903 年，第 41 期，20 页

② 《农学报》，第六册五十七，十二月下，《直隶总督奏举办蚕桑情形折》

③ 《抚郡农产考略》，卷下，《物用》，49—50 页

④ ［清］马丕瑶：《马中丞遗集》卷二，页二七，《请免新绸税厘并择奖员绅折》，光绪十六年。转自李文治：《中国近代农业史资料第一辑 1840—1911》，生活·读书·新知三联书店出版，1957 年 12 月，432 页

⑤ 《农学报》第一册九，八月上，《蚕桑局示》

寓八角亭沈经纶绸缎号内，省中冲市张贴告白略云，湖北督抚两宪，奏设蚕桑总局，招徒雇匠，开机织绸，业今五载，近因出货日多，特派委员分运来湘督销，俾开风气，而广利源，准于闰月十五日开局，凡士商来局拣买各项绸缎，本局照码批发，价值一律特示布知，本局委员沈克諴启。"① 非常重视绸缎的市场销路（表5-4）。

表5-4　湖北蚕桑局收丝买卖中介与售卖丝绸环节

序号	内容
一	局中除养蚕取丝外，即广收民丝，凡持赴局求售者，必为收买，不得推拒，庶乡民知养蚕有利，人乐争趋
二	各州县中，如有偏僻地方，民人养蚕取丝，无处售卖者，准该管州县垫款收买，解缴省局，由局查照垫卖之数，补还州县
三	所收各丝，于本地招雇络匠，由局给以伙食，每络粗丝一两，额支工钱二十文，细丝一两，额支工钱四十文，至每日络工，粗丝限四两以上，细丝限二两以上，不得过形短少
四	络丝除男工外，并另招民女，由局中苏妇，教以络法，其已熟者，给丝领归自络工钱，亦照男工按两发给，俾广生计
五	生熟各机，定以功课，每熟机一乘，除牵经接头外，每日限织三尺，生机一乘，除牵经接头外，每日限织四尺，学徒则熟机每日织二尺，生机每月限织三疋，按月于发给工价时，通行考较一次，有不及者，查照亏短数目，扣罚工资，多则于扣罚项下提奖
六	织成之绸，责令司事随时编号登薄，无有遗漏，除每月造报收数若干外，必俟其绸卖去，原号方准开除。亦绸疋由浙绍招雇染匠，采买苏靛，仿照苏杭练染成法，颜色鲜明，设柜销售，并开列名目，酌定价银，出示各市镇，俾商采居民人等，随时赴局采实，照价付银，以昭公允
七	售绸银两，随时交存钱店，专备买丝支用，无论何项，不得开支，以便周转

资料来源：《农学报》第一册六，六月下，《湖北蚕桑局厘定章程二十六条》

再次，丝茧质量不佳，导致难销，削弱了市场竞争力，影响后继经营。晚清官民逐利风气日重，蚕桑局一旦市场销路不佳，资金很难回收，难以为继，很多蚕桑局因此而被废弃。同治四年（1865年）江宁"知府涂宗瀛于石城门内蛇山设局，光绪六年（1880年）撤局，江宁蚕桑之利未溥自官府课桑，民间渐知育蚕其丝不若浙产良，名曰土丝，不中织也。"② 继之，同治十年（1871年）六月江宁又设桑棉

① 《农学报》，第五册三十七，六月上，《官绸销售》

② 《同治续纂江宁府志》，卷之六，实政四，《中国地方志集成》，江苏古籍出版社，1991年6月，51页

局，效果皆不佳。瑞州府蚕桑局设立之初便已经筹划销路，"本地丝既不佳，销路亦不甚广，所以不能盛行，数年之后，桑树既已接好长成，栽培得法，又系湖蚕种所出之丝，缫丝等法，亦渐精熟，出丝亦必光亮匀细，再酌雇下江匠人，试织绸缎，但能织成裁料，销路不愁不广。"① 各地蚕桑局进行丝织生产，均以获利为目的，如未获利，便遭废弃。"同治八年归安姚觐元备兵川东，始教民蚕。于是设局，远求桑种于湖州，颁发所属各州县，使民分树。……岁购蚕种于浙，招浙人之老于蚕事者种桑于佛图关。"而川东因兵备姚觐元离任，种桑之家虽各乡有之，而于蚕桑之道，仍未重视，"富者惮其繁琐而得利甚微，贫者一意力田，亦不暇于农忙之时兼事蚕业。数年之间，事即中废，湖桑嘉种旋亦斩伐。"② 光绪三十四年（1908 年）迤西道秦树声、同志江蕴琛委员开办蚕桑学堂、设蚕桑局作为试办，并电由黔省购山蚕种子，经费都由秦道捐廉以资提倡。无如数年之久迄无成效。惟山蚕系养于麻栗树上，因山野间麻栗树尚多，较为容易饲养，仅试办一次之后，因得利不多，即无人继续办理。湖北蚕桑局"所出之丝，织成绸缎终难与江浙、四川等省争胜。以致该局织成各件，丝质既逊，成本又昂，市面不能行销，局用经费每年亏折款项甚巨。两月以来武汉、江浙各商均无人愿承办，即行撤局销差。"③ "督宪张香帅（之洞）以现在库储友绌，所有蚕桑一局应即停办，以节经费，已谕饬蚕桑局总办程雨亭观察遵照办理，至局中已知成之丝绸等货，则责成前总办曹钟山观察尽数认销，并将织机多张，招商承买。"④ 光绪二十四年（1898 年）湖北蚕桑局运用促销方式来处理存货，减价出售自一折至九折不等，"去岁停办后，所存绸缎，估计值九千圆，招商承售，现闻发售存货，已将就绪云。"⑤ 丝织品市场至关重要，关系成败。

---

① ［清］江毓昌：《蚕桑说》，《章程》，瑞州府刻本，6 页

② 《民国巴县志》，卷十一，二十七，《中国地方志集成》，巴蜀书社，1992 年，461 页

③ 《张文襄公牍》，卷十三，转自章楷：《清代农业经济与科技资料长编蚕桑卷》，未出版

④ 《申报》，《蚕桑停办》，第九千二百十一号，光绪二十四年十月二十一日，1898 年 12 月 4 日

⑤ 《农学报》，第六册五十，十月中，《织物发售》

最后，蚕桑局的经营与发展很大程度受海外市场的刺激，在海外贸易巨大收益推动下，蚕桑局所在地是否临近开户口岸，显得非常重要。章楷认为晚清新蚕区往往"出现于上海或广州较近的地方。离上海、广州远的地方所产丝茧难于外销，而19世纪后期我国蚕业转盛是外销促成的。"① 江浙地区临近上海、无锡等大型缫丝市场，很多蚕农只卖茧，自己并不缫丝。吴承明关注晚清蚕桑局倡设背景与失败原因时说："19世纪下叶，世界市场对我国生丝有很大的需求，出口旺盛，各地都发展蚕桑业。但获得成功的只有原有丝路的杭嘉湖地区和有海运的珠江三角洲。苏北、川东、直隶都经官府提倡，设蚕桑局，以至发放桑苗和蚕种；张謇在南通、张之洞在湖北、左宗棠在新疆，下的功夫尤大；但都无成就。考其原因，都因为没有市场。"② 张謇亦言"南通、海门一带，丝不成市，市上线店辄以重秤低价劫利。其偶合缫丝者，去卖上海、苏州时，辄为厘局司事签手以漏报科重罚，加以往返斧资，经事计算，折阅十常八九，以是民相语蚕桑无利。"③ 可见南通市场上的低价收买与售丝过程中厘税局卡的搜刮都是造成卖丝难的原因。光绪三十三年（1907年），新疆布政使王树枏派戊员赵贵华前往南疆考察蚕桑之利，赵贵华建议南疆设蚕桑局，"选丝，新回丝茧不分精粗厚薄，故丝不匀净，宜教民选剔使归一律，其精者售诸西人可获善价，八程功，程功有本有末，蚕桑为本，纺织为末，宜先改良茧丝，求合外洋销路，并听民自立牌号，设庄销售，以广利源。"④ 蚕桑业受市场需求与门户开放的刺激，渐渐融入国际市场。王翔《近代中国传统丝绸业转型研究》谈到四川卖丝情况时就考虑到了市场的地区差异，比如四川远离口岸，丝外销困难，而基本上是卖给内地丝行。而陈开沚在《劝桑说》中提到其生产的丝在上海有专门贩卖出口的中转机构，说明四川内地的丝也有出口的途径。

蚕桑局创办者多为有识之士，视野较为宽广的官员，由于海禁大

---

① 章楷：《清代农业经济与科技资料长编蚕桑卷》，未出版

② 吴承明：《中国的现代化：市场与社会》，生活·读书·新知三联书店，2001年9月，13页

③ 白鹤方等：《中国近代农业科技史稿》，中国农业出版社，1996年版，309-311页

④ 《农史资料续编动物编第85册》9页；《中国经营西域史》，中篇五章，《提倡蚕桑》

开，洋货充斥，丝利渐失，创办者多注重与海外争利。"时至今日，海禁大开，东西洋之工于牟利者接踵而来，操贸易之权，逐锥刀之利，中国生计皆为所夺，未通商以前大布衣被苍生，业此自给者何可胜计。自洋布洋纱入口，土布销场遂滞，致使民间女红之利尽失，小民终岁勤劬劳苦拮据，犹或不免冻馁。一遇水旱荒歉，流离颠沛，寖至于转死沟壑者不知凡几，为民上者忍漠视之而不一为援手乎。今欲收回已失之利权，莫如遍兴蚕桑之利。"① 瑞昌江毓昌设蚕桑局尤其受到海外贸易的影响，"自西人泛海东来，兼收博采，凡中国物产被彼捆载以去，移植西土者正不可以偻指计，而蚕桑关系尤大。法意等国加意培植种桑，日以多出丝，日以富囊，日中国独有之利，已不免为彼所分，中国苟不竭力振作，在各省徧为种植，年复一年，蚕桑之利将尽为他人所夺，然则江太守之兴办此事，其有裨大局。"② 相对于蚕桑业生产下游的出口贸易，一直是与蚕桑业生产密切相连的内容。蚕桑局生产与海外市场息息相关，广州出口土丝贸易很盛，顺德蚕局对当地蚕丝生产起到了技术指导作用，效果明显，"粤省水土以及工人照料丝场，颇能合式，是土丝买卖不得不年胜一年，但工人照料未免嫌粗，如不愿悉改善法，将来通商一节似觉为难，本年顺德设有养蚕局专司照料蚕茧出丝好否，所以能使蚕茧干洁，坏茧俱无，此乃善法。虽此局仅开数月，而功效已非浅鲜，本年粤省土丝情形实有起色，其第一第二两起收成颇好，不过无多，缘天时亢旱，桑叶枯贵，第三起蚕茧未开业已得雨，桑叶荣茂，第四第五收成亦好，所以收数较之上年有加，出口贸易亦长，而价值自年头以至年底渐次涨高，买卖商人间有吃亏者不少，本年运往外洋约有二百五十万斤，较上年溢出三十五万斤。"③ 从史料看，中国传统蚕桑业在与欧日蚕桑业的竞争中落败，是一个重要的历史切入点，而目前已经证明，传统生丝贸易繁荣与否与国际市场需求密切相连。中国丝业深受国际生丝

① 《申报》，《江西宜兴蚕桑说上》，第八千三百十九号，光绪二十二年五月初六日，1896 年 6 月 16 日

② 《申报》，《论江西兴办蚕桑》，第七千三百九十九号，光绪十九年十月十七日，1893 年 11 月 24 日

③ ［清］杞庐主人：《时务通考》卷十七《商务》八，光绪二十三年，点石斋石印本，1887 页

与丝绸贸易影响，鸦片战争后，中国生丝及丝织品出口占世界第一位，而中国丝织手工业以江苏为中心，江苏蚕桑局受出口贸易影响而兴起。甲午之后，受日本丝业竞争刺激，各地蚕桑局多为夺回蚕利而发起。可见，晚清蚕桑局创设与国际生丝贸易波动关系密切，维系着与中国在国际生丝与丝绸贸易进退盈缩的联系，在海外竞争中晚清蚕桑局有着其历史贡献与历史局限性，都值得深入研究。

三、区域分工与专业分离

晚清蚕桑局涉及的区域分工非常明显。目前来看，桑秧采购的专业产区包括嘉湖和顺德两地，蚕桑局首先完成的任务是购买桑秧，王翔和刘兴林提到杭嘉湖地区桑秧每年产出两千万株，而杭嘉湖桑秧栽植技术的改进，尤其是袋接法的大范围应用，与专业产区的形成密切相关。桑秧专业产区的形成与技术改进是分不开的，各地前往采购桑秧，桑秧的需求因之激增，刺激了桑秧种植，技术上必须不断跟上需求的增长，袋接法能够迅速增加桑秧的产量，在杭嘉湖地区桑秧栽植领域普遍选用，还随着瑞州蚕桑局的创设被传播到江西瑞州。武康县教谕吕广文桂芬设局，① 撰刊蚕书中鼓励乡民依靠栽植桑秧致富，"次年即按每亩三尺阔留一株，作应种之桑，余可拔卖，或于三尺中间多留一两株，同应种各株一般培壅，次年均接成湖桑。第三年多留之株即可掘卖，此法次年可卖秧。第四年又可卖接成之桑株，每株计价五十文，而其地桑亦成林，虽工料均多，而利实无算，新昌梅渚人，多有由此起家致富者。"② 早期蚕、桑、蚕具以杭嘉湖与溧阳形成专业产区，1879年宁波府设立蚕桑局提到"养蚕以江苏溧阳为最能耐苦，蚕具以湖州所制最为合宜"③ 杭嘉湖技术水平毋庸置疑，而溧阳则是随着地方劝课之后，蚕桑业快速发展的结果。随之广东顺德桑秧也形成专业产区，黄仁济桂林府试办蚕桑局提到采购广东顺德桑秧，"广东顺德等处现有桑市，发卖桑葚，每升价银四五钱，多不过

① 《农学报》，第二册十三，十月上，《浙粤蚕桑》

② 《中国农业历史资料第 262 册》，85 页；[清] 吕广文：《蚕桑要言》，《桑秧》，求志斋本，光绪二十二年

③ 《申报》，《倡设蚕桑局示》，第二千一百三十四号，清光绪己卯三月十九日，1879年 4 月 10 日

一两零，桑秧每百株价银五六七分不等。"① 顺德桑秧与杭嘉湖桑秧有一定的差异，滇黔桂闽等地蚕桑局多去顺德采购桑秧。蚕种方面，光绪二十二年（1896 年）新嵊成为茧种专区，"盖种以出新嵊者为最佳，嘉湖所养有土种，有太湖种，有余杭种，以新嵊人往卖之种为最上，而新种又较胜于嵊，近日上海丝厂进茧定新昌茧为第一，以同一燥茧百斤，新则比嵊缫丝加多也，嘉湖得嵊之种，而不能自传其种，则以新嵊往卖之种皆淡子，仅可暂养一年，不堪出种在养也，或云嘉湖亦将淡子醃过，但用石灰用食盐法不及新嵊之良耳，按书中说蚕三眠三起，今亦有一种号三眠种，仅三眠无四眠，蚕身较短小，食叶亦较少，但茧体亦稍薄，缫丝亦少分两，故不合养，但其种别处有之新嵊则无。"② 新嵊甚至出现雇工情况，"待桑树种成，或公雇此地妇女贴以盘费，令其到新嵊帮助蚕忙，或雇新嵊惯帮养蚕之妇女来地教导。"③ 杭嘉湖专业产区与雇工经营发展最快。

明代以来，蚕桑生产环节中缫丝业与小农经营逐渐分离，但这种分离并不完全。蚕桑业最为发达的江南地区"19 世纪 70 年代缫丝厂兴起后，出现了生丝与鲜茧贸易市场。丝庄又称'划庄'，是直接从分散的农民手中收买生丝的收购商。茧行是在机器缫丝厂出现后，在丝产区兴起的一种带把头性质的牙行。"④ 晚清蚕桑局大多将缫丝与织绸列为生产的必要环节，说明蚕桑局几乎涉及到了传统蚕桑生产中的栽桑、养蚕、缫丝、织绸等全部环节。例如"赣州贾韵珊太守于仓王庙设蚕桑局，仿粤中育蚕八造蚕，闻头二两次育蚕六十余箔，出丝十斤有奇，因桑少未能多育，故急谋推广种桑事，局中学生四人，于饲蚕缫丝诸事，俱已谙练。头次出丝，每斤售价四元有奇，二次出丝，除陈样于当道外，所余之丝，已雇匠织为素绸矣。"⑤ 赣州蚕桑局参与传统蚕桑业的各个环节。蚕桑局全部经营中最为典型的，当属

---

① ［清］黄仁济：《教民种桑养蚕缫丝织绸四法》，《种桑》，光绪十五年，1A 页
② 《中国农业历史资料第 262 册》，91 页；［清］吕广文：《蚕桑要言》，《选种》，求志斋本，光绪二十二年
③ 《中国农业历史资料第 262 册》，107 页；［清］吕广文：《蚕桑要言》，求志斋本，光绪二十二年
④ 段本洛，单强：《近代江南农村》，江苏人民出版社，1994 年 5 月，179 页
⑤ 《农学报》，第二册，十，四十月下，《赣州蚕事》

光绪六年（1880 年）河南蚕桑总局，其委员前赴湖州，购买桑秧，蚕种器具，雇用浙工，缫丝织绸，规模很大，内附各种章程，包括针对缫丝、织绸工匠与学徒的管理内容。湖北蚕桑局也较为典型，其专门成立了缫丝局，区别蚕桑局的经营内容。可见省级蚕桑局规模较大，经营范围较广，生产环节划分较明晰。

晚清蚕桑局经营内容划分较为复杂，大体分为全部经营与专业分离两种。部分蚕桑局仅涉及分发桑秧、购买蚕种、发放器具、雇桑匠指导等内容，缫丝与织绸则不在经营范畴。总体而言，晚清蚕桑局受到商品化与市场化的冲击，专业分工愈发明显。这种趋势尤其表现在缫丝业单独与农村生产相分离，大量缫丝工厂的聚集在几个城市，集中于上海、广州、无锡、烟台等地，育种在浙江新昌、嵊县比较集中，茧的商品量随着缫丝工业的发展逐渐增大，全国各地的丝茧出口都围绕着这几个较大的市场在运转。而这种趋势影响到了蚕桑局，尤其是蚕桑局终端丝茧售卖与缫丝加工领域，区域分工与专业分工较为明显。由于蚕桑局成效不佳，不久便遭裁汰与废弃，各地进行丝茧售卖与加工、缫丝与织绸内容并不多（表5–5）。

表 5–5　蚕茧产量及商品量估计（1840 年前、1894 年），担指关秤担

年代	桑田面积（万亩）	桑茧农户（万户）	茧产量（万担）	茧产值（万关两）	茧商品量（万担）	茧商品值（万关两）
（1）1840 年前	240	160	102.00	1 051.68	—	—
（2）1894 年	480	240	296.31	5 536.56	72.28	1 145.03
（2）–（1）增加	240	80	194.31	4 484.88	72.28	1 145.03

　　资料来源：许涤新，吴承明：《旧民主主义革命时期的中国资本主义》，人民出版社，2004 年 5 月，296 页

四、近代工厂经营形式

随着晚清经济领域近代转型的逐渐深入，蚕桑业商品化与市场化不断发展。晚清省级蚕桑局中有个别具备了很强的近代化工厂特征，说明在海内外市场刺激下，传统的经营方式已经开始向近代工厂经营模式转变，并且近代化程度越来越强。蚕桑局近代工厂经营特点集中体现在机器工厂与雇工学徒两个方面。

蚕桑局机器生产包括传统织机作坊与近代新式机器工厂两种技术生产形式，说明蚕桑局处于传统技术向近代技术转变的过程之中。早期蚕桑局普遍选用传统织机进行生产，类似传统作坊形式，而"19世纪 80 年代机器丝厂兴起，成为早期最大的近代化工业。"① 个别省级蚕桑局开始出现了机器工厂形式进行生产经营，这也是蚕桑局逐渐市场化与近代化发展的直接表现。湖北蚕桑局选用机器，利用工匠，进行生产，"今既有蚕桑局现存之机器，与教成之工匠，若不趁此推行，广开风气，则坐令美富之利，郁而未兴，鄙人重为鄂民惜矣。"② 顺天府蚕桑局内设机器，尝试织绸，"近年顺天府尹宪为民兴利，屡办桑秧，发民间栽植，现在彰仪门内轿子胡同迤南，择地设立蚕桑局，内设机器，试织土绸，颇为不恶。上宪遂欲建立织局，多设机张，专供内用，业于三月上旬，委派蒋子岩司马，总司其事，复委员至苏杭，采办织具，并招募工匠，来都试织，闻先令委员购办机器二十张，将次抵都，蚕桑局左侧，尚需开拓宽广，想不日当鸠工庀材也。"③ 甲午战争后，在实业救国与海外市场的刺激下，一些有志之士与留学生开始引进各类近代技术，尤其是日本、西欧的机器缫丝与养蚕技术不断传入，杭州蚕学馆发挥了举足轻重的作用。清末，蚕桑局开始应用近代技术，机器工厂随着近代机器技术传入与实践开始改变了传统织机工厂形式，出现了近代机器，光绪丙申翁曾桂于江西设立蚕桑官局"由是而用汽机织丝绸，乃可徐图于数年之后，以补洋绸之漏，厄与苏鄂治局相辅，而行诚江西居民之大利也。"④ 蚕桑局近代技术逐渐取代传统技术是一个缓慢的新陈代谢过程，在新旧技术交替过程中蚕桑局的生产经营理念也随之改变。

明代资本主义萌芽重要的特征便是丝织业雇工的出现，"自由雇佣劳动是资本主义生产关系的核心"，⑤ 而上文介绍蚕桑生产上游栽

① 吴承明：《中国的现代化：市场与社会》，生活·读书·新知三联书店，2001 年 9 月，82-84 页

② 《农学报》第八册七十六，七月上，《富华纺织绸缎所招股并章程启》

③ 《农学报》第四册三十三，四月下，《讲求蚕政：顺天府设蚕桑局提倡蚕桑》

④ ［清］沈秉成，沈练：《蚕桑辑要·广蚕桑说》，《序》，江西书局开雕，光绪丙申仲春，4A-4B 页

⑤ 许涤新，吴承明：《中国资本主义萌芽》，人民出版社，2004 年 5 月，18 页

桑与养蚕过程雇工并不多见，多为家庭经营。而随着晚清商品经营的发展，蚕桑局出现大量雇工生产，雇工与学徒在蚕桑局中较为普遍。蚕桑局内参与生产的雇工与嘉湖雇觅而来的工匠还有区别，嘉湖工匠多为技术指导者，教会便可。局内雇工与学徒多为学习者，是蚕桑局为后继生产而准备的人员，兼有学徒与工人属性。同治十二年（1873 年）知县罗嘉杰捐廉设种桑局，于桑园内雇觅"嘉湖等处雇工二名，栽植培剪，俾四乡知所能傚焉"。① 属于教习种桑养蚕类雇工，雇工除了"常时在局治桑之外，每月随同董事轮流赴乡一次，查看教导，不准索取酬谢，俾乡民或知种法。"② 而湖北《鄂省奏请创兴工艺附蚕桑局试办折》言："光绪十六年（1890 年）臣继洵到任后，即经会同督臣之洞，督饬司道筹款，兴办蚕桑，曾于十九年筹款兴办蚕桑，会奏在案，近年广招学徒添设织机六十张，仿织浙江绸缎各料精益求精，销路宽广，经费足资周转，既扩充规模，饬令工匠学徒讲求工艺，以备农桑蚕织之不足，借抵外洋朘削之利权。"③ 此类学徒数量众多，兼具学徒与雇工属性，学徒和雇工的大量出现为近代资本主义雇佣劳动提供了熟练的工人，是蚕桑业资本主义生产的前提基础。

　　湖北蚕桑领域机构较为完善，分工明确，包括蚕桑局与缫丝局两个经营主体。湖北蚕桑局运行形态，充分体现了商业化与工厂化的经营特点，也越来越趋向于近代工厂经营形态，是洋务派工厂的代表机构。湖北缫丝局也是这个时期典型的代表机构，其承担了蚕桑局中缫丝职能，而劝民植桑与养蚕的职能则被蚕桑局所承担。《开设缫丝局片（光绪二十年十月初五日）》记载内容详实，其言："丝则意法等国讲求种桑养蚕之法，日精一日，所出之丝既胜，而抽缫专用机器，匀净精细，即丝质不佳，一经缫出无不精好，近十年来，上海广东等

① 《光绪南汇县志》，卷三，建置志八，《桑局》，《中国地方志集成》，上海书店出版社，1991 年 6 月，607 页

② 《光绪南汇县志》，卷三，建置志八，《中国地方志集成》，上海书店出版社，1991 年 6 月，607-608 页

③ 王树枏编：《张文襄公（之洞）全集》，文海出版社印行，沈云龙主编：《近代中国史料丛刊》卷四十七奏议四十七，十九，3383-3384 页，《湖北试办工艺附蚕桑局折（光绪二十四年闰三月十三日）》

223

第五章　商品化经营思想与实践

处商人多有仿照西法用机器缫丝者，较之人工所缫其价顿增至三倍，专售外洋行销颇旺，于光绪十二年（1886 年）曾经海军衙门咨行粤省劝导商民广为兴办在案，湖北产丝甚多，惟民间素未经见机器缫丝之法，无从下手，臣将湖北蚕茧寄至上海，用机器缫出质性甚佳，与江浙之丝相去不远，亟应官开其端，民效其法，庶可以渐开利源，惟经费不易筹措，创办尤须有谙习之人，查有候选同知黄晋荃家道殷实，综核精明，久居上海，其家开设机器缫丝厂有年，且在汉口设有丝行，情形极为熟悉，当饬由该职员凑集商股办理，将来或将官本附入商股，或令商人承领缴回官本，统俟开办后察看成本经费实需若干销路如何，公项有无闲款可添，再由善后局与该职员筹议办理，计购机建厂，及买茧试办成本需费尚不甚巨，查善后局尚存有扬州绅士严作霖善捐存款银三万两，又提盐道库外销款银一万两，共银四万两，先订购缫丝二百盆之机器，酌买蚕茧于湖北省城望山门外，购地设厂并派工匠赴沪学习，先行试办，其敞地敞屋及马力汽机，可供三百盆之用，俟将来机工熟习以后，再行扩充，即委黄晋荃办理该局，监制事宜，一切司事工匠俱令该职员选用，计十二月内厂机俱可造竣安齐，开工缫制，该厂购茧烘茧，督课工匠用款，行销俱责成该职员一手经理，将来如有成效，民间习知办法，共睹利益，自能闻风仿效，养蚕愈多种桑愈旺，似于鄂省商民生计不无裨益。上谕张之洞奏鄂省织布官局招集商股增设纺纱厂，并添设机器缫丝各折片，业经批谕照所请行矣，湖北炼铁织布各局均经张之洞办有头绪，现虽调署两江总督，所有各局应办事宜仍著该督一手经理，督饬前派各员认真妥办，冀广利源，而济民用，将此谕令知之。钦此。"① 湖北缫丝局由洋务派官员张之洞设立，属于缫丝工厂经营机构，是典型的洋务派官办工厂，采用近代经营方式，资金源于善后局余款，选取西式机器中的马力汽机，雇人专门缫丝，购茧烘茧，行销市场都符合完善的近代市场经营主体，类似近代企业，是洋务运动其间蚕桑领域典型的官办企业。

晚清蚕桑局在商品化经营思想的传播与实践上意义重大。蚕桑局

① 王树枏编：《张文襄公（之洞）全集》，文海出版社印行，沈云龙主编：《近代中国史料丛刊》卷三十五奏议三十五，二十一，2598-2601 页

处于鸦片战争后，中国社会经济已经开始近代转型的过渡时期，在门户开放与海外贸易的刺激下，商品化经营风气与西方资本主义经营理念已经逐渐融入蚕桑领域。然而，晚清蚕桑局仍然是官民属性、半官半民、官督绅办、官绅合办、官员自办等形式为主，而非商品化经营特点非常强的近代工厂与公司。说明蚕桑局未能脱离中国古代传统循吏劝课蚕桑性质，更多的属于官绅济世救民、发展地方的半官半民组织。吴承明并不完全认同刘易斯的观点，传统经济部门为近代经济发展做出巨大贡献，"现代经济与传统经济之间，不仅有对立的一面，还有互补作用的一面。"① 晚清蚕桑局是一个具备官绅劝课蚕桑与近代官商合办企业属性的结合体，不属于官府机构的行列，尽管具备了很强的商品化经营特征，仍未能在近代化进程中生存下来，逐渐被取代与转型。湖南善化许崇勋曾言"改蚕桑局为缫丝公司，仿上海缫丝厂法，延请西人一客日本人一客，蚕匠若干名，一气相连，讲求布置，凡民间有仅知种桑养蚕而不知验蚕种分方做子者，由公司代为承办，又有略知一二而未洞彻原委者，亦由公司学堂派人分布地方，随时指引。"② 湖南蚕桑局向缫丝公司与蚕桑学堂方向的转型，充分说明在晚清传统向近代转型的社会大背景下，蚕桑局也处于传统向近代转型的过渡形态，蚕桑局由传统劝课形态向近代商业化与市场化较强的经营机构转型是必然。

---

① 林刚：《关于中国经济的二元结构和三元结构问题》，《中国经济史研究》，2000年第 3 期，46 页
② 《湘报》，第一百二十八号，《变通湖南蚕丝议》，善化许崇勋撰，2 页

结　语

　　中国传统农业社会以耕织为重要生活方式，劝课蚕桑则是中国传统循吏治理地方的重要手段。鸦片战争后，中国传统社会出现转型，传统官吏面对新的形势，与地方绅士一起选取蚕桑局进行劝课蚕桑。蚕桑局作为劝课蚕桑新型的组织形式，在太湖地区发挥着修复太平天国战争破坏的作用。登上历史舞台的蚕桑局并没有偃旗息鼓，光绪时期才是其最为蓬勃发展的历史阶段，在内外蚕桑贸易的刺激下，伴随着地方经世致用官员的推动，蚕桑局在全国范围内不断创设，尽管多数旋设旋废，但其社会经济影响并没有因此而减弱。光绪时期蚕桑依然被视作海外贸易收入的重要来源，与西方争利的利器。因此，蚕桑局创设没有局限于地方府州县，多数省份也开始设立，且规模越来越大，西方的技术与工场化的管理方式使其带有了近代化的色彩。在甲午战争与洋务运动的刺激下，蚕桑局的劝课形式得到朝廷的肯定，蚕桑局的发展达到了顶峰。而蚕桑局的创设延续至清末，随着近代机构改革，清政府治理内容融入了新的管理机构，蚕桑劝课体系发生变化。蚕桑局作为局部地区间或出现的劝课机构，开始近代多样化转型。晚清蚕桑局是传统蚕桑机构近代化转型过程中一种承前启后的过渡机构形式，也是官员最后一次利用传统蚕桑技术劝课的尝试。

　　晚清蚕桑局在日常经营管理上，绅士阶层积极参与，这是中国传统社会在晚清历史阶段出现的一种地方社会治理的新现象。绅士的参与并非起于晚清，但晚清时期绅士参与地方劝课蚕桑局的内容更为丰富。这使得蚕桑局兼具了官民属性，增添了研究蚕桑局的思路，丰富了蚕桑局日常运营的内容，绅士参与蚕桑局的管理保证了蚕桑局的日常发展，促进了地方劝课蚕桑，也是官员治理地方事务中不可或缺的一部分力量。蚕桑农书的撰刊也是研究蚕桑局重要内容，晚清蚕桑农书数量众多，而劝课类是其核心部分，蚕桑局劝课蚕书涉及几乎全部晚清核心蚕桑农书，内容上更是皆有覆盖，对蚕桑局蚕书的研究能够更好的梳理蚕桑农书，对其价值开发与遗产保护都有重要意义。蚕桑技术研究中更能够梳理传统蚕桑技术的发展轨迹以及近代技术改良的历史进程。在蚕桑技术研究中，劝课蚕桑最重要的是蚕桑技术的异地实践，这也是传统蚕桑技术涉及不多的内容，蚕桑局大量的技术实践内容对研究传统蚕桑技术异地实践有重要意义，这些技术内容在当今蚕桑推广中依然得到应用，其生命力如此强大，技术延续性如此之强，让后人感叹。蚕桑局的经营生产是其重要内容，传统蚕桑经济过分强调小农经营，而商品化经营也多数归结为小型地主的内容，机构性的商品化经营内容经过研究也属于其重要内容，晚清蚕桑局的经营实践对蚕桑商品化经营思想是重要的补充，是公司经营形式的早期经营内容，值得借鉴。

以上是对文章的简单回顾和总结。本文研究主要着墨晚清蚕桑局的机构创设、转型、蚕书撰写、技术实践、经营管理等内容。然而，历史学的研究视野并不能仅仅局限于晚清蚕桑局本身的研究，并且有些内容无法全部涉及，蚕桑局所涉及很多其他领域都值得进一步探讨。以下将从晚清蚕桑局与蚕桑技术近代转型的关系、西方蚕桑劝课机构历史借鉴、民国以来蚕桑局的发展概貌等做进一步展望。

中国传统蚕桑技术有着极其丰富的价值，随着劳动人民的不断实践，技术不断丰富，尤其是杭嘉湖蚕桑技术逐渐完善与成熟。晚清蚕桑局在劝课蚕桑过程中普遍应用传统蚕桑技术，不仅丰富了蚕桑技术的内容，也促进了传统蚕桑技术的传播。随着晚清蚕桑局不断创设，甲午战争之后，西方近代蚕桑技术开始渗透，例如杭州蚕学馆的机构人才培养与技术试验，《农学报》等报刊杂志的技术舆论宣传，西方近代蚕桑技术开始得到了发展与扩散。杭州是杭嘉湖蚕桑技术核心区域，各地蚕桑局技术引进的来源地，其设立杭州蚕学馆是近代蚕桑技术近代化的重要推动力。清末民初镇江也是蚕桑技术近代化的重要区域，蚕桑试验场作用很大，其原来设立的丹徒蚕桑局、镇江蚕桑局都具有良好的社会基础。然而，蚕桑局并未对技术近代化产生决定性作用，只是蚕桑技术近代化过程中的一个偶有出现的组织。技术近代化是经济社会需求促生的，蚕桑局创设风气很盛，这种基础与铺垫作用明显，是近代新式机构设立的铺垫，也是近代技术兴起的基础。清末蚕桑局的近代转型出现了不可逆转的趋势。随着甲午战争后蚕桑技术近代化趋势日趋明显，而各地蚕桑局技术的局限性，仍然延用传统蚕桑技术已经不能跟上新的趋势，个别蚕桑局雇用西方技术人员，开始使用西方近代技术。与此同时，杭嘉湖桑利渐衰论与蚕种恶化论越来越盛行，面对海外日本蚕业的竞争，各地蚕桑局在经济利益诱导下，也开始对技术进行改良，近代技术与传统技术冲突与融合表现得尤为明显。蚕桑局作为传统与近代过渡机构开始不断分化裂变，走上了近代转型的道路，清末民初之际也是近代新式蚕桑体系开始确立的时期，蚕桑局在这种新旧转型过程中作用很大。有学者言近代史不如说是西化史，而且在技术与机构的近代转型过程中表现明显，"中国近代变革是在西方冲击的前提下引发社会变革的'冲击—回应'理论。"① "费正清所倡导的'冲击—回应'理论因为过于突出西方对中国冲击的力量，强调中国传统社会的停滞和被动性，而看不到中国社会自身内部的发展动力和创新能力，明显地使'冲击—回应'理论表现出了现代化范式在初步使用阶段尚不完善的诸种特征。"② "现代化范式在质疑和批判声中不断得到修正和完善，虽然仍然沿用'传统'与'现代'的核心概念，但不再把传统与现代看作是两个内部始终如一的均质的统一体，而是认为这两者内部都包含着性质不同的要素；不再把传统与现代当作截然对立的两极，而认为这两者是相互依存、互为补充；不再简单地把传统视为是现代化过程的阻碍，而认为传统因素可以发挥积极的作用。"③ 具体到蚕桑技术来说，传统技术与现代技术已经作了很好地融合，传统技术目前仍然得到了延用，例如在桑园管理、桑秧移栽、复合经营、综合利用等。

清末，杭嘉湖蚕桑技术的兴衰与发展，有很多有识之士论述过蚕病的影响。"昔泰西始通中国，中人之市丝于番舶者，无不网厚利以归，近则意法日本考究养蚕，既精且详，凌驾中土，而我中人蚕市之衰日复一日，蚕功之旷年复一年，乡农旧植之桑壮且老，弃美利于先

① 蔡礼强：《中国近代史研究的两大基本理论范式》，《甘肃社会科学》，2006 年第 3 期，120 页

② 吴剑杰：《关于近代史研究"新范式"的若干思考》，《近代史研究》，2001 年第 2 期。转自蔡礼强《中国近代史两大研究范式的基本内涵与相互关系》，《江西社会科学》，2006 年 12 月，90 页

③ 蔡礼强：《中国近代史研究的两大基本理论范式》，《甘肃社会科学》2006 年第 3 期，120 页

畴，不亦惜乎。"① "地球各国蚕丝之利向推亚洲，西人称为东方蚕业者也，通商以来中国出口之货丝茶并重，江浙等省尤以丝为大宗，自意大利、法兰西购买中国蚕种，加意讲求，数十年前法国蚕子病瘟，蚕种将绝，因而立养蚕学堂，用显微镜考验蚕种，而蚕桑始兴，推陈出新，丝业逐日出亚洲之上日本采欧洲成法——仿行，东方蚕业逐称巨擘，近来中国出口之数年减一年，推原其故，一由于选种之未谐。"② "中国蚕病之多，其源在不知选种，选种之法，必择蚕茧蛾子之健全者，更用显微镜，分方考验，其法甚烦，不能尽述，且非寻常蚕户所能为，饲蚕者但能购良种，悉心饲养，获利自厚。"③ 杭嘉湖蚕桑技术从明代慢慢发展起来，到晚清时期繁荣。其后又出现了晚清后期蚕桑衰落迹象。从技术繁荣全国学习到技术恶化学习国外，西方引进新的技术来丰富改进杭嘉湖本地区的蚕桑技术，逐步走向技术的近代化。这个阶段甚至出现了传统蚕病医治与西方近代技术兼顾出现的蚕书，"出湖南岳州府鲁仲山家传《蚕桑心悟》一册，屡试屡验，翻刻湖北应山学署，兹检此篇治法固佳，而所言致病之由，尤要能知其故，而预防焉，则蚕可永保无病，较治已病更善，至不得已而治病，则有此良方，亦不至于束手，庶蚕无不收矣。"④ 蚕病种类有头眠八症、二眠八症、三眠八症，以上二十四症所需药物无多，养蚕之家均宜预备也，蚕性忌香、忌烟、忌水，唯治病则概不必忌，有犯症者仅可依方用之。其中还杂录了治病防病法：治蚕湿瘟、急去病蚕、西人除止粒病蚕种法。

　　西方蚕业改革与近代技术革新经验的借鉴。中国蚕业近代体系确立与国外蚕桑机构改革也存在着一些差异，比如欧美与日本，需要我们去进一步吸取其中的经验和教训。蚕桑局走过了半个多世纪的历程，其对经济、社会、技术必然发挥了不可磨灭的贡献，同时也对中国现当代蚕桑技术推广有所借鉴，作为传统与近代过渡阶段出现的技术推广形式，在历史阶段性与长期发展过程中是必须要经历的环节，

229

结

语

---

① 《中国农业史资料第 85 册》197 页；［清］孙福保：《吴苑栽桑记》，《序》
② ［清］江志伊：《饲蚕法》，《余论》，42A 页
③ ［清］不著撰者：《饲蚕浅说》，《选种》，光绪二十七年，福州试办蚕桑公学刊行，浙大藏，1A 页
④ ［清］刘清藜：《蚕桑备要》，《附医蚕病方》

其经验和教训进行的研究值得我们不断思考。西方国家蚕业进程主要看日本、法国、意大利、美国，对中国蚕桑技术改良借鉴意义重大。晚清民国直至今日，都在不断影响着中国近现代技术革新。甲午战争后，日本的蚕业技术对中国影响很大，晚清很多有识之士已经意识到蚕务整顿的必要性，"查中国之病在各业之人不能联为一气，互相辅助，各人只计本身所业一端之事，而不计所业以外之事，譬养蚕者但重养蚕，缫丝者但知缫丝，而他事不计焉，殊不知联为一气，彼此均沾利益，今日苟欲整顿其事，殊觉非易旧法，固不能骤变，而各人意见亦多不同，且非逐细讲求，持之久远不为功，但中国情形与日本相近，凡事民间不能自新，其谋必官为之倡率，西国有何良法，倘不示民以准则，恐民终不能自为，此虽一定之理，然前陈中国蚕务亟宜设局，讲求整顿，以保利源事宜，节略中曾经申明，仍不可强民遵从，故开办整顿之时，民间业蚕之事不必过问，亦不必订立章程，使人遵守，民间蚕务悉听其便，但立养蚕公局，如前所拟各法办理，不久民知有益，自能相从，俟民间禀请订立章程以防弊端，其时再行酌议，中国丝业不欲争胜于诸国则已，苟欲与诸国争胜，非按以上各节办理不可也，自古以来未有如今日之势，国中农事及各艺业必由国家经理之保护之，其国始能臻于富强焉。"① 蚕病亟须整顿与缫丝效率亟须提高，而桑技术的改革并未来的这么快，桑树品种优势保持相当一段时间。日本蚕务讲习会技师松永伍作于光绪二十三年（1897 年）四月来华考察蚕业，回国后写成报告，"余游江苏、浙江，视其培养桑树，较寻常农作物为较好，其种皆鲁桑，发育颇良。……育蚕之法劣于日本，而其收茧多者，盖出在于规模不大故也。……从来缫丝之法，即手缫法是也。其手缫法，异于日本，皆用足踏器，其丝甚粗，丝若断绝，索其绪而续之尚且不易，可推知其拙也。"② 近代西学东渐中国蚕桑生产受西方机器工业的冲击，"今日外洋如意大利、法国诸邦出丝最盛，日本亦出丝，诸国之丝业于是盛，中国之丝业于是衰，然究丝身之洁白，诸国终不能出乎中国之上，而外洋所以喜购诸

_____

① ［清］卫杰：《蚕桑萃编》，卷十五《东洋蚕子类日本蚕务》，浙江书局刊刻，光绪二十六年，17B-18A 页
② 《农学报》第四册三十，闰三月下，《松永伍作论清国蚕业》

国之丝，而不喜中国者，因诸国所出之丝粗细均匀，中国所出之丝粗细不匀，虽丝身洁白，而不合于用，所以弃此而就彼耳，而余则谓中国欲丝业复振，其事不难，考日本缫丝之法，用木机器，其法以水激轮转动，其水不必自高而下，即平水亦可用，所出之丝速而且匀，较之中国缫丝洵属事半而功倍，况其机器用木则其价必不昂贵，设中国能令育蚕之家购置此等机器，教以用之之法，夫以中国丝身之洁白既高出于诸国之上，今又粗细均匀之适合于用，则中国丝业立有生色，丝业既有生色，则育蚕之家必日多一日，而丝业必年盛一年，苟坐失事机，岂不可惜，业丝者昌，勿早为变计乎。"① 国外蚕桑技术对本地区的冲击。同时西方蚕桑业的发展对中国杭嘉湖地区市场有很大的冲击。从技术和市场份额上来比较，其中，《农学报》中介绍了西方国家的蚕丝产量。由此可见，西方国家蚕业改革已经开始，其选择的技术更加先进、更加科学，在生产上也注重效率、面对市场，而中国此时蚕桑局的生产往往忽视这些近代市场化、技术近代化的核心因素，最终导致蚕桑局生产与销售上与西方国家相差甚远。

清末是建立制度时代，各类蚕桑业机构普遍设置，蚕桑局设置伴随着中国近代机构改革而进行。甲午战争之后，各地蚕桑学校普遍设立，而官方机构、社会团体、报刊杂志、书籍等在这个时期产生了重要的作用。这种近代蚕桑体系也多借鉴西方国家的蚕桑体系，以日本、美国、法国为主要学习对象，日本蚕丝业发展迅猛，其很多地方都得到中国学习。吉武成美认为日本蚕业接受了先进养蚕技术的传入，大量有关蚕桑方面的图书刊行，确立本国特有的养蚕技术。又经历明治时期蚕桑试验机构养蚕传习所、蚕业学校、蚕丝业团体的建立，西欧科学技术传入，品种不断改良，蚕病方面试验，最终促成蚕桑科学蓬勃发展。② 美国近代蚕桑体系也对中国产生了影响，在民国时期更甚。"美国商业报谓美政府之农务省，于合众国内大加奖养蚕，如有无力饲养者，则由该省供给其桑叶及各种养料等，可预订准

---

① 《农史资料续编动物编第85册》167-168页；应祖锡：《洋务经济通考》，《农桑：缫丝当用机器》

② 张英利：《近代中日蚕业科技发展历程的比较》，中国农业大学硕士论文，2006年6月

数报告，随时领取，至蚕卵纸一节，亦由该省发付。"① 蚕桑局的设置并没有采用日本统一设置方式，国内范围管理零散碎化，政令难行，蚕桑局仍然是各自随意设置，不能形成规模，在资金、人才、技术、市场上往往出现困难。在中国诸如日本的蚕桑体系于清末开始设立，而民国时期基本确立，中国蚕桑业机构近代改革一直沿袭西方蚕桑机构近代化的形式在发展。

蚕桑局与其他蚕桑类机构的转型是一种趋势，蚕桑局并未彻底消失。这个问题可能有几个原因，蚕桑局是一个既传统又现代的名词，近一百年的出现与存在是一种必然，是地方蚕桑业发展的需要，也是不同代背景的需要。而随着晚清新式蚕桑体系的确立，传统蚕桑事业的细化，出现了机构功能的分化，这也是近现代化过程中蚕桑业发展的必然。而蚕桑局与新式体系中的各类机构能够并存并不奇怪，随着官方劝课色彩的减弱、职能的分化，传统官府劝课蚕桑、发展地方蚕桑业的行为逐渐弱化与分化，但并没有消失，也不可能消失。中国传统社会的历史惯性和历史基因的遗存，很难彻底被西方近代现代技术与理念所摧毁。这就出现了清末、民国、新中国成立后各阶段都有蚕桑局的存在，而其他的蚕桑试验场、蚕桑学堂、公司、公社、改良所、蚕桑所、蚕桑技术推广站等各类机构并存。有时会出现互相转化，这种转化是时代的要求，是地方蚕桑业发展职能不能过渡分化的表现，也是蚕桑业各类机构功能相类似的表现。传统的蚕桑局功能分化是近代化的一种结果，这种分化并不一定是一种好的结果，职能和权限，人员和资金的集中也未必不是一件好事，目前地方社会蚕桑局依然存在也说明了这种观点。此外，民国时期蚕桑局研究仍然有待于更进一步研究，周匡明《中日甲午之战后中国蚕丝业的畸形现象》载于《蚕业史论文选》，提到"自20世纪以来，在蚕业生产较集中的省份或地区，也都相应地先后设立了生产管理机构，实质上一部分也是统治当局办理税收的机构，有的称蚕桑局，有的称蚕务局。"说明民国时期蚕桑局作为地方蚕桑管理机构还出现了税收功能。民国《各省蚕业机关一览表》中涉及合川、保宁、眉州、成都等蚕务局；广东全省改良蚕

---

① 《东方杂志》第1卷第5期，《实业》，《各省农桑汇志》，《美国》，1904年六月，154页

丝局；惠阳、惠罗、和阗、河南省立第一二三四等蚕桑局；山西省阳曲县农桑局；武昌官丝局①。民国时期的蚕桑局在管理、运作、技术、作用、资金、效果等诸多领域仍然值得研究如下表。

民国时期各地蚕桑局史料汇总表

序号	史　料
一	查各县蚕桑局所在多有未设立者，宜择紧要区域从速筹设。每年所饲之蚕，多制蚕种，廉价出售，倘民间自制蚕种，亦须按式仿效。冬间暇时到局检查，方准孵化，费即不收，当亦乐从②
二	附公立各局所：学校经费处在县署东，即旧蚕桑局③
三	吾邑之有农会，其议虽创于满清季年，实成于民国，新造以□，然绌于常费试验设场，形式略具而已，蚕桑局附其中④
四	实业局：实业在新政中占重要位置，尽人而知之矣。民国八年（1919 年）奉令设所，始就原有之蚕桑局略事修葺焉，经常费苦不丰，加以局长更替，强半外人而任期复数月一届，速于传邮，数年以来发无长脚之进展，惟局长亦职官之一与征收教育诸局相伯仲，曷敢不书，至其经费组织诸大端，则亦附志于后，俾来者有所考焉⑤
五	指令长乐县建设局局长陈贤哲呈为蚕桑局停办，该局经费征收代当捐，均为书吏侵蚀，请准令县协助征收，拨充经费由。中华民国十六年十二月六日⑥
六	茂名蚕桑局，官绅佥愿拨归本校农林科办理，就便举丁颖教授为代表磋商，议定办法五条，经照承认，覆请本校遴员接管在案，迭志前刊。现由农科教授会议，沈主席函请，拟将该局改名为国立中山大学农林科，附设蚕桑改良所，并拟请派本科蚕桑技师赵烈，兼该所主任，不另支薪，请委前农业专门学校助理员梁庚熙充任技师，月薪六十元，及请致函该县，转知该所，准备交代，暨将办法内载年款一千七百四十元项下，本月应交之第一期款八百七十元即日汇交本校，以资整理，当经由校长核准，已于四月三日函茂名李县长查照矣⑦

233

结

语

① 孙燕京，张妍：《民国史料丛刊》续编0570 册，《经济·农业》，《中国蚕丝》，大象出版社，2009 年 8 月，72 页

② 《劝业丛报》，第二卷第一期；张明纶，高文炳：《中国农业之过去现在及将来（续第四期）》，19 页

③ 《民国重纂兴平县志》，卷二，民国十二年铅印本，63 页

④ 《民国荥泾县志》卷八，民国四年刊本，461 页

⑤ 《民国荥泾县志》卷四，民国四年刊本，337 页

⑥ 《福建建设厅月刊》，《公牍：本庭指令》1927 年，第 4 期，46 页

⑦ 《农声》，《校闻：函农林科遴员接管茂名蚕桑局》，1928 年，第 99 期，19 页

（续表）

序号	史　料
七	河南实业经费较山东尤少，有森林局一年费五千元，工厂一年费一万五千元，均标有模范名义农事试验场，年费二千五百元，成绩尚好蚕桑局年费二千余元，豫南工艺局年费不满千元，中州女工场及省城实习场二项共费六千元，内容尚佳，全省经费合计不满五万元，未免太少①
八	河南省立河北蚕桑局，汝阳道蚕桑局，新城县杨氏蚕桑局②
九	实业厅长郭念箴委赵明宽为省垣第一蚕桑局局长，其省垣第三第四两工厂长亦经易人姓名未详③
十	开封南关之蚕桑局农业试验场④
十一	山西属之稷王山一带，率多荒草之场不宜耕种，兹安邑属之李村与此山最为附近，村有董君翰臣者，公益心素执，现拟就该山组织植牧厂，并附设蚕桑局，以兴实业，闻已联络同志，集有成本若干，先购牛羊各五百头，桑秧二万株，以作开端小试云⑤

　　民国其他蚕桑机构加快发展，蚕桑机构经历了第二次转变，基本形成近代体系。官方机构：实业部、蚕业改良所、昆虫局、农会、农局、农林厅、林业局、改良局、蚕丝局、蚕桑站、蚕桑合作社、茧站，教育机构：大学蚕科，科研机构：蚕业研究所，蚕桑协会组织：中国合众蚕桑改良会、商会、蚕桑传习所、蚕桑学会，实业经营公司。新中国成立后，蚕桑机构出现第三次转变，基本形成现代体系。至今，一些具备地域性历史传统遗留较多、现代化转型较慢、蚕桑业受到重视，自然环境适合蚕桑发展等特点的地区，例如四川达县、营山、南部、阆中，安徽岳西、重庆武胜，江西修水，陕西石泉等地仍有蚕桑局存在。修水县蚕桑局是1991年经市、县批准成立的一

234

---

① 《申报》，《各省实业经费之概况（静观）》，第一万六千五百十二号，中华民国八年，1919年2月9号

② 《申报》，《蚕茧丝绸展览会征集之出品》，第一万七千八百十一号，中华民国十一年，1922年9月23号

③ 《申报》，《开封快信》，第一万九千三百九十三号，中华民国十六年，1927年三月十号

④ 《申报》，《陕豫杂讯》，第二万零八十六号，中华民国十八年，1929年二月二十二号

⑤ 《直隶实业杂志》，1914年 第3年第4期，杂俎：国内纪闻：《稷王山之植牧厂及蚕桑局（山西）》

级局，是全额拨款事业单位，属政府的组成部门。机构设置有办公室、蚕桑技术推广中心、蚕种供应站、企业和招商引资股。主要职责和任务涉及多个领域：负责地方政府制订蚕桑产业发展规划、措施并组织实施，推进蚕桑产业化进程；负责全县蚕桑技术普及推广和提高工作；组织技术服务和蚕桑科技研究试验；负责对蚕种、蚕药的生产经营及其监管，负责桑种苗桑苗培育、供应、防疫和检疫，蚕种、桑苗与蚕茧管理，对蚕茧收烘实行宏观调节，维护蚕桑产业的良好发展环境；扶助发展蚕桑产业龙头企业、延长产业链。① 修水县蚕桑局是促进地方蚕业发展的重要机构。

---

① 此处资料参考修水县蚕桑局网站内容整理而来

致　　谢

　　自 2004 年入学河北大学，青葱岁月，懵懂自在；2008 年入学南京农业大学以来，正是人生最为关键的青春岁月，懂得生活艰辛与事业重要，在各位老师与同学的陪伴下，我慢慢成长。2011 年，我成为盛邦跃教授门下弟子，荣幸之至，师门内良好的氛围，让我进一步成长起来。学校生活成为最近十年不可分离的主旋律，这篇博士论文也是学生时代即将彻底宣告结束的标示。

　　三年撰写过程不断探索，不断学习，充实自己，提高自己。博士论文的撰写是一个极其艰苦的过程，搜集资料的一年，时时浮现在脑海之中，而每一章每一节中的每一个新的创新点与言语，都凝结着无数次反复的考量。无数次的身影留在了南京农业大学人文院资料室与校图书馆、南京图书馆、南京大学图书馆等学术圣地，至今历历在目，终生难以忘却。

　　感谢父母与妹妹在我学习与生活中的关心与照顾，三十而立之年，正为宏图大志之际，而两手空空，无比愧疚与自责。感谢夫人徐婷婷女士在生活和学习中一直鼓舞和支持。感谢导师盛邦跃教授在论文撰写工作中的指导，在生活中提供的照顾以及学习过程中提供的良好环境。感谢曾京副教授的指导与训诫。感谢范虹珏、李占华师姐，殷小霞、刘艳师妹，玄立杰、周晴、尹北直、朱绯、庄守平、张蕾、孙盼盼等好友在查找史料与论文撰写过程中提供的帮助，汗水与智慧凝聚在论文的每一条史料之中。感谢同班同学三年的互助与互爱。感谢人文学院各位老师，课堂的聆听与课下的询问，答疑解惑，无不明晰透彻。六年时光稍纵即逝，在各位老师的悉心照顾与指导、呵护与教诲之下，得以不断成长。

南京都市山庄

2014 年 3 月 11 日